셰일가스 혁명

국내 산업계와 기업대응전략

조 현 지음

셰일가스 혁명

국내 산업계와 기업대응전략

2015년 3월 17일 초판 1쇄 인쇄
2015년 3월 25일 초판 1쇄 발행

지 은 이 : 조 현
펴 낸 이 : 최 정 식
진 행 : 인포더북스 출판기획팀

펴 낸 곳 : 인포더북스
홈페이지 : www.infothebooks.com
주 소 : (121-708) 서울시 마포구 마포대로 25 신한디엠빌딩 13층
전 화 : (02) 719-6931
팩 스 : (02) 715-8245
등 록 : 제10-1691호

표지 내지디자인 : 정경숙

정가 28,000원
978-89-94567-47-1 (03570)

셰일가스 혁명

국내 산업계와 기업대응전략

셰일가스 혁명
국내 산업계와 기업대응전략

들어가면서

2008년 서브프라임모기지 사태로 리먼브라더스사가 파산하면서 시작된 신용경색으로 전 세계에 금융위기의 그림자를 던진 미국이 같은 해엔 텍사스의 포트워스 분지의 바넷셰일에서 성공적으로 셰일가스의 증산에 성공하면서 세일 혁명을 불러왔다.

그 후 상당기간 동안 셰일가스 개발이 일시적인 현상으로 끝날 가능성과 지속가능성에 대해 업계의 많은 전문가가 논쟁을 거듭해왔다. 셰일가스는 생산 개시 1 ~2년 이후부터는 급격하게 가스 생산량이 줄어들고, 가스 생산정으로 부터 회수 가능 가스량이 기존 천연가스 생산정보다 월등히 떨어지는 특성이 있으므로 셰일가스 생산에 회의적인 전문가들이 많았다. 이후에도 지속해서 셰일가스의 경제성과 개발이 미치는 환경적 이슈 때문에 에너지와 환경전문가들의 이목을 집중시켜왔다.

이제는 셰일가스가 기술적으로 회수 가능하고 이것이 세상을 바꿀 것이라는 데 대해 이견을 갖는 분들은 많지 않은 것 같다. 많은 사람들이 우려하고 있지만 '환경적인 난제를 어떻게 풀어갈 것인가'와 '친환경적인 에너지 개발'이라는 두 가지 명제를 다 잡을 수 있을 것으로 보인다. 다만, 이것이 미국만의 잔치로 끝날 것인가 아니면 중국을 포함해서 다른 나라로 혁명의 전이가 이루어질 것인가 하는 점이 관건이다.

국내에서도 셰일가스에 대해 많은 특파원들이 보도하고 전문가들이 셰일가스를 이야기하지만, 아직도 일반 비전공자들이 대부분인 독자들이 시원하게 어떻게 셰일가스가 생산되는지, 왜 수압 파쇄를 하는지, 수압파쇄에서 왜 많은 물이 필요한지, 수압파쇄라는 것은 어떻게 하는 것인지, 왜 환경적인 요인들이 중요하게 논의되고 있는지 등에 대해 체계적인 접근을 하지 못한 관계로 궁금증이 더해졌다. 더구나 일부 보도 자료는 단편적인 접근으로 셰일가스의 개발 과정과 전망을 왜곡되게 전달하는 경우도 종종 발견된다.

셰일가스의 개발은 단순히 남의 나라 만의 이야기가 아니다. 직접적으로 우리 경제에 중대한 영향을 미치고 있고, 또한 그 영향은 앞으로 엄청난 파급력을 가지고 밀려오고 있다. 에너지 분야에서만이 아니고, 화학, 철강, 자동차, 조선 등 산업 전반에 걸쳐서 심대한 영향을 미칠 것으로 보인다. 미국에서뿐 아니라 셰일가스 개발을 위해 보조금을 지불하고 있는 중국의 본격적인 셰일가스 생산 가능 시기를 가늠해보고 이의 심대한 영향성을 고려하면, 지금 우리가 무엇을 어떻게 준비할 것인가에 대한 기본적인 시각을 얻을 수 있을 것으로 본다.

전통가스나 오일을 생산하기 위해선 수많은 셰일층을 관통하는 시추작업을 해야 한다. 이러한 셰일층은 지역마다 또 같은 시추공 안에서 맞게되는 층마다 특성이 달라서 시추엔지니어에게는 가장 골치 아픈 지질층이다. 석유공학을 공부하면서 전통가스와 오일층의 안정적인 시추를 위해 다양한 셰일가스의 특성을 조사하고 연구했던 추억이 아물거린다. 방학 중 빨리 리서치를 끝내고 가족 여행을 가려던 계획이 셰일층의 비균질성으로 인해 무산되었던 것을 생각하면 지금은 그저 지나간 한순간이었지만, 그 당시는 가족여행을 기다리는 아이들과 아내에게 참 미안했다. 그래도 아침부터 밤늦게까지 WCTC(Well Completion Technology Center, 수압 파쇄와 수압파쇄유체 특성을 실험하고 개발하는 전문 연구기관)에서 리서치와 씨름하며 학위 논문을 준비하면서 산학 협동 실험을 수행했던 것이 독자들에게 좀 더 정확한 관련 자료 제공할 수 있는 배경이 된 것 같다.

밀려오는 셰일가스에 체계적으로 대응책을 준비하고 실행해 가야만, 우리가 자랑스러우면서도 경쟁력 있는 나라를 후손들에게 물려줄 수 있다고 본다.

그동안 자료를 검토해주고 교정을 봐준 정순형 매니저와 유현종 매니저, 상세한 자료 분류와 정리에 많은 도움을 준 박재범 매니저에게 다시 한 번 감사를 전하고 싶다.
책을 내도록 격려해준 두 아들 (양훈과 마이클), 기도로 후원해준 사랑하는 아내 에스더에게 감사의 마음을 전한다.

2015년 3월 조 현

세일가스 혁명
국내 산업계와 기업대응전략

차 례

셰일가스 혁명
국내 산업계와 기업대응전략

차 례 (그림)

셰일가스 혁명
국내 산업계와 기업대응전략

차 례 (표)

천연가스의 이용

1. 가스 사용 역사
2. 우리나라의 가스 사용
3. 한국의 가스 산업

천연가스의 이용

1. 가스 사용 역사

원시시대 인류가 어느 날 갑자기 땅에서 치솟는 불기둥을 발견하고 두려움에 떠는 눈길로 바라보는 모습을 상상하는 것은 그리 어려운 일이 아니다. 자연의 조화에 대한 두려움으로 지하에서 솟구치는 불을 종교적인 신앙의 대상으로 신성시하거나 천연가스를 "불타는 샘" 또는 "영원한 등불" 등으로 불렀다. 기록을 통해서도 천연가스 불을 자연 숭배의 대상으로 삼았던 사실을 쉽게 찾아볼 수 있다.
천연가스는 약 3,000년 전부터 중국 사람들이 대나무 통을 땅속에 박아 가스를 채집하여 소금 제조와 취사에 이용했다는 기록이 있다. 흔히 배화교(拜火敎)라고 하는 조로아스터교(Zoroastrianism)는 불을 숭배하는 종교로 알려졌다. 석유와 가스의 매장량이 많은 아제르바이잔의 바쿠 지방은 불을 뿜는 신전이 있다고 전해지고 있다. 이 지방의 조로아스터교 사원에는 약 2,500년 오랜 세월 동안에 걸쳐서 천연가스 불꽃을 예배와 신자의 화장에 이용해왔던 기록이 있다.

인류가 가스를 본격적으로 이용하게 된 것은 석탄가스로 가스등을 밝히면서 시작되었다. 고대인들이 통제할 수 없었던 것과는 다른 것으로 생각되는 가연성 가스를 석탄과 나무의 건류로부터 추출하는 데 성공한 것은 1609년 벨기에의 화학자 헬몬트(Jan Baptista van

Helmont)로 알려졌다. 1681년 독일의 요한 베커(Johann Becker)도 유사한 실험을 통해 석탄으로부터 가연성 가스를 추출하는 데 성공했다. 제임스 와트(James Watt)의 파트너로 잘 알려진 스코틀랜드의 윌리엄 머독(William Murdock)은 주전자에 석탄을 넣고 가열하여 가스를 추출하는 실험을 했다. 그는 1792년에 실험을 통해 석탄 가스를 만드는 법과 정제, 저장하는 기술을 개발했을 뿐만 아니라 석탄가스를 금속파이프로 끌어들여 자기 집의 실내조명용 가스등을 밝히는 데 성공했다.

1797년 맨체스터 경찰청 앞에 가스등을 설치한 것이 가스가로등의 효시라 할 수 있다. 1805년 영국 버밍햄의 볼튼&와트(Boulton and Watt) 공장 외곽에 불빛을 밝히게 되었다. 다양한 실험과 활용 가능한 방법들이 미국과 프랑스 등에서 시도되고 결과들이 발표되었지만, 1812년 영국에서 프레드릭 윈저(Frederick Winsor)가 런던의 가로 조명을 목적으로 세운 런던 앤드 웨스트민스터 가스라이트 앤드 코크스(The London and Westminster Gas Light and Coke Company in Great Peter Street)라는 가스회사가 세계최초의 상업목적 가스회사로 인식되고 있다. 그 이후 런던과 영국의 다른 도시들을 밝히기 위해서 제조가스가 활발히 사용되었다. 석탄가스의 제조 기술이 개발되고 이용됨에 따라 가스 사업은 활기를 띠어 1829년경에는 영국에서 200여 개의 유틸리티 회사가 설립되었다.
가스등을 최초로 사용한 영국은 1959년에 액화천연가스를 도입하여 석탄가스를 대체하기 시작했다. 1964년 알제리로부터 메탄 프린세스(Methane Princess)호를 이용하여 브리티시 가스(British Gas)의 Canvey Island 터미널에 LNG를 수입하였다.

[그림 1-1] British Gas Canvey Island LNG 터미널

미국에서는 제조가스(Manufactured Gas)를 이용한 볼티모어 가스 등의 회사가 설립되었다. 1825년 뉴욕 프레도니아(Fredonia)에서 가스가 상업용으로 활용되었다. 한 도시에서 한 회사가 배관망을 이용해서 가스를 공급하는 것이 효율적이라 판단되어 자연스레 독점 공급망을 갖춘 지역 비즈니스가 활성화되었으나, 독점에 따른 고가 가스비용의 청구가 지역 사회의 쟁점이 됨에 따라 규제가 시작되었다.

1859년 유정(Oil Well) 시추 역사에서 유명한 미국 펜실베이니아의 체리트리 타운십(Cherrytree Township)의 Drake 석유 유정에서 석유 가스를 추출하였다. 또한 도시에서 도시를 아우르는 공급망이 갖추어지는 1900년 초기에는 주(州)정부 차원의 규제를 통해 가스회사가 시장의 우월적 지위를 남용해서 가격을 높이는 것을 방지했다. 1938년에는 천연가스 공급을 규제하는 규정(Natural Gas Act of 1938)을 발효하여 주(州)를 관통하는 파이프라인 사업을 통제했다.

[그림 1-2] Drake well(Drake's Well Petroleum History Institute)

독일에서는 1825년에 석탄 가스 공장이 하노버(Hanover)에 문을 열었다. 1870년까지 석탄, 토탄(Peat), 나무 등을 원료로 하는 도시가스(Town Gas)를 생산하는 회사가 340여 개에 달하기도 했다.
1814년 프랑스 파리에서는 영국의 도망자 출신 프레드릭 윈저(Frederick Winsor)가 가스 사업을 시작했으나 1829년에 문을 닫았다. 이것이 프랑스에서 최초로 제조 가스를 이용한 가스등 사업의 효시였다. 1817년에는 정부의 지원으로 프랑스형 제조가스설비(Protype Gas Manufacturing Plant)를 건설하여 호텔과 세인트 루이스(Saint Louis) 병원에 가스 전등용으로 제조가스를 공급했다. 중국에서는 이보다 늦은 1864년에 상해에 최초의 가스회사가 설립되었다.

일본은 1872년에 요코하마에서 최초의 가스등을 점화하였다. 조명용 석탄가스가 생산된 이래 1885년에 동경가스 주식회사가 설립되면서 가스 사용이 본격화되었다. 일본은 1955년부터 석탄가스에서 석유계 가스로의 전환을 시작했다. 그 후 1969년 미국 알래스카의 키나이(Kenai)에 위치한 LNG 프로젝트에서 최초로 LNG를 수입하고, 점차 LPG 수요를 LNG로 전환했다. 일본은 전 세계적으로 가장 많은 LNG 소비국이다. 2013년 인도네시아, 호주, 카타르 등에서 87.5 MTPA(Million Tons Per Annum)의 LNG를 수입했다.

초기의 가스 수요는 가스등이 중심이었다. 그러다 19세기 말에 에디슨이 전구를 발명하자 전기등에 밀려 가스등의 수요는 차츰 격감했으나 가스는 열에너지용 쪽으로 새로운 활로를 찾게 되었다. 이때부터 '전기는 조명, 가스는 열원'이라는 구분이 생겼다. 그러나 제1차 세계대전 이후 중동 지역을 중심으로 대규모 유전이 계속 개발되자 그동안 주요 에너지의 위치를 차지했던 석탄은 그 자리를 석유에 넘겨주게 되었다. 가스 산업의 부흥과 석유화학 기술의 발달은 원가 절감과 함께 가스의 원료를 석탄에서 석유, 석유에서 다시 천연가스로 바꾸는데 기여했다.[1]

2. 우리나라의 가스 사용

우리나라는 대원군의 통상수교거부정책(쇄국정책) 이후 고종 13년(1876년)에 일본과 조일수호통상조약을 체결한 후 1876년 5월 22일 수신사 김기수가 1차 수신사로 파견되었다. 수신사 일행은 1876년 5월 5일부터 20일간 일본에 체류하면서 정부기관, 병기창, 생산공장 등의 시설들을 시찰했다. 거리에서 기름 없이 타는 가스등을 발견한 것이 우리나라 사람으로는 아마 처음으로 가스등을 관찰한 기록이다. 고종 18년(1881년)에 파견된 일본사찰단(신사유람단)의 단원 중 강진형이 작성한 일동록(日東錄)에 가스등에 관한 자세한 기록을 볼 수 있다.

> 거리의 양변에는 철로 만든 기둥이 나란히 줄지어 있는데 위에는 유리로 만든 등이 있어 저녁에 불을 붙이고 새벽이 되도록 끄지 않는다. 이것은 대개 기름도 아니고 초도 아닌데 부르기를 연기가 나는 가스등이라 한다.

이것이 신문화 수용을 위해 일본을 방문한 일본사찰단의 눈에 비친 가스등의 모습이다.[2]

우리나라는 1901년 11월 가스등의 첫 점화식을 한 것이 가스 이용의 시초였다. 실제적인 국내 가스산업은 1907년 6월 27일에 일한와사 주식회사(日韓瓦斯株式會社)가 설립되어 1909년 11월에 서울 일부 지역에 석탄가스 공급을 시작한 것이 효시라고 할 수 있다. 이 회사는 1909년 10월 31일에 용산에서 석탄가스 제조공장을 준공하고, 11월 3일부터 일본인 상가 밀집 지역과 거주지를 대상으로 최초의 가스공급을 개시했다[3].

한편 부산에서도 1912년 8월에 한국와사 주식회사가 설립되어 가스를 공급했다. 이때 서울이 순수한 도시가스용이었다면, 부산은 대부분을 가스 기관 발전용으로 사용하고 나머지를 시중에 공급했다는 것이 차이점이다. 이처럼 우리나라의 가스사업은 비교적 그 역사가 깊으나 그 이용자의 대부분은 일본인이었고, 혜택을 누린 우리나라 사람은 지극히 적었다.

일한와사 주식회사는 1915년에 경성전기 주식회사(京城電氣株式會社)로 개명하여 운영되었다. 1936년에는 평양에 서선합동전기 주식회사(西鮮合同電氣株式會社)가 설립되었고, 1938년에는 신의주부 직영으로 가스 사업 경영이 인가되어 만주와사 주식회사(滿洲瓦斯株式會社)의 안동지점에서 가스를 구입하여 이를 공급했다. 1941년에는 인천에 가스 공장을 착공하여 1942년부터 인천 조병창의 연료원으로 공급했다. 석탄가스가 공급될 당시에는 가스등이 전등보다 가격이 저렴하고 밝기도 밝아 크게 호응을 얻었다. 이처럼 긍정적인 반응을 바탕으로 부산(1912)과 평양(1936), 대구(1937), 신의주(1938)에 가스공급회사가 설립되어 가스를 공급했다.[4] 1942년까지 경성전기주식회사 외에 지역별로 5개 가스업체와 4개 공장이 운영되었다.

한국도시가스협회의 한국도시가스역사에 의하면 1942년 기준으로 모두 27개의 발생 가마가 있었는데, 경성전기주식회사가 전체 설비의 절반 이상을 보유했다. 가스 수용자는 1943년을 기준으로 일본인이 2만 5,799명이고 한국인이 1,855명으로, 우리나라 사람은 전체 가스 수용자의 6% 정도에 불과했다. 이후 2차 세계대전이 막바지에 이르면서 가스 공급이 군사 시설로 집중됨에 따라 가스의 시중 판매량은 1940년을 기점으로 눈에 띄게 줄어들었다. 1945년 해방 이후에는 건류[*1] 공업의 수요를 따라갈 수 없는 실정이었다. 그뿐만 아니라 정치적 사회적 혼란과 설비의 고장 및 파손으로 모든 가스 제조 설비의 절반 정도만 가동되었다. 전쟁 발발 직후인 1951년 7월 16일에는 대폭격으로 경성전기주식회사의 가스 생산이 중단되었다. 부산의 경우 전쟁의 피해는 적었다. 하지만 연료탄 구입의 어려움과 낡은 시설, 주요 소비자인 일본인의 철수로 수요가 격감하여 1954년에 결국 문을 닫았다.

이후 석탄 가스등은 광복 후 연료탄 확보의 어려움과 6 · 25전쟁 때 가스제조소들이 파괴되면서 석탄가스 시대의 막이 내렸다. 6 · 25전쟁 이후 미군 부대를 중심으로 LPG와 가스기기가 보급됐으나 그 수는 미미했다. 그 후 현재 보편적인 생활 연료로 사용하는 LPG가 본격적으로 사용되기 시작한 것은 1959년경 미군 부대에서 사용하던 LPG가 불법유출 되면서부터이다.

1961년에 10kg LPG 용기를 일본에서 수입해서 판매하는 회사가 생기기 시작하면서 점차 그 수가 늘어 났다. 그러나 가격이 높아 LPG 사용이 부의 척도가 될 정도로 사치품으로 간주하는 경향이 있었다. 또 가스에 대한 이해 부족과 사용 미숙으로 사고를 당하는 일도 빈번했다. 하지만 1964년 대한석유공사(現 SK 에너지)의 울산정유공장이 가동되어 원유정제 과정에서 LPG가 생산되면서 보급이 확대되기 시작했다.[1]

국내 가스연소기 시장이 본격화된 것은 1974년 일본 가스연소기 점유 1위 업체인 린나이와 합자로 설립된 린나이코리아와 일본에서 부품을 수입해 조립 생산해온 후지카, 한국린나이 등이 가스레인지를 생산해 보급하면서 시작되었다. 초창기 가스기기의 역사는 가스레인지

1] 건류 : 고체 유기물을 공기를 차단하고 가열, 분해하여 휘발성 물질과 비휘발성 물질로 가르는 처리

의 역사라고 해도 과언이 아닐 만큼 가스레인지는 가정용 취사 기기의 대표주자로 가스가 가지는 청결성과 편리성 등으로 인해 보급이 급속도로 늘었다.[5]

가스신문에서 특집으로 펴낸 "국내가스연소기기 90년 역사와 전망"에 따르면 국내의 가스기기 보급은 1970년대의 경우 가스자동차단안전장치 등 핵심부품이 국산화되지 않아 여전히 일본 등에서 수입하여 생산하는 수준이었다. 가스레인지와 가스주물연소기를 포함한 가스연소기의 생산량은 70년대 중반에 연 5만 대였지만 79년에는 50만 대로, 10배가 껑충 뛸 만큼 보급 속도가 빨랐다.[5] 이는 또한 도시가스 수요의 증가와 궤를 같이한다.

이후 중화학 중심의 경제 개발 정책이 맞물려 1969년에는 호남정유, 1971년에는 경인에너지의 원유 정제시설이 추가로 건설되어 공급이 확대되었다. 또 1972년 하반기부터는 영업용택시에 LPG를 사용하기 시작하여 1974년에는 LPG를 사용하는 택시가 7,000대 규모로 증가하였다. 1980년대에는 도시가스 사업이 더욱 확대되어 민영 도시가스 회사의 설립을 통한 지역별 도시가스의 공급이 시작되었다.

3. 한국의 가스 산업

한국의 가스 산업은 국내 산업용으로 소요되는 일반 고압가스와 특수가스를 공급하는 산업용 가스산업, 초창기 LPG나 납사를 공기와 희석해서 공급하던 도시가스 사업을 넘어 현재는 주로 천연가스를 공급하는 도시가스 사업과 에너지의 안정적 공급과 다변화 차원에서 도입한 천연가스 사업으로 구분할 수 있다. 이 책에서는 이들 각 사업 분야별로 알아보고 현재의 산업 규모와 앞으로의 추세 등을 포괄적으로 기술하고자 한다. 특히 자체 소요 천연가스를 수입하고 있는 SK E&S와 POSCO를 제외한 우리나라의 천연가스를 거의 독점적으로 수입하는 가스공사 사업 발달사 및 현황을 통해 국내 천연가스 사업 현주소를 간단히 소개하고자 한다.

1) 산업용 가스 산업

산업용 가스산업은 산업 전반에 걸쳐 기초 원료를 제공하는 소재산업이며 기술 집약적, 자본 집약적인 국가 기간산업이다. 산업사회가 발달하면서 새로운 산업용 가스의 수요가 급증하고 있다. 특히 자동차, 철강, 반도체, 건설, 환경산업에 사용되는 화학소재 및 제품을 공급해 우리나라 주요 산업 전반에 지대한 영향을 끼치고 있다. LCD, LED, 반도체, 전자, 석유화학, 철강, 태양광산업 등의 모든 산업분야에 필수적인 산소, 질소, 알곤, 특수가스 등을 제조하는 산업용 가스업계는 첨단산업의 발전과 더불어 새로운 산업 한 부분으로서 고속성장을 거듭하고 있다. 산업용 가스공장이 국내 주요 산업단지 내에 분포돼 있으며 주로 온사이트(On-site) 플랜트 및 파이프라인(Pipe-Line)을 통해 대량으로 거래처에 가스를 공급하는 상황이다.[6]

한국특수가스협회의 분류에 따르면 산업용 특수가스는 가스가 사용되는 용도에 따라 산업용, 반도체용 그리고 의료용으로 분류된다. 산업용 가스는 현재 우리가 연료로 사용하고 있는 LPG와 LNG를 제외한 산소(O_2), 질소(N_2), 아르곤(Ar), 탄산(CO_2), 수소(H_2), 아세틸렌(C_2H_2) 등 전 산업분야에서 다양한 용도로 사용되고 있는 일반고압가스를 말한다. 이중 반도체 및 TFT-LCD분야의 급성장으로 일반적으로 사용되는 반도체용 가스는 모노실란(SiH_4), 디보레인(B_2H_6), 포스핀(PH_3), 삼수화비소-알진(AsH_3), 세렌화수소(H_2Se), 디실란(Si_2H_6) 등 법에서 지정하고 있는 7종과 함께 오불화비소(AsF_5), 오불화인(PF_5), 삼불화인(PF_3), 삼불화질소(NF_3), 삼불화붕소(BF_3), 사불화유황(SF_4), 사불화규소(SiF_4) 등 특수가스로 구성되어 있다. 반도체 가스의 종류별 화학식 등 개괄정보는 부록에 첨부했다.

의료가스는 산소, 질소, 이산화탄소, 아산화질소, 소기가스, 이외의 혼합가스, 살균가스, 산화아세틸렌과 탄산가스의 혼합체, 의료용의 산소 농축 공기, 소닉가스, 의료용의 수술기구 등에 이용하는 가스, 대기를 압축한 공기 및 질소, 의료용 임상검사 및 측정기에 이용되는 계기의 교정 가스, 생체기능 검사용 가스 등 각종 혼합가스를 말한다.[7]
이외에도 산업용 가스는 광섬유 제조분야, 비철금속, 스테인리스, 고순도 세라믹 제조, 냉매 및 전구, 음료 및 식품 등에 소요되는 가스가 있다. 이 중에 광섬유 투명화 공정에 헬륨이 사용되는데 광섬유 제조 원가의 약 40% 정도가 헬륨가스 비용이다.

일반 산업용 가스의 제조방식은 공기 중에 있는 산소, 질소, 알곤 등을 분리하는 방식으로 별도의 원재료는 필요하지 않다. 하지만 특수가스 제조에 필요한 원재료는 주로 해외 수입에 의존하고 있으며 그 품목 또한 매우 다양하다. 이 때문에 특수가스 원재료 가격은 환율 및 수요와 공급에 좌우되는 국제시장가, 기타 여러 변수에 의해 수시로 변동된다. 특히 헬륨의 경우 2013년부터 이어진 전 세계적 헬륨 부족 현상으로 국내에서도 가격 인상이 지속하고 있다. 특수가스사업은 반도체, LCD패널, 태양광전지 제조과정에 사용되는 특수가스를 제조하는 사업이다. 이는 대규모 생산설비를 갖춰야 하기에 막대한 투자가 필요하며 고정비 비율이 높고 변동비 비율이 낮아 판매 증대가 수익성에 많은 영향을 미치는 구조로 되어 있다.

특히 고순도 가스 제조 및 정제에는 고도의 기술력이 필요해 기술 개발 과정이 어렵고 장기간 소요되며 반도체, 디스플레이 패널 등 생산제품의 수율 향상을 위해서는 신뢰성있는 품질 역시 중요하다. 또한 반도체 및 디스플레이 시장은 제조업체가 소수에 불과하지만 특수가스를 포함한 재료 및 장비 생산업체는 다수 존재하는 현 시장의 구조상 후방 납품업체에 대한 제조업체의 엄격한 품질 심사가 선행되고 있다.[6]

일반 산업용 가스가 범용성을 띠는 것과 달리 전자용 특수가스 산업은 특정 업체의 주문에 따라 비교적 소수의 업체에 의해 제조된다. 그래서 산업 내 경쟁 정도는 경쟁업체의 수 등 절대적 측면에서 타 산업대비 낮은 편이라고 볼 수 있다. 에너지투데이의 분석에 의하면 현재 국내 산업용 가스의 49%는 필요한 업체가 자체 생산하고 있다. 이 중 판매를 목적으로 생산하는 것은 51% 정도로 알려졌다. 2011년 연간 국내 산업용 가스 시장규모는 1조 8,000억 원으로 추정된다. 국내 산업용 가스 제조업체는 대성산업가스와 에어프로덕츠코리아(Air Products), 프렉스에어코리아(Flexair), 린데코리아(Linde) 및 에어리퀴드코리아(Air Liquid)의 5개 업체가 과점 형태를 보이고 있다.

2) 도시가스 사업

도시가스 사업은 1971년 용산구 이촌동에 LPG/AIR 방식의 가스공급이 시범적으로 이루어진 것을 계기로 본격적으로 시작되었다. 이후 1972년 11월 14일 서울시 직영으로 강서구 염창동에 납사분해방식으로 하루 50,000㎥ 생산 능력을 갖춘 도시가스 제조 플랜트가 건설되어 영등포와 마포구의 6,000여 가구를 대상으로 도시가스를 공급한 것이 우리나라 공영 도시가스사업의 효시이다. 애초 도시가스사업은 정부의 주도하에 생산 및 보급했으나, 기술결핍과 만성 적자 운영 때문에 1983년 3월 현재 서울 도시가스에 매각 및 민영화되었다.

처음 납사 분해와 LPG/Air 방식을 벗어나 대규모 가스 공급을 위해 한국가스공사에서 LNG를 수입하고 이를 도시가스로 공급했다. 한국가스공사는 대규모 수요처에 공급하는 도매사업자로서 LNG 도입과 가스공급을 하고, 전국에 있는 도시가스 회사들은 수용가에 가스공급을 위한 배관 시설과 운영을 통해 가스를 공급하는 이원화 체계로 출발했다.

도시가스의 보급경로는 액화천연가스(LNG) 인수기지에서 대구경 및 고압(약 70bar)으로 운영되는 주배관로(Main Trunk Line)를 통해 도시가스 사업자의 수급지점까지 공급하고, 도시가스 공급사업자는 자체의 중압, 저압 배관망을 통해 각 수요처에 가스를 공급하는 것이다. 이때 액화천연가스 인수기지나 도시가스 제조 공장에서 각 소비처까지 가스배관망을 건설 및 운영하려면 사업 초기에 막대한 시설투자비용이 필요하다. 도시가스 사업은 자본회임기간이 길고, 각 수요처의 시설설치를 위한 투자부담으로 수요개발에 어려움이 있어 민간기업의 자금에 의한 도시가스 보급 확대에는 많은 어려움이 있다. 그래서 정부에서는 1987년부터 도시가스시설 설치에 따른 공급 및 수요가부담 시설분담금을 석유사업기금으로 융자 지원하여 도시가스 보급 확대를 촉진하는 시책을 시행했다.

도시가스시설 설치비용에 대한 석유사업기금 융자지원 등 정부의 도시가스 보급확대 시책에 힘입어 도시가스 배관 매설 총연장이 1984년 말 5,169Km이던 것이 2013년 말 기준으로 전국 도시가스 사업자들이 공급용으로 확충한 배관 시설 규모는 총 38,744km에 달했다. 또한 도시가스 공급회사는 1982년 3개사에 불과하던 것이 2014년 7월 말 현재 서울시를 비롯한 각 시 · 도의 도시가스 사업자는 LNG를 공급하고 있는 32개사와 LPG/AIR도시가스를 제조 및 공급하는 1개사 포함 전국에 33개 사업자가 도시가스를 공급하고 있다([그림 1-3]). 공급가구 수도 1982년의 16만 4천 가구에서 1990년에는 120만 가구로, 2014년 7월

말 총 1,600만 496천 수요가에 공급하고 있다.[8]

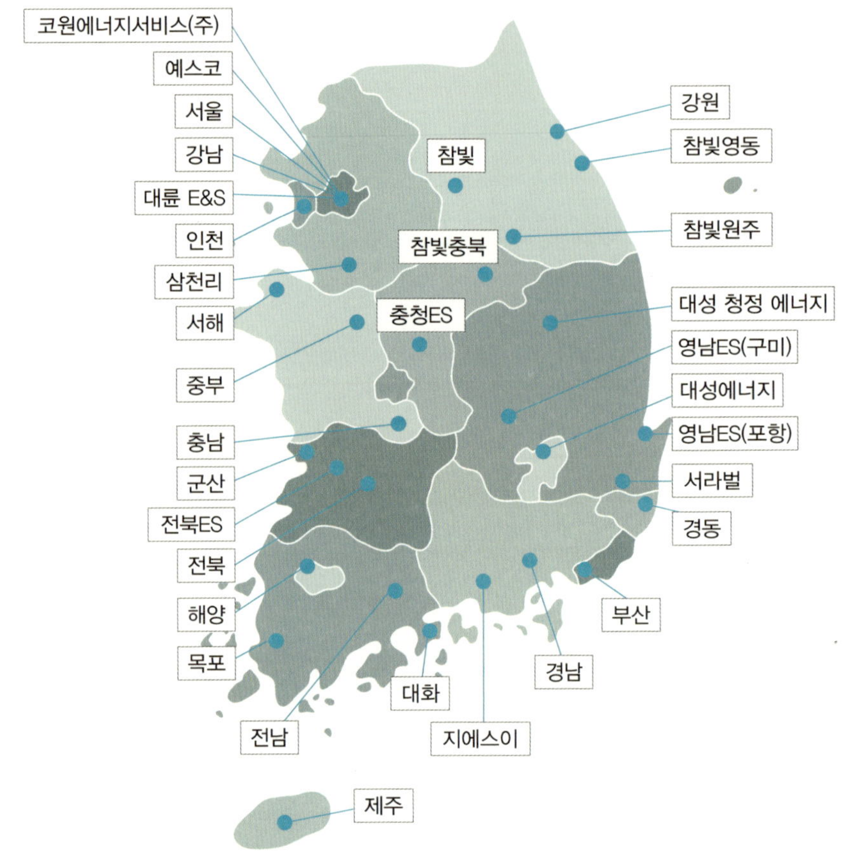

[그림 1-3] 한국의 도시가스 회사 분포(한국도시가스협회)

LNG 도입 초기에는 도입량 대부분을 발전용으로 소비하고 도시가스용은 미비한 상태였다. 이후 생활 수준 향상에 따라 고급연료 선호, 공해방지를 위한 정부의 연료사용규제 강화로 인하여 도시가스용 소비가 급격히 증가했다. 현재는 공단의 매연증가에 따른 산업체의 연료전환 및 수도권 전력 수급 불균형 해소, 발전소 건설 입지난, 신도시 열병합 발전소 및 연료사용 규제 조치로 수요가 대폭 증가하고 있다. 2000년대 들어서 석유류 가격이 천연가스보다 상대적으로 높은 점도 수요의 증대를 이끄는 원동력이 되고 있지만, 2012년 이후 도시가스의 수요 증가는 둔화하고 있다.

도시가스가 민영화된 이후부터 1999년까지는 연 64%의 고도성장을 보였으며,[9] 그 이후 2000년부터 2013년까지의 도시가스 평균 성장률은 약 8.1%를 보였다.[10] 도시가스 공급물량(10,500Kcal/㎥ 기준)은 1982년의 2천 6백만㎥(LNG 환산 약 2만천 톤)의 미미한 공급실적에서 2013년 말 기준으로 주택 난방, 산업용, 냉방, 수송 등을 포함한 도시가스로 약 1,960만 톤을 공급했다. 이의 소비처별 분포는 다음 그림과 같다.

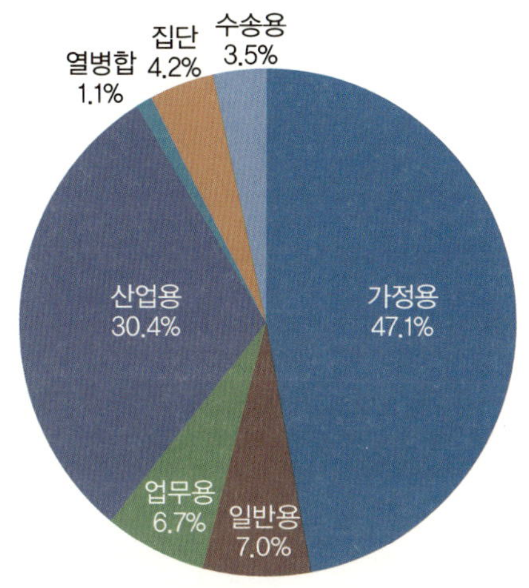

[그림 1-4] 2013년 도시가스 수요 분포(한국도시가스협회)

우리나라의 자동차 보유 수는 급속한 산업화와 소득의 증대로 기하급수적으로 증가하는 추세를 보이고 있다. 1980년에는 52만 내에 불과하던 자동차는 2000년에는 1,200만 대를 초과하고 2013년에는 1,940만 대를 기록하는 등 23년 사이에 37배로 증가했다.[11] 특히 국민소득 향상으로 인하여 자동차 보유 급증 추세는 가속화되었다. 국토 해양부의 2009년 인구 100만 이상 도시의 교통수단별 수송 부담률 조사 결과 승용차(36.4%), 버스(31.3%), 지하철(22.8%), 택시(9.4%) 형태를 띠었다. 특히 서울은 지하철과 철도의 부담률이 35%로 가장 높았고, 버스와 승합차가 각각 31%, 26%를 기록했다.[12]

이처럼 자동차의 증가로 인하여 자동차 배출가스가 대기오염의 주원인으로 나타나고 있으며, 대도시에서는 상당한 비중을 차지하고 있는 것으로 나타났다. 세계 주요 도시들의 지하철 수송 분담률이 70% 이상인 것과 비교하면 아직도 우리나라는 시내버스가 대중교통

수단의 중요 부분을 차지하고 있어 선진국 주요 도시보다 대기오염이 더 심각한 상태이다. 이를 최소화하기 위한 대책으로 대도시 버스의 경우 저공해 연료인 압축천연가스(CNG)를 사용하고 일반 택시는 액화석유가스(LPG)를 사용한다. 이들 천연가스 차량에 의한 수요량은 2013년 기준 연간 약 97만 6천 톤으로 전체 LNG 사용량(38,675만 톤) 중 약 2.5%에 해당한다. 이를 통해 도시매연 및 환경오염 감소에 공헌하고 지구온난화 방지차원에서도 공헌할 것으로 예상한다.

3) 천연가스 사업

1973년 10월 6일 이집트와 시리아가 각각 수에즈와 골란고원의 양 전선에서 이스라엘을 기습 공격하여 '10월 전쟁' 혹은 '욤 키푸르(Yom Kippur) 전쟁'이라 부르는 제4차 중동전이 발발했다. 이를 계기로 페르시아만의 6개 산유국이 가격 인상과 감산에 돌입하여 배럴당 2.9달러였던 원유(두바이유)의 고시가격이 4달러를 돌파했다. 1974년 1월엔 11.6달러까지 상승한 1차 오일 파동으로, 불과 2~3개월 만에 원유 가격이 무려 4배나 폭등했다. 1978년 12월 호메이니 주도로 이슬람교 혁명을 일으킨 이란은 전면적인 석유수출 중단에 나섰다. 그 결과 배럴당 13달러였던 유가는 20달러를 돌파했다. 1980년 9월 이란-이라크 전쟁으로 30달러의 벽이 깨졌고, 사우디아라비아가 석유 무기화를 천명한 1981년 1월에 두바이유는 39달러의 정점에 도달했다. 이후 2차 유류 파동 때는 6개월 만에 국제유가가 2.3배가 올랐다.

이처럼 두 차례에 걸친 에너지 위기로 인해 우리 사회는 수급 구조의 변화와 에너지원 다변화의 필요성이 절실해졌다. 정부는 석유를 대체하며 경제성장과 궤를 같이하고, 편리하면서 안전하고 도시 공해를 해소할 수 있는, 또 장기적으로 공급이 가능한 에너지라는 강점을 가진 LNG(Liquefied Natural Gas : 액화 천연가스)에 단연 주목했다. 이에 따라 1981년 제 11차 경제장관 회의에서 LNG 기본 계획을 의결했으며, 1983년에 한국가스공사가 설립됨으로써 국내 천연가스 사업의 서막을 열었다.

1983년 인도네시아의 국영 석유회사인 페르타미나(Pertamina)와 1986년부터 200만 톤의 LNG를 국제적인 거래 관행인 구매 혹은 지급(Take or Pay) 방식으로 수입하기로 계약했다.

같은 해 평택화력 부지 일부에 LNG를 수입해서 저장 · 기화 · 공급할 LNG 인수기지 건설 착수와 병행하여 기화된 천연가스를 수도권과 인천화력으로 공급할 주배관로 건설에 착수했다.

가스공사의 평택인수기지 준공과 더불어 1986년 10월 말 인도네시아에서 최초로 LNG 선박이 도착하여 LNG 하역이 이루어졌고, 시험 생산을 거쳐서 1987년 2월부터 본격적으로 주배관로를 통해 수도권에 천연가스를 공급한 것이 국내 최초의 천연가스 공급이라고 볼 수 있다. 가스는 석유를 대체할 친환경적이고 편리하며 안전한 연료로서 인식되어 우리 생활에 밀접하게 다가서게 되었으며 현재 가장 대중화된 생활 연료로 이용되고 있다. 아래 그림은 한국가스공사의 최초 LNG 인수기지인 평택터미널의 모습이다.

[그림 1-5] 가스공사 평택 LNG인수기지 전경(한국가스공사)

인구 5만 명 이상의 전국 주요 도시에 우선 적으로 천연가스를 보급하도록 1990년 경제 장관 회의에서 전국 공급 사업 기본 계획이 의결됨으로써 전국 공급을 위한 기틀을 마련했다. 1993년에 대전을 포함한 중부권에 가스를 공급할 수 있었고, 1996년에 부산지역에 천연가스를 공급했다. 2002년 11월에 강원권까지 천연가스를 공급함으로써 12년에 걸친 천연가스 공급 사업의 대강이 마무리되었다. 천연가스를 처음 공급하던 초기에는 평택과 인천의 주배관로는 약 98km이었지만 그 뒤에 지속적인 전국 공급망을 구축해서 2014년 7월 현재 전국적인 주배관로의 길이는 4,108km에 이른다. [그림 1-6]은 전국적인 가스 주요 배관망을 보여준다.

메탄(Methane)이 주성분인 천연가스는 가스정들에서 생산되어 액화 기지(Liquefaction Plant)로 이송되기 전에 가스정 부근에서 일차적으로 가스 전처리를 하게 된다. 이때 가스 생산 시 수반되는 오일(Condensate)과 물이 일차적으로 제거 되고 스러지(Slug)들도 분리되어서 가스 이외의 성분들인 질소나 황화수소 등을 포함한 산도가 있는 가스가 액화 기지로 보내진다.

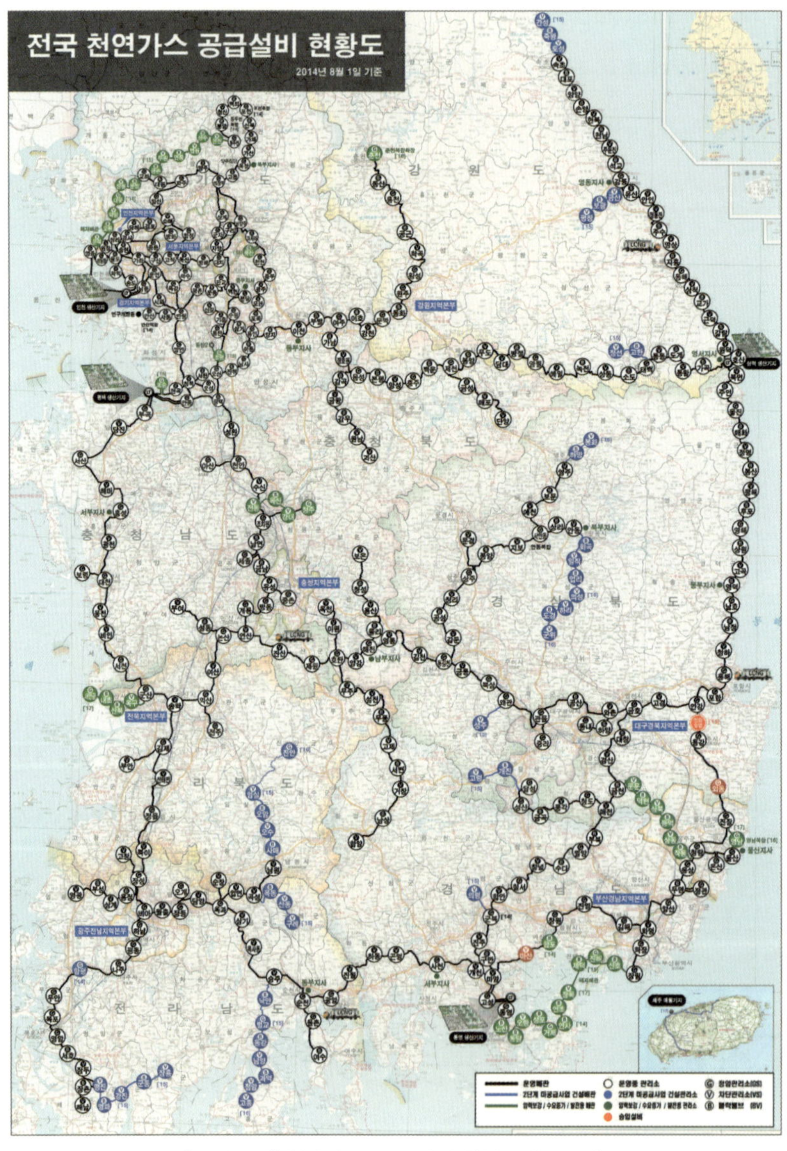

[그림 1-6] 천연가스 주요 배관망(한국가스공사)

그러나 가스정이 해상에 있거나 전처리가 곤란할 경우는 가스정에서 생산된 가스를 직접 액화 기지로 보내게 되면 액화 기지에서 천연가스를 액화하기 전에 이러한 가스들을 처리하게 된다(이를 통상 Sweetening Process라고 한다). 가스전에서 생산된 가스에 포함된 프로판이나 부탄과 같은 가치가 높은 가스들도 액화 기지에 보내기 전에 추출(Extraction)하는 경우도 있다.

보내진 가스는 가스의 액화 시에 문제가 안 되도록 이산화탄소와 물기를 제거하고, LNG 거래에 적합하거나 계약상의 조성을 맞추는데 필요한 성분조정(Heavy Hydrocarbon 제거)을 한다. 아래 표는 대표적인 LNG 액화 설비들의 LNG 조성이다.

[표 1-1] 프로젝트 별 LNG Compositions

성분	Brunei	Badak	Malaysia	Tangguh	NWS	Rasgas	Oman	Yemen
C1	89.70	90.70	91.70	96.20	88.60	89.40	85.00	92.79
C2	4.70	5.06	4.30	2.60	6.25	7.00	7.60	5.41
C3	3.20	3.10	1.90	0.46	3.50	2.60	3.82	1.37
i-C4				0.11		0.40	2.50	0.11
n-C4	1.50	1.10	1.40	0.11	1.50	0.40	0.00	0.21
i-C5				0.00			0.10	
n-C5	0.80	0.04	0.50	0.00	0.05			
N2	0.10	0.00	0.20	0.52	0.10	0.20	0.98	0.11
BTU/SCF	1,148	1,121	1,118	1,020	1,139	1,123	1,180	1,078
Wobbe Index(MJ/㎥)	53.56	53.01	52.81	51.02	53.44	52.87	53.66	52.09
(Data Source)	(JGA)	(JGA)	(JGA)	(KBR)	(JGA)	(IHI)	(JGA)	(Total)

전처리가 된 가스를 영하 162℃로 낮추면 액상의 천연가스인 LNG가 된다. 이때 대략적으로 천연가스의 부피는 기체상태의 경우보다 약 1/620로 줄어들게 되어 대규모 저장이나 수송이 쉽게 된다. 그러나 LNG는 초저온이므로 저장에 특별한 주의가 필요하고 특수하게 설계된 저장탱크에 저장되며, LNG 수송에 적합하게 설계된 선박에 의해 수요처로 수송되게 된다. 이렇게 만들어진 LNG를 도입해서 저장하는 설비가 LNG 인수기지이다. 현재 가스공사에서 4기의 인수기지를 운영하고 하고 있고, 광양에 POSCO가 운영한 터미널이 있다. 민간 기업인 SK E&S와 GS가 공동으로 보령에 LNG를 도입하기 위한 터미널을 2016년 9월 준공예정으로 건설 중이다.

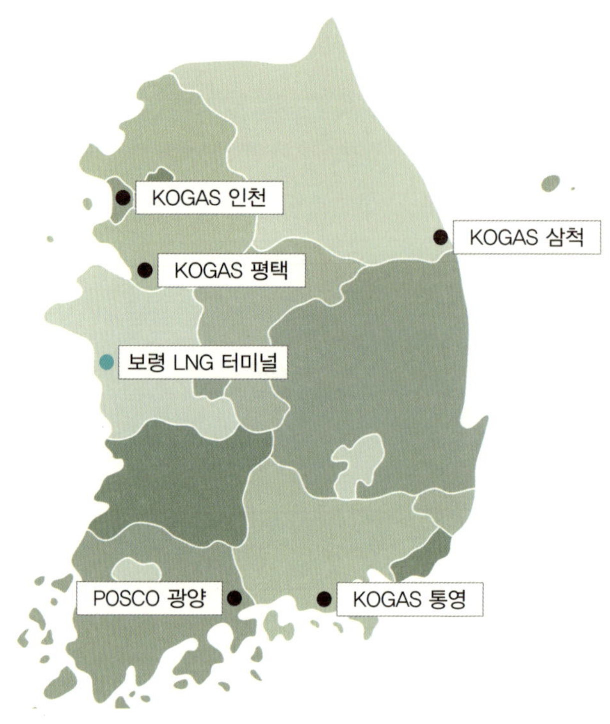

[그림 1-7] 한국 LNG터미널 분포

액화 기지에서 수입하여 인수기지 저장탱크에 저장 중인 LNG는 저장탱크 내에 있는 저압의 일차 펌프를 통해 탱크 밖에 있는 고압 펌프로 이송되고, 고압 펌프에 의해서 고압으로 승압된 LNG는 기화기에 의해 기체로 바로 변화되는 과정을 기화(Vaporization) 또는 재 가스화(Regasification)라고 한다. 이렇게 기화된 천연가스는 무색무취이므로 사용가의 부주의나 기기나 배관의 결함에 의해 가스가 누설될 경우 냄새를 맡을 수 없으므로 인위적으로 냄새가 나는 액체를 주입하게 된다. 이 부취제는 달걀 썩은 냄새가 나는 액체로 THT와 TBM을 통상 7:3으로 섞은 것으로 12~20mg/Nm^{3}소량 주입한다. 일반적으로 가스 냄새가 난다고 하는 것은 천연가스 냄새가 아니라 바로 이 부취제 냄새이다. [그림 1-8]은 인수기지의 LNG를 하역, 저장, 가압 기화해서 보내는 간단한 도식 그림이다.

1986년 인도네시아로부터 처음으로 200만 톤을 도입한 이후 2013년 기준으로 총 38,675천 톤을 수입 천연가스를 공급했다.[10] 천연가스 보급률은 전국 293만 가구가 사용해 평

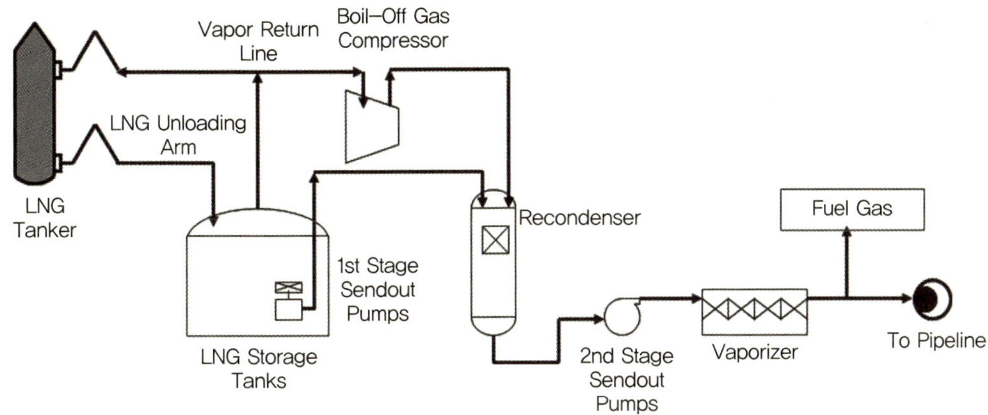

[그림 1-8] LNG 인수기지 프로세스 개념도

균 75%에 달한다. 아래 표는 한국가스공사에서 도입한 연도별 LNG 도입 물량이다. 처음 LNG를 도입할 당시에는 가정용이나 산업용의 수요가 많지 않았고 상당량이 발전용으로 사용되었지만, 점진적으로 산업용 및 업무용의 수요가 많이 늘어서 현재는 전체 도입량의 50% 이상이 도시가스로 사용하고 있다.

[표 1-2] 국내 LNG 연도별 수요처(한국가스공사) (단위 : 천 톤)

구분	LPG						
	도시가스					발전용	합계
	주택 업무난방	산업용	냉방용	기타	소계		
2013	8,079	7,524	505	17,120	19,596	19,079	38,675
2012	8,584	7,127	365	17,127	19,557	16,990	36,547
2011	8,517	6,291	263	15,912	18,255	15,315	33,570
2010	8,681	5,515	306	15,238	17,522	13,680	31,202
2009	7,985	4,433	270	13,380	15,510	9,134	24,644
2008	7,962	4,453	276	13,326	15,316	11,029	26,345
2007	7,818	3,924	298	12,603	14,449	11,011	25,460
2006	7,857	3,659	264	12,279	13,957	9,543	23,500
2005	8,192	3,557	268	12,491	14,033	8,821	22,853
2004	7,332	3,317	242	11,211	12,504	8,818	21,322
2003	7,241	3,173	203	10,901	11,979	6,468	18,447

구분	LPG						
	도시가스					발전용	합계
	주택 업무난방	산업용	냉방용	기타	소계		
2002	6,836	3,014	203	10,311	11,194	6,509	17,703
2001	6,455	2,739	200	9,625	10,300	5,287	15,587
2000	6,123	2,464	173	8,976	9,528	4,689	14,217

오일과 가스의 생성

1. 석유(Petroleum)의 기원 이론
2. 석유의 생성 및 이동
3. 지층을 구성하는 입자와 유체 통과 정도

오일과 가스의 생성

1. 석유(Petroleum)의 기원 이론

많은 의견과 학설에도 불구하고 석유의 정확한 생성과정은 아직 밝혀지지 않았으나, 무기성인설(Inorganic Theory), 유기성인설(Organic Theory) 및 자연 발생설(Abiogenic Origin)의 3가지 학설로 크게 나뉜다.

무기성인설

지하의 금속탄화물과 물이 고온고압 하에서 반응하여 탄화수소가 되었다는 설과 지하에서 탄화수소, 물, 황 등이 섞이면서 고온고압으로 반응하여 탄화수소가 발생했다는 설이다. 대체로 무기성인설은 석유가 보통 해성퇴적물 속에 존재하는 점, 석유 속에는 포르피린(Porphyrin) 등과 같이 생물체에서 무기적으로는 합성되지 않는다는 점, 석유는 광회전성을 가지고 있다는 점 등이 사실과 모순되므로 오늘날에는 받아들여지지 않는다.

자연 발생설

초기에 다양한 학자에 의해 제기되고 소련 과학자들과 오스트리아 태생의 미국인 Thomas Gold에 의해 다시 제기된 학설로 지구 생성 초기 있었던 메탄(CH_4)이 지구 핵의 열에 의해 중합반응으로 생성된 후 맨틀(Mantle) 상부로 이동했다는 설. 나름대로 과학적인 근거는 있지만, 현재는 받아 들여지지 않고 있다.

유기성인설(Organic Theory)

태고에 지하에 매몰된 유기물이 지열과 지압, 토양의 촉매작용으로 탄화수소로 변성했다는 설이다.

① 현재 석유가 발견되는 곳은 과거 얕은 바다나 호수 밑의 대부분 퇴적암이라는 점

② 석유 성분 속에 질소, 황 등 불순물이 함유된 점(유기물인 단백질 분해 시 발생) 석유생성성원인에 대해서는 수억 년 또는 수백만 년 전 태고 때 얕은 바다나 호수 등에서 물밑에 퇴적된 유기물이 그 후 지각변동으로 땅속 깊이 매몰되고, 그것이 지압과 지열을 받아 탄화수소로 변성되었다는 설[13]

유기성인설은 동식물을 원료로 해서 석유가 생성되었다고 하는 육생식물 근원설(陸生植物根源說), 해서동물(海棲動物) 근원설, 해생식물(海生植物) 근원설, 동식물 근원설 등이 있다.

또 육생식물 근원설은, 석유는 일반적으로 해성지층 속의 석탄이나 혈암유(Shale Oil)를 수반하지 않고 산출되는 점, 그리고 석유는 200℃ 이상 고온을 받은 적이 없다는 점(포르피린은 200℃에서 분해된다), 석탄함유혈암의 건류물은 석유와 조성이 다르나는 점 등의 사실과 상치되므로 현재는 지지를 받지 못한다.

또한 해서동물 근원설과 같이 석유근원물질을 특정 동물에 한정시키는 것은 타당하지 않으므로 이 설도 채택되지 않고 있다.

최근에 가장 많은 학자로부터 받아들여지는 학설은 동식물 근원설이다. 석유의 근원물질은 바다생물이며, 특정한 동물 또는 식물에 국한되지 않는다. 지질시대부터 보편적으로 존재하며, 양적으로도 많은 것이 근원물질로서 중요한 구실을 한 것으로 추정된다. 그 이유는 현재 발견되고 있는 석유 대부분은 퇴적암에서, 특히 옛날에 얕은 바다나 호수의 물밑

에 형성된 지층 속에서 발견되고 있고, 석유의 성분 속에 질소와 황 등의 불순물을 함유하고 있는데, 이것은 유기물인 단백질의 분해로 생긴 것이기 때문이다.
이런 점에서 비교적 하등생물인 플랑크톤과 같은 것으로 추측할 수 있다. 플랑크톤의 일종인 규조는 처음부터 그 체내에 석유와 유사한 탄화수소를 함유하고 있다. 석유가 생성되는 장소는 이와 같은 생물유체가 많이 집적하고 산화되지 않고 잘 보존되는 곳, 즉 육지와 비교적 가까운 해저분지나 내만(內灣)과 같이 물이 정체하여 산소공급이 적으며, 점토가 퇴적하는 해저를 생각할 수 있다.[14]

이런 곳에서는 저서동물(底棲動物)과 호기성 세균은 거의 생식할 수 없고, 해저에 침적된 유기물은 혐기성 세균의 활동으로 함유된 산소 등이 제거 · 소비되어 석유계 탄화수소에 가까운 형태가 된다. 혐기성 세균의 이런 작용은 최근 연구에 의해 점차 밝혀지고 있으나, 세균이 유기물을 어느 정도까지 석유와 비슷하게 작용할 수 있는지는 아직 분명하지 않다. 그러나 유기물과 함께 존재하는 점토광물과 바나듐, 니켈, 몰리브데넘 등의 미량원소가 촉매작용을 하여 수천만 년에서 수억 년 동안 퇴적되어 일정 깊이에 달하면, 자연히 높아지는 지중(地中) 온도와 압력에 의해 유기물에서 석유로 전환되고 유질이 변화한다고 추정된다.[15]

2. 석유의 생성 및 이동

지질학적으로 지구 상의 유전 대부분은 1억 5천만 년에서 2억 5천만 년 전, 그리고 가장 최근으로는 5천만 년 전에 생성된 것으로 유추하고 있고, 오일과 가스가 보존된 저류암(Oil Reservoir Rock)이 형성되기 위하여는 다음의 4가지 구성요소가 있어야 한다.

- 적정한 땅속 깊이
- 원유 근원암(Oil Source Rock)
- 통과암(Carrier Rock)
- 보존암(Seal Rock)

물속에서는 유기물의 부패가 느리게 진행되기 때문에 일반적으로 바다나 강, 호수 등에서 대규모의 유기물 퇴적이 이뤄질 경우 석유의 생성에 유리하다. 지상에서는 서서히 부패되는 식물류의 퇴적을 제외(석탄의 기원)하면, 유기물은 퇴적되기 전에 부패하여 사라질 것으로 본다.

지질학자들에 따르면, 바다나 강, 호수 밑바닥엔 연평균 0.1mm씩 원생동물 및 어류의 사체와 여타 무기물의 퇴적층이 형성된다.[16] 퇴적이 상당한 기간 동안 진행되면(1천만 년 정도 지나면 그 깊이가 1km가 될 수 있음) 바위가 되는 속성과정(Diagenesis)을 거치게 되고, 평균 지중 온도가 섭씨 50도 정도에 달하면 유기물의 변성이 시작될 수 있다. 특히 섭씨 80~180도 사이를 "석유창(Oil Window)"이라 하며 유기물의 석유화가 활발하게 진행된다고 본다. 유기물이 퇴적된 땅속 깊이가 1,000m 미만이면 유기물의 분해가 완전하지 못해, 케로젠(Kerogen)이라 하는 불완전한 석유가 생성된다.

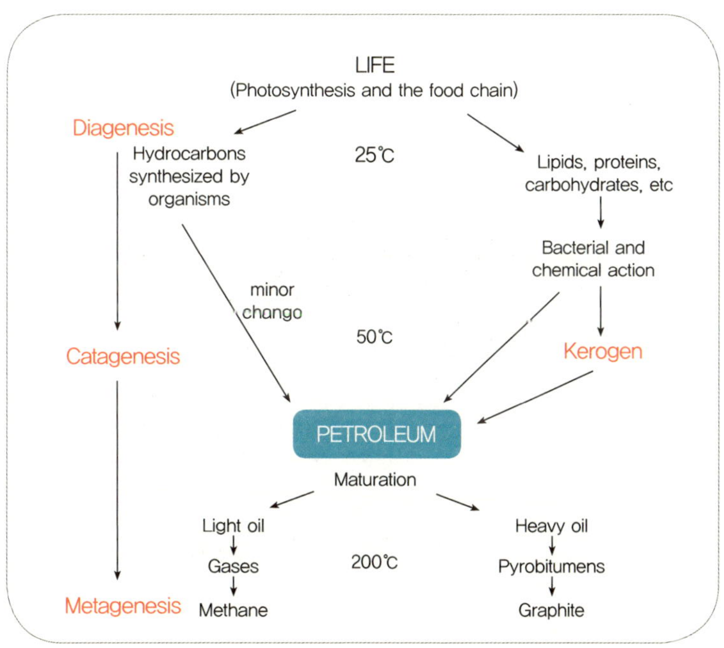

[그림 2-1] 석유의 숙성화 일반화 모델 – Hunt 1991[17]

바위층을 구성하는 입자들과 유기물들이 퇴적 과정을 거쳐서 속성화와 유기물의 변성이 진행되고, 어느 정도 퇴적 깊이에 달하게 될 경우 퇴적층의 압력과 온도에 의해서 이들이 석유화(Catagenesis)가 돼가는 과정이 [그림 2-1]에서 잘 나타내었다.

땅속 1,000~3,000m 사이에서 퇴적된 유기물이 분해되어 원유가 생성되나, 땅속 깊이가 그 이상에 달하면 퇴적층의 온도가 섭씨 160도 이상으로 상승할 수 있고 유기물의 일부는 액체(원유)로 존재하지 못하고 기체가 되는데 이것이 통과암을 통해서 이동하게 된다. 가스화된 유체(Hydrocarbon)가 더이상 이동할 수 없으며 다른 곳으로 달아날 수 없는 보존암이 잘 발달되어 있는 지질학적인 조건을 갖춘 배사구조에 갇혀 있는 것이 바로 천연가스이다. 지층의 높은 온도에 의해 원유가 열분해(Thermal Cracking)가 시작되는 섭씨 160도 이상의 온도대를 "가스창(Gas Window)"이라 한다. 지층이 깊어져 지중 온도가 섭씨 260도 이상이 되면 유기물은 완전히 분해되고 기체로 존재하지 못하며 탄소층을 형성하게 된다.

원유가 생성되는 암석층을 "원유 근원암(Oil Source Rock)"이라 하는데, 퇴적암들로 지층을 주로 구성하고 있는 입자들의(Sediment Grains) 종류에 따라 사암(Sandstone), 흑색 이판암(Black Shale) 혹은 석회암(Limestone) 등으로 나눌 수 있다. 지금 현재 석유나 가스가 생산되는 곳과는 다른 지역으로 유기물의 탄화 과정을 거친 관계로 검은색을 띠고 있다.

[그림 2-2] Oil and Gas Source Rock(Oilandgas_Geology.com)

암반을 구성하고 있는 작은 입자(Grains)와 입자 사이의 작은 공극(Voids 또는 Pores) 사이로 높은 압력의 유체가 통과할 수 있다. 이렇게 유체가 통과할 수 있는 정도를 유체투과율(Permeability)이라고 하는데 통과하기 쉬운 정도를 달시(Darcy)로 표시한다(통상 millidarcy

unit(md)이용 : 1/1,000 Darcy). 셰일가스를 이해하기 위해서는 석유층을 형성하고 있는 지층(Formation)의 주요 구성 입자와 이 유체의 통과 정도를 이해하는 것이 중요하다.
유기물이 땅속 일정 깊이에서 오랫동안 열과 압력을 받아 석유(Hydrocarbon)로 변환되면 땅속 암반의 특성으로 인해 석유가 이동하게 된다. 이때 석유만 이동하는 것이 아니고 공극에 존재하는 물도 같이 이동하게 된다. 통과암은 주로 사암과 같이 암석을 구성하는 입자가 치밀하지 못해 생성된 원유가 그 암석 사이에 배어있거나 다른 조건을 주면 쉽게 이동할 수 있는 암석을 말한다.

대규모 유전층인 저류암이 형성되기 위해선, 지각변동(지진과 같은) 등을 통해, 반드시 통과암이 일정방향으로 수렴되게 발달되어있어야 한다. 근원암을 벗어난 석유는 통과암을 통해 이동하면서, 다른 경로에서 온 원유와 합쳐지게 되어 대규모 매장량을 갖춘 유전이 된다. 통과암이 사방으로 펼쳐져 있는 경우 생성된 원유는 흩어져서 오늘날 상업적으로 생산이 가능하지 않게 된다.

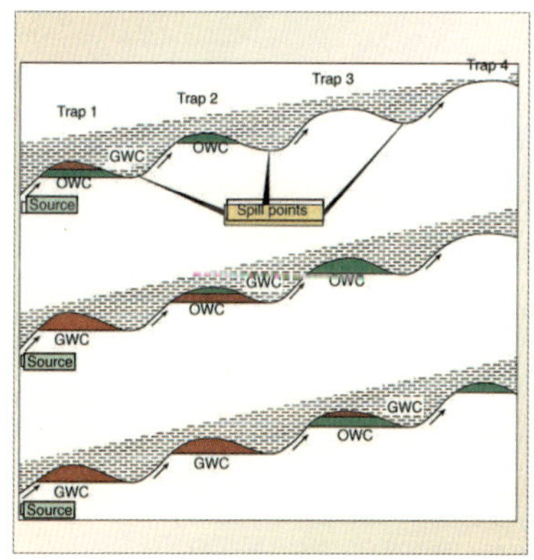

[그림 2-3] Gussow Hydrocarbon Migration Model, After Gussow, 1951

위 그림은 석유가 생성되고 난 후 수백만 년 동안 점진적으로 이동하는 모델로서 석유 업계에 잘 받아들여지는 Gussow Model이다. 처음 생성된 석유가 Source Rock에서 이동을 하여 첫 번째 배사 구조에 점진적으로 도달하게 되면 가스는 위로 올라가게 되고 그 밑에 오일 그리고 다시 그 밑에 물이 차게 된다. 그러다 그 배사구조가 내포(Containing)할 수 있는 양을 초과한 물이 다음 배사구조로 이동하게 되고 가스양이 많아지게 되면 오일도 다음 배사구조로 이동하게 된다.

대규모로 이동한 석유가 다른 지층으로 빠지지 못하도록 하는 보존암은 일반적으로 셰일층으로 아주 미세한 입자로 구성된 바위층으로 공극이 작고 유체를 통과시킬 수 있는 정도가 극히 낮은 층으로 구성되어 있다. 따라서 이동한 석유를 잘 보존할 수 있는 보존암 층이 없으면 이동한 석유는 또 다른 곳으로 이동하게 되어 보존될 수 없게 된다.

3. 지층을 구성하는 입자와 유체 통과 정도

퇴적 암석층을 이루는 입자들의 크기와 분포도에 따라 달라지는 공극률(Porosity)은 암석 전체 부피 대비 암석을 이루는 알갱이 사이의 공간인 공극이 차지하는 부피의 비를 말한다. 유체의 투과도 또는 투수율(Permeability)은 액체나 기체가 얼마나 잘 이동할 수 있는지를 나타내는 지표로 일반적으로 공극률이 높은 암석일수록 투수율도 높을 수 있다. 이들은 근원암의 중요한 특성들로, 전자는 탄화수소의 함유량을 결정하고 후자는 암석층 내에서의 탄화수소 이동성을 결정한다. 저류암의 경우 공극률이 크면 클수록 석유나 가스를 많이 저장할 수 있기 때문에 상업성이 높아진다고 할 수 있다. 투수율([표 2-1])은 유정의 생산성과 직결되는 중요한 물성으로 투수율이 높을수록 적은 비용으로 생산할 수 있기 때문에 좋은 유전이라고 할 수 있다. 공극률은 입자 알갱이의 크기에 상관이 없으며, 입자의 형상 및 배열 형태, 입도 분포, 암석이 형성되면서 압축된 정도(Compaction), 암석 입자 사이의 접착 물질의 양과 성질(Cementation)에 의해서 크게 영향을 받는다.

다음은 미국 지질학자인 Wentworth의 1922년 The Journal of Geology에 실린 입자크기 분류에 나온 표이다. 여기서 진흙(Clay)으로 구성된 암석층이 바로 셰일층이다. 석유의 근원암인 셰일의 경우는 극히 적은 미립자들로 구성되어 있고 입자들의 배치는 정입방체로 볼 수 있다. 암석이 구성될 때 높은 압력으로 인해 심하게 압축되어 암석층의 공극(Pore Volume)이 이론 공극률 47.6%보다 현저히 적은 공극률을 보인다. 셰일의 공극률은 셰일 분지특성에 따라 크게 다르지만, 일반적으로 4~10% 정도이다. 유체를 통과시킬 수 있는 공극의 연계정도(Connectivity)가 극히 적고 유체투과도 또는 투수율이 극히 낮은 특성을 가진다.

[표 2-1] 지층 입자의 크기 분류[18]

Millimeters(mm)		Micrometers(μm)	Phi(Φ)	Wentworth size class		Rock Type
	4096		−12.0	Boulder	Gravel	Conglomerate/ Breccia
	256		−8.0	Cobble		
	64		−6.0	Pebble		
	4		−2.0	Granule		
	2.00		−1.0	Very coarse sand	Sand	Sandstone
	1.00		0.0	Coarse sand		
1/2	0.50	500	1.0	Medium sand		
1/4	0.25	250	2.0	Fine sand		
1/8	0.125	125	3.0	Very fine sand		
1/16	0.0625	63	4.0	Coarse silt	Silt	Siltstone
1/32	0.031	31	5.0	Medium silt		
1/64	0.0156	12.6	6.0	Fine silt		
1/128	0.0078	7.8	7.0	Very fine silt		
1/256	0.0039	3.9	8.0	Clay	Mud	Claystone
	0.00006	0.06	14.0			

[그림 2-4] 지층 구성 입자들의 공극과 유체투과도(NY State Geological Survey)

암석 입자들이 퇴적되어서 바위가 되어가는 과정에서 입자들의 접합(Cementation)과 지속적인 퇴적물의 표토 압력(Overburden Pressure)에 의해 입자와 공극들의 압축이 진행된다. 이 때문에 공극(Pores)이 이론 공극 보다는 줄어들게 되고 공극과 공극의 연결성이 줄어 들게 되어 유체의 투과도가 낮게 된다. [그림 2-4]는 지층을 구성하는 입자들의 공극과 이들의 연결성에 기초한 유체의 공극과 투과도를 도식화 해서 보여주고 있다.

전통 탄화수소 에너지와 비전통 에너지

1. 혈암유(Oil Shale)
2. 초중질유(Heavy Crude Oil)
3. 치밀 오일/가스(Tight Oil/Gas)
4. 셰일 오일/가스(Shale Oil/Gas)
5. 탄층 흡착 가스(Coal Bed Methane)
6. 가스 하이드레이트(Gas Hydrate)

전통 탄화수소 에너지와 비전통 에너지

얼마전 까지만 해도 "전통 가스(Conventional Gas)"나 "비전통 가스(Unconventional Gas)"란 용어는 전문가들이 사용하는 언어 영역이었으나, 요즘은 일반인을 대상으로 하는 신문, 잡지에서 흔히 볼 수 있다. 전통 가스와 전통 오일을 포함한 전통 에너지와 비전통 에너지에 대한 개괄을 이해하는 것이 셰일가스 및 셰일 오일을 이해하는 데 필요하므로 간단히 소개한다. 전통 에너지라는 용어 자체를 사용하는 것은 상당히 조심스럽다. 왜냐하면 전통 에너지는 일반적인 유류, 전기, 가스 등을 총칭하게 되고 이와 상반되는 개념으로 서의 비전통 에너지는 다시 재생 에너지(Renewable Energy)를 포함하게 되는 광범위한 에너지 분류체계를 논해야 하기 때문이다. 따라서 본 책에서 논의하는 에너지라 함은 탄화수소(Hydrocarbon)를 바탕으로 한 오일과 가스에 한정하여 논의함을 이해하면 좋을 것 같다. 그러나 비전통 석탄가스(Coal Bed Methane)와 가스하이드레이트(Gas Hydrate)는 또 다른 분야이지만, 비전통 에너지의 이해를 돕기 위해 개괄적으로 기술했다.

전통 에너지는 이전 장에서 논의한 석유의 생성과정을 거쳐서 근원암에 보존된 오일과 가스를 말한다. 반면에 비전통 오일과 가스는 석유의 생성과 보존에서 논의된 지질학적인 특징을 요구하지 않는다. 즉 오일이나 가스들이 암석의 유체투과율이 극히 낮은 층에 갇혀(Trap) 이동하지 못하고 전통적인 오일이나 가스층을 형성하지 못한 그런 상태의 오일이나 가스를 이야기한다. 대부분의 비전통 가스나 오일은 근원암 자체에 갇혔다고 보는 것이 이해하기 편하다.

따라서 전통 에너지 석유와 가스는 지표면과 비교적 가깝고 볼록한 형태의 배사구조에 집중 매장되어 있기 때문에 비교적 개발이 쉽고 개발 비용 또한 낮은 편으로, 원유나 천연가스 와 같은 탄화수소가 매장되어 있는 지층에 시추(Drilling)하고 생산정(Production Well)을 통해 쉽게 획득할 수 있다.

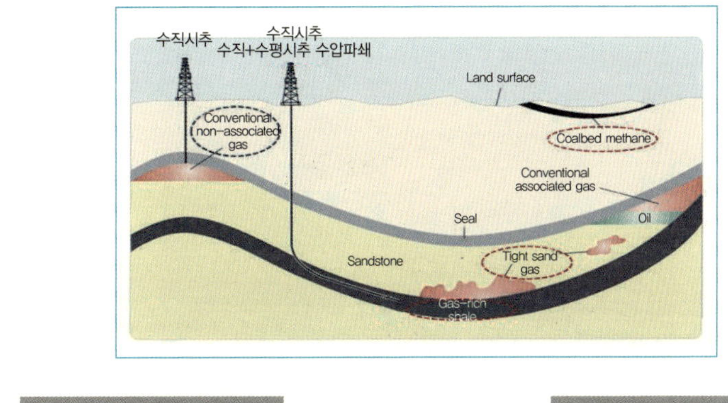

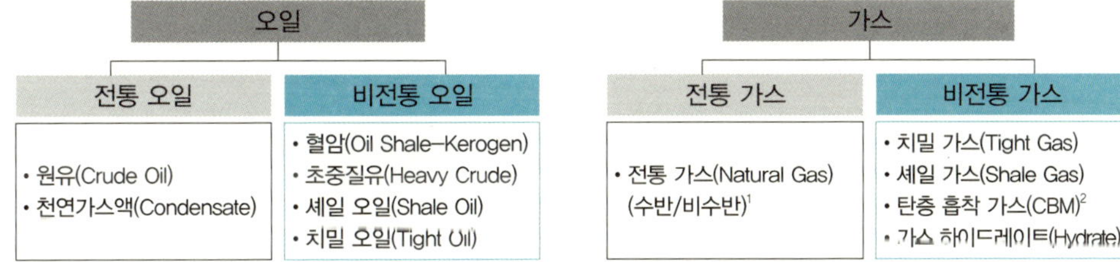

[그림 3-1] 탄화수소 에너지 Trap 및 전통 비전통 분류(US EIA)

주)
1. 전통 가스는 가스의 존재에 따라 수반가스(Associated Gas : 석유와 가스가 동시에 존재하는 유전에서 나온 가스)와 비수반가스(non-Associated Gas : 가스만 존재하는 가스전에서 나오는 가스)가 있음.
2. 가스석탄층 속에서 미생물과 압력, 온도의 열적 작용으로 인해 석탄 표면에서 생성되는 가스를 말하는데 메탄, 에탄, 이산화탄소, 질소로 구성되어 있고 메탄이 약 95%를 차지하고 Coal Seam Gas(또는 Coal Bed Methane) 라고도 부른다

반면에 비전통 에너지(오일+가스)는 기존의 석유 및 가스와 같은 전통 에너지 생산방식으로는 경제적인 생산이 곤란하고, 기존과는 다른 방법으로 생산되는 에너지로 크게 비전통 오일과 비전통 가스로 구분 가능하나 [그림 3-1]에서 보는 바와 같이 그 종류가 다양하다.

1. 혈암유(Oil Shale)

혈암은 근원암이 오일 창을 형성하는 온도(50~160℃)만큼의 깊이(약 1,000m)보다 낮게 형성될 때 생성되는 비전통 유인 케로젠(Kerogen)이 다량으로 포함된 암석을 말한다. 케로젠을 함유한 혈암은 아래와 같이 석탄과 유사하게 불에 잘 타지만, 연소 후 상대적으로 적은 양의 회분을 남기는 석탄과는 달리 연소 후 잔류물을 많이 남긴다. 일반적으로는 발전이나 지역 난방(District Heating)을 위한 저급연료나 화학이나 건설용 원자재로도 사용되기도 한다.

[그림 3-2] 혈암에 내포된 셰일 오일 연소(영국 Southampton 대학)

혈암은 퇴적층의 깊이가 낮아 퇴적층의 표층 압력(Overburden Pressure)과 지층온도가 오일 창에 미치지 못하는 첫 번째 반응만으로 형성된 것으로, 혈암의 케로젠은 분자량 1000 이상의 고체 형상이다. 매장된 지역에 따라 조성이 다른데 무기물 모체(Inorganic Matrix), 탄소 체인이 숫자가 200정도인 역청(Bitumens) 및 케로젠 등으로 구성되어 있다. **이 혈암유**(Oil Shale)**는 셰일층의 오일 생산과 수반되는 Shale Oil과는 다르다.**

케로젠을 원유처럼 사용하기 위해선 혈암을 채굴(Mining)해서 케로젠을 혈암층으로부터 분리 해야 하나, 혈암의 유체 유동성이 워낙 낮고 혈암 자체의 유체 투과율도 낮아서 전통적인 방법으로는 분류가 곤란하다. 혈암을 충분히 고온으로 올리게 되면 열분해 프로세스(Pyrolysis Process)에 의해 유증기(Vapor)가 발생하고 이 유증기를 냉각하게 되면 Liquid Shale Oil을 추출하게 된다. 혈암의 채굴과 케로젠의 분리 및 필요한 화학반응들로 인해 원유대비 생산단가가 높을 수밖에 없다. 원유가격이 상승하게 되면 그 분포가 넓고 매장량이 풍부한 Oil Shale의 개발에 관심을 갖게 된다. 1980년 원유값이 배럴당 42달러로 치솟아 제2차 석유파동이 발생했을 때 혈암을 개발하기 위해 막대한 노력을 했지만 위와 같은 문제로 실용화되지 않았다.

혈암의 개발은 혈암 지역의 채굴, 폐기물 처리, 물 사용, 폐수 발생 및 폐수처리, 대기오염, 온실 가스 배출 등 다양한 환경적인 문제점이 있고, 이를 해결해야만 경제적이고 친환경적으로 이 에너지를 사용할 수 있을 것으로 판단된다. 이런 일부 문제를 해결하기 위한 방편으로 쉘(Shell)사 등이 개발한 지역적인 전기 가열 방식이 개발되어 있지만, 앞으로 차세대 에너지원으로 활용되기 위해선 대량 생산을 위한 경제적이고 친환경적인 방법의 연구 및 개발이 필요한 분야이다. [그림 3-3]은 오일메이저 회사 중 하나인 Shell사가 추정한, 전 세계 오일셰일과 초중질유의 주요 분포도이다.

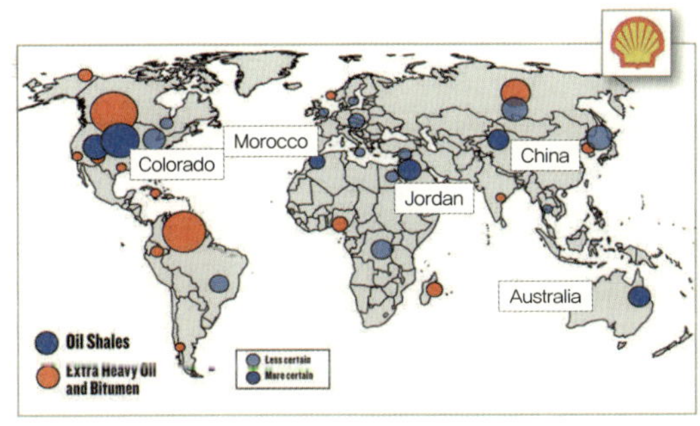

[그림 3-3] Oil Shale 및 중질유 주요 분포도(Royal Dutch Shell)

2. 초중질유(Heavy Crude Oil)

원유가 모일 수 있는 여러 가지 지질학적 조건들을 갖추어 저류층(Reservoir)이 형성되었지만, 이후 지질학적 변화로 보존암이 없어지거나 처음부터 보존암이 없는 상태에서 지표면에 가까워지면, 원유의 가벼운 성분인 가스와 저탄소 체인을 위주로 휘발성과 유동성이 강한 성분들이 저류층에서 외부로 이동하고 중질유만 남아있게 된다. 이러한 현상들은 지표면 근처의 미생물에 의한 반응(Degradation by Bacteria)으로 더욱 촉진될 수 있는데 남아있는 중질유 자체로는 유동성이 극히 낮아서 전통유전처럼 개발되지 않는다.

이 원유의 밀도(Density)와 비중(Specific Gravity)은 경량유(Light Crude Oil)보다 높기 때문에 Heavy라는 말을 사용하게 되었고, 통상 미국 석유학회 규정 비중(API Specific Gravity) 20 이상인 경우를 말한다. 2010년 World Gas Council에서는 API 비중이 10 이하 또한 점도(Viscosity)가 10,000cp(centi-poises) 이상인 원유를 Extra Heavy Crude Oil로 분류한다고 정의했다. 실제 유층에있는 중질유의 정확한 점도를 알 수 없을 때는 40API의 경우를 초중질유로 구분한다.[19]

중질유는 천연 역청(Natural Bitumen)과 밀접한 관계에 있다. 미국지질조사학회(US Geological Survey)는 역청은 초중질유과는 구별되며 이보다 더 높은 점도를 갖는 것으로 정의한다. 일반적으로 Tar Sands 또는 Oil Sands로 불린다. 중질유보다 더 높은 질소, 산소 및 황 등이 포함 되어 있다. 아싸바스카(Athabasca, Alberta) 지역에 대량으로 매장되어있는 오일샌드(Oil Sands) 와 베네수엘라 오리노코강 유역에 많은 오리뮬젼(Orimulsion)이 대표적이다.

오일샌드는 1875년의 지질학자에 의해 그 존재가 발견되었지만, 유동성이 극히 낮은 비투멘을 오일샌드로부터 추출해내는 데 따른 기술 부족과 높은 개발비용 및 경제성의 이유로 적극적으로 개발되지 않았다. 그러나 캐나다에서는 1967년부터 그레이트 캐나디안 오일샌드(Great Canadian Oil Sands) 프로젝트를 통해서 소규모지만 비투멘 생산을 지속적으로 추진 해왔다. 비투멘의 유동성을 개선하기 위해 용제(Solvent)와 스팀을 주입해서 비투멘의 유동성을 올려 오일을 생산하는 방법이 개발되면서 비투멘 개발이 활기를 띠게 되었으나, 그동안에는 생산 규모 면에서는 크지 않았고 오일 가격이 낮은 상태에서는 경제성을 확보하기 곤란한 문제가 많았다.

하지만 2000년대 유가가 급등하면서 가장 많은 오일샌드를 보유하고 있는 베네수엘라의 오리노코 분지를 중심으로 비투멘의 채취 생산에 대한 관심이 증대 되었다. 유가가 오르니 비투멘 개발과 생산에 따른 상대적인 경제성이 올라가 본격적인 투자들이 진행되고 있다.

그 결과 베네수엘라는 물론 다른 국가들도 개발을 시작해 오일샌드의 생산량이 크게 늘어나는 중이다.

캐나다에서 오일샌드의 개발이 가속화되고 있는 이유는 두 가지다. 하나는 정부의 적극적인 정책적 지원이다. 해외 기업의 투자를 적극적으로 유치하고 친환경적 개발, 생산 증대 기술 개발 시 주 정부에 지급해야 하는 로열티 부담을 완화하는 등의 정책적 지원을 하고 있다.

또 다른 하나는 에너지 소비 대국인 미국이 가까이 있다는 점이다. 미국과는 송유관 등이 직접 연결돼 있어 수출 인프라도 든든하다. 실제로 캐나다의 오일샌드 생산량은 2000년 1일 60만 배럴에서 2013년 180만 배럴로 증가했으며 생산량의 95% 정도를 미국에 수출하고 있는 중이다. 국가 오일샌드 위원회의 전망에 따르면 2020년경에는 오일샌드의 생산량이 1일 340만 배럴까지 가능할 것으로 관측된다.[20]

최근에 국내 기업으로는 처음으로 SK건설이 FEED 설계부터 EPCM 시공까지 일괄해서 수주한 대규모 오일샌드 프로젝트는 앨버타 주 아바스카스 오일샌드 지역에 위치한 포트힐스에 위치해 있다. 캐나다의 Suncor/TECK 및 프랑스 Total사가 연합하여 추진 중인 프로젝트로 연간 18만 배럴의 비투멘을 가공 처리 할 수 있는 시설로 2017년 말 완공을 목표로 하고 있는데,[20] 고온의 파라핀을 사용하여 오일샌드로부터 역청을 추출한다.

2009년 미국 지질조사학회의 보고에 따르면 중질유의 전 세계 채굴 가능한 매장량(Recoverable Reserve)은 가채 전통유 매장량의 약 2배 정도이다.[21] 오일샌드의 회수율은 화학적 성분 특성에 따라 크게 달라지고 대략 5~30% 정도 이다. 지속해서 회수율을 높이기 위한 기술이 개발되고 있다. 또한 미국 EIA(Energy Information Agency)의 2001년 보고서에 따르면 전 세계에서 가장 많은 오일샌드가 있는 베네수엘라의 오리노코 유역에 길이 약 420km에 폭 65km의 오일샌드의 가채 매장량은 약 2,700억 배럴 정도로 예측되며, 이는 사우디아라비아의 전통 오일양과 맞먹는 규모이다.

역청 또는 오일샌드는 지표면 근처(대략 1,000m이내)에 매장되어있기에 노천채굴이 가능하므로 석탄이나 혈암유보다는 채굴비용이 적게 드는 장점이 있어 베네수엘라에서 상업적으로 생산되고 있다. 그러나 타 경량유보다 저렴한 채굴 단가는 생산 단가가 높고, 높은 유황이 함유되어 있어 원유 가격할인 등으로 상쇄된다. 채굴해서 생산하는 경우 용매를 넣어 초중질유를 녹여 분리하고 정유 과정에서도 촉매반응을 통해 많은 탄소가 연결된 원유를 저분자로의 개질이 필요하므로 전통오일보다 생산비용이 비싸다.

일반적인 생산 방법은 오일샌드층에 2개의 수평정을 뚫고 위층의 수평정에 고온 고압의 스팀을 주입하면 오일샌드의 유동성이 증대되어서 중질유가 아래층의 수평정으로 흘러갈 수 있는데, 이 흘러들어온 오일을 회수하는 방법을 스팀 가열 회수법(SAGD : Steam Assisted Gravity Drainage)이라 한다. 이외에 스팀 주입법(Steam Injection), Magentic Field Heating, Toe-to-Heel Air Injection(THAI) and Open-Pit Mining 등이 있다. [그림 3-4]는 가장 일반적으로 사용되고 있는 스팀을 이용해서 오일샌드층의 유동성을 올리고 중질유를 회수하는 SAGD의 도식이다.

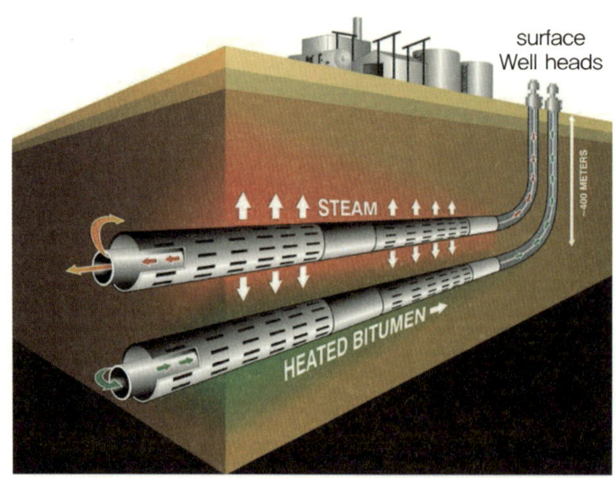

[그림 3-4] Steam Assisted Gravity Drainage도해(Halliburton)

초중질유의 개발에는 오일샌드의 유동성을 높이기(Stimulation) 위해 필요한 스팀 공급(Steam Flooding)용 열원으로 천연가스를 사용하기 때문에 지구 온난화를 촉진하는 온실 가스를 방출하는 환경적인 문제점을 가지고 있다. 이뿐 아니라 중질유는 정제과정(Distillation Process)에서 전통 오일보다 더 많은 에너지가 필요하고 약 3배 정도의 이산화탄소를 방출한다고 알려졌다.[21]

3. 치밀 오일/가스(Tight Oil/Gas)

치밀 오일/가스는 투수율이 전통 유/가스 저류층(10~수백 millidarcy)보다는 낮지만 셰일가스층 보다는 높은 실트(Silt) 입자로 주로 이루어진 Siltstone이나 Claystone저류층(>0.1 millidarcy)에서 생산되는 원유나 천연가스를 말한다.

근원암에서 생성된 탄화수소가 느리지만 이동해서 특정한 부위의 저류층을 형성한 것으로 셰일가스처럼 저류층을 형성하지 못한 것과는 구별된다. 유체의 투수율이 낮아서 전통적인 채굴방식으로는 어렵지만, 수평시추(Horizontal Drilling)로 생산성(Production Rate)을 올릴 수 있거나, 일반 셰일가스 생산에 적용되는 수평정과 수압파쇄 공법을 모두 적용해서 저류층에 있는 탄화수소를 회수할 수 있다. 저류층의 투수율이 낮아서 저류층의 압력이 아주 높지 않은 경우를 제외하고는 수직정(Vertical Well)으로는 탄화수소의 생산이 가능한 지역(Drainage Area)이 적고, 웰당 생산 가능량이 적은 단점이 있으므로, 탄화수소 이동성을 담보하기 위해 저류층을 수압으로 파쇄하는 공법을 적용하는 것이 일반적이다.

일단 생산된 치밀 오일(셰일오일 포함)은 원유와 기본적으로 조성이 동일하며, 치밀 가스나 셰일가스 또한 전통가스와 거의 같다.

실트스톤이나 클레이스톤 층에 있는 치밀 오일은 저류층의 공극에 약 15~20% 정도의 잔존 가스가 있어야 공극 내의 치밀 오일을 공극에서 생산정으로 밀어내어 경제적 생산이 가능하다. 만약 치밀 오일 저류층이 순수히 오일로만 구성되어 있는 경우는 오일을 경제적으로 생산키 어렵다. 미국의 EIA에서는 치밀 오일을 혈암에서 생산되는 오일셰일(Oil Shale) 등과 쉽게 구별하기 위해 Light Tight Oil(LTO)로 분류한다. 통계적인 목적으로 셰일가스 생산에서 수반되는 셰일오일도 LTO에 포함된다. [그림 3-5]는 미국 EIA에서 발표한 전 세계 주요 국가의 치밀 오일 생산 가능량이다.

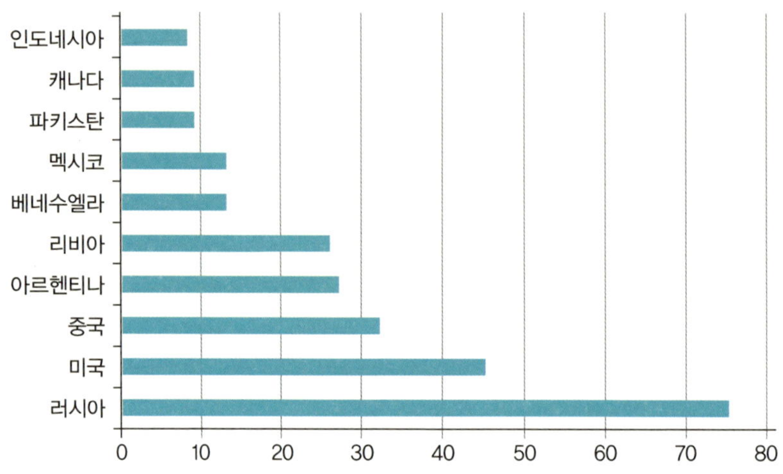

[그림 3-5] 전세계 주요 국가의 치밀 오일 생산 가능량(단위 billion bbl)[22]

4. 셰일 오일/가스(Shale Oil/Gas)

일반적인 석유와 가스의 형성 과정은 크게 1) 생성(Generation), 2) 이동(Migration), 3) 축적(Accumulation)으로 이루어 지는데 반해 셰일 오일과 가스는 생성과정은 거쳤지만 이동하지 못하고 근원암인 셰일층에 남아 있는 자원을 말한다. 셰일 오일과 가스는 투수율이 아주 낮은 상태의 저류층(〈0.001 millidarcy)에 매장되어 있는 자원으로 근원암이 곧 저류층이 된다. 이 저류층은 주로 점토(Clay) 유기물 및 동식물들과 퇴적된 암석층으로 열분해 과정을 거쳐 형성된 탄화수소가 통과암과 가까운 일부는 이동하게 되지만 탄화수소는 대부분 점토입자 사이에 갇혀있는 상태로 존재한다. 암석 특성상 균일성이 적어(Heterogeneous) 각 오일/가스 필드 또는 각 생산정(Well) 마다 생산 특성이나 회수 가능 생산량 등이 다를 수 있다. 이 점이 셰일가스와 치밀 오일에 관한 상류부문 투자의 예상 이익과 경제성 예측에 큰 걸림돌이 된다.

그러므로 수평시추를 통해서 탄화수소 생산 가능 면적을 올릴 뿐 아니라, 공극입자간의 연결성이 낮아 탄화수소의 유동성이 극히 낮은 점을 문제점을 극복하기 위해 수압파쇄(Hydro-Fracturing)를 통해 인공적으로 탄화수소가 쉽게 이동할 수 있도록 투수율을 올려 주어야 한다. 수압 파쇄의 상세사항에 관해서는 〈5장 셰일가스 개발 기술〉을 참조하기 바란다.

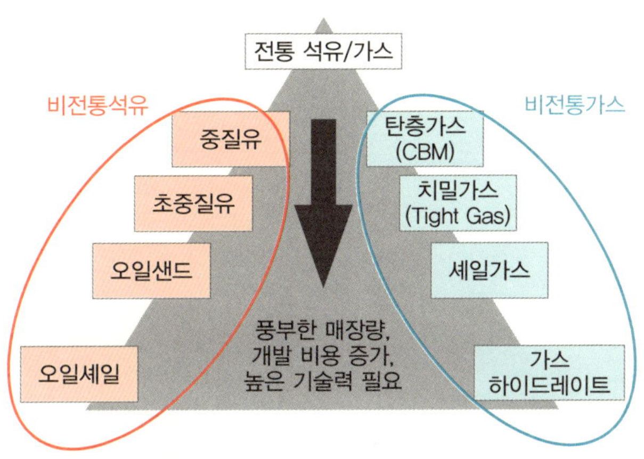

[그림 3-6] 탄화수소 저류층 특성 및 개발 난이도 피라미드[23]

일반적으로 저류층이 탄화수소의 유동성이 큰 투수율(Permeability)을 갖게 되면 생산 비용이 저렴하게 들고, 반내로 낮으면 낮을수록 생산 비용이 많이 들어간다. 그러나 이렇게 투수율이 양호한 저류층의 총합은 전체 탄화수소 매장량을 기준으로 볼 때 극히 일부분에 해당되고 이것이 바로 전통 오일과 전통 가스를 내포한 저류층으로 분류된다. [그림 3-6]은 이러한 저류층의 투수율 특성과 탄화수소 총 매장량과의 관계를 도식적으로 나타낸 것이다. 그림에서 보는 바와 같이 투수율이 낮은 셰일 오일 가스의 총 매장량은 어느 탄화수소 계열보다 많으나 상대적으로 개발 비용이 더 많이 들게 된다.

5. 탄층 흡착 가스(Coal Bed Methane)

탄층 흡착 가스(CBM)는 석탄광 메탄(CMM : Coal Mine Methane) 혹은 석탄가스(CSG : Coal Seam Gas)라고도 불리는데, 식물이 석탄화 되는 과정에서 발생된 메탄이 석탄표면의 미세한 공극

(Cleats)에 갇혀서 석탄층의 압력에 의해 흡착(Adsorption)되어 있는 것을 말한다. 석탄은 식물이 탄화되는 과정에서 생성된 것이므로 석탄이 형성된 근원암이 곧 탄층 흡착가스의 저류암인 셈이다. 가끔 신문 지상에서 석탄광의 가스폭발로 인해 갱도가 매몰되고 인부들이 갇히는 안타까운 뉴스가 종종 있는데 바로 이 석탄 흡착 가스가 적절히 배출되고 관리되지 못했기 때문에 발생한 사고이다.

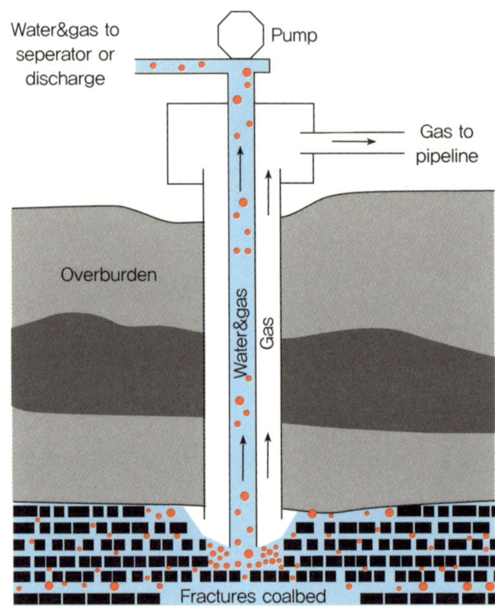

[그림 3-7] Coal Bed Methane Production Scheme(USGS)

CBM의 개발은 채탄하지 않고 생산정을 설치해서 석탄층(Coal Bed) 사이의 틈에 존재하는 물(Coalbed Water)이나 석탄층에 압력(Hydraulic Pressure)을 가하는 물(Water Aquifer)을 지표면으로 빼내게 되면, 석탄층의 압력이 강하하게 됨에 따라 석탄의 부서진 틈이나 미세한 공극에 흡착된 메탄이 이탈되는데 지표면에서 물과 메탄을 분리하는 식으로 생산한다. 따라서 메탄은 거의 물속에 포화된(Saturation) 상태로 존재한다.

석탄흡착 가스는 황화수소(Hydrogen Sulfide)가 거의 없고, 무거운 탄화수소(Heavy Hydrocarbon) 가스인 프로탄 또는 부탄이 거의 없으며, 석탄의 탄화 정도에 따라 이산화탄소가 상당량 들어 있고 나머지는 거의 메탄이 주성분이다. 물론 천연가스 응축오일

(Condensate)이 거의 없지만, 용존산소와 수소가 메탄 생산 시 같이 회수되므로 이에 대한 처리가 필요하다.

CBM이 있는 석탄층의 공극률은 약 0.1~1% 정도로 다른 전통 가스전 보다 낮은 편이다. 또한 메탄가스가 흡착될 수 있는 정도를 나타내는 흡착용량(Adsorption Capacity)은 석탄의 탄화정도와 석탄층의 틈새의 발달 정도에 따라 달라지며 약 100에서 800 Scf/ton정도가 일반적이다. 석탄층의 틈새와 간극은 탈착된 가스의 주요 이동 통로로 이용되고, 가스의 이동 투수율은 약 0.1~50md(millidarcy)정도로 치밀가스(Tight Gas)층보다 높은 편이나 석탄층에 존재하는 물을 먼저 뽑아내서 압력을 낮추어야 하는 관계로 가스의 생산과 제어가 용이하지 않은 점이 있다. 또한 가스 생산 전에 대규모로 물을 먼저 퍼내서 탄층의 압력을 낮추어야 탈착된 가스가 흘러나오게 되는 특성으로 초기 가동 시 유량증가 통제(Ramp-up Control)가 용이하지 않은 점 역시 플랜트 설계 시 고려해야 할 중요한 사항이다.

석탄층에서 CBM을 생산하기 위해서 부수적으로 생산되는 물은 석탄의 종류와 지역에 따라 많은 차이가 있고, 궁극적으로는 소금, 중금속, 방사성물질 등이 녹아 있는 경우가 많다. CBM에서 생산된 물은 반드시 환경기준에 부합하도록 수 처리할 필요가 있고 이 비용이 가스 생산 비용의 중요한 부분이다. 또한 대량의 물을 뽑아내는 경우에 지하 대수층(Aquifer)의 연결 정도에 따라 다르지만 광범위한 지역의 대수층의 압력 저하 같은 문제를 일으킬 수 있고 지하 물의 흐름에 이상을 유발할 수 있다.

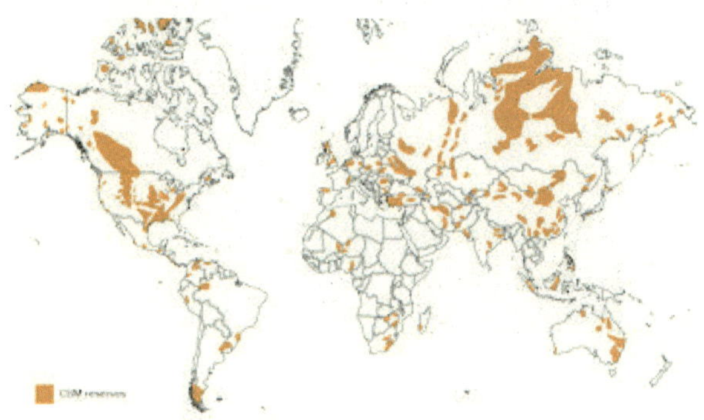

[그림 3-8] Global 석탄층 흡착 가스 잠재 매장 지역 지도(GWI)

PacWest사에서 출판한 비전통 가스의 Map 중 노란색 부분은 CBM이 매장되어있는 전 세계의 주요 위치를 나타낸 것이다. CBM을 이용한 액화 가스 프로젝트가 활발히 진행 중인 호주 퀸즈랜드 주 지역에 CBM이 잘 발달 되어 있고, 러시아, 미국, 캐나다, 아르헨티나 역시 CBM매장량이 많은 국가들 중의 하나이다. 중국은 CBM이 많기 때문에 향후 비전통 가스 중에서 CBM의 생산량이 늘어날 것으로 보인다.

6. 가스 하이드레이트(Gas Hydrate)

섭씨 0℃에서 26기압, 10℃에서 76기압의 압력이 가해지면 천연가스와 물 분자가 결합하면서 얼음처럼 흰 결정을 이루게 되는데 이것을 가스 하이드레이트(Gas Hydrates 혹은 Clathrate Hydrates)라고 한다. 심해저의 저온과 고압 상태에서 얼지 않을 영역(수압이 높은 심해에서는 0℃ 이하에서도 물이 얼지 못하고 물과 얼음의 중간 형태를 띠게 됨)이지만, 물 분자 사이에 메탄(CH_4), 에탄(C_2H_6), 프로판(C_3H_8), 부탄(C_4H_{10}) 등의 저분자 탄화수소 및 질소(N_2)와 탄산가스(CO_2) 등의 가스가 포획되어 얼음 형태의 고체상 격자구조로 형성된 결합체를 말한다. 외관이 드라이아이스와 비슷한 고체상의 에너지로 불을 붙이면 타는 성질이 있어 불타는 얼음이라고도 한다. 가스 하이드레이트 중 특히 메탄가스 함량이 90% 이상을 메탄 하이드레이트(Methane Hydrate)라 한다. 아래 그림은 2007년 동해 울릉 분지에서 채취한 가스 하이드레이트의 연소시험장면이다.

[그림 3-9] 가스 하이드레이트 연소(가스하이드레이트 사업단)

영구 동토(凍土)에서도 가스 하이드레이트가 존재하는데 유기물이 퇴적되어 지표면에서 깊지 않은 상태에서 미생물의 대사작용으로 발생한 메탄이 주변의 물과 결합하여 형성된 것으로 추측된다([그림 3-10]참조). 오늘날 발견되는 하이드레이트의 99%는 해양 퇴적에 의해 생성된 것으로 본다. 메탄 하이드레이트가 형성되기 위해선 어느 정도 압력이 필요하기 때문에 일반적으로 수심 200m 미만의 바다에서는 발견되지 않는다.[14]

[그림 3-10] 퇴적층에 존재하는 가스 하이드레이트(Georgia Tech)

미국의 지질조사 학회(USGS)의 최근 가스 하이드레이트 조사 프로젝트 보고서[24]에 따르면 가장 풍부한 메탄 하이드레이트의 매장량은 전 세계적으로 약 10^5~$5x10^6$Tcf로 추정된다. 이 양은 세계 최대 가스소비국인 2010년 미국의 소비량 4,000~200,000배에 해당하는 엄청난 양이다. 국내에도 동해에서 존재하는 것이 확인됐으며 2005년부터 본격적인 탐사와 개발이 진행되고 있다. 국내 부존량은 국내 가스소비량을 기준으로 약 30년간 사용할 수 있는 양으로 추정되고 있다.

가스 하이드레이트가 이처럼 엄청난 가능성을 지니고 있으면서도 쉽게 상용화되지 못하고 있는 이유는 가스 하이드레이트가 분리되는 과정에서 다량의 메탄가스를 배출해 지구온난화를 가속할 수 있고, 가스 하이드레이트 부존층이 사라지면 해저 퇴적층이 무너져 큰 재해를 일으킬 수도 있기 때문이다. 한 연구에 의하면 빙하기에 해수면이 하강해 압력이 떨어지면 가스 하이드레이트가 해리되는 현상이 일어나 해저 붕락이 일어난다고 한다.[25] 가스 하이드레이트가 해리될 때 약 160~170배 부피의 가스로 변하기 때문에 상당한 메탄가스가 이탈하게 된다. 이 메탄가스는 일반적으로 지구온난화 가스라고 여기는 이산화탄소의 약 21배의 열을 가둬두는 특성이 있다. 때문에 가스 하이드레이트를 안전하고 경제적인 방법으로 생산할 수 있는 기술을 개발하는 것은 미래 에너지원 발굴뿐 아니라, 해저의 붕락을 막고 환경문제에 적절히 대처하는 지름길이기도 하다.

상업화된 가스 하이드레이트 생산기술은 아직 개발되지 못했고, 현재 제안된 가스 하이드레이트의 생산방법은 감압법, 열주입법, 용매주입법 이산화탄소 주입법 등으로 구분된다. 다음은 Science Times[26]에 나온 가스 하이드레이트 개발법을 정리 요약하였다.

• **감압법**은 가스 하이드레이트 생산정의 압력을 낮춤으로써 생산정 주위의 가스 하이드레이트 해리를 유도해 생산하는 방법이다.

• **열주입법**은 열수 주입이나 전기 자극을 통해 주입정 주위 온도를 증가시켜 가스 하이드레이트 해리를 유도하는 방법이다.

• **용매주입법**은 온도, 압력 조건을 변화시키는 것이 아니라 가스하이드레이트 형성 억제제를 주입해 해리를 유발하는 방법이다.

• **이산화탄소주입법**은 온실가스인 이산화탄소를 가스 하이드레이트층에 주입해 메탄을 이산화탄소로 치환해 생산함으로써 온실가스 저감과 메탄 생산을 동시에 충족시키는 것이다. 이 방법은 가스 하이드레이트를 해리시키지 않고 메탄가스를 생산하기 때문에 지반 안정성 문제를 근원적으로 해결하는 장점을 갖고 있다.

셰일가스

1. 셰일가스의 생성
2. 천연가스와 셰일가스
3. 셰일가스 분포 및 매장량
4. 주요 국가의 셰일가스산업 현황과 전망

셰일가스

1. 셰일가스의 생성

대규모 유기물질과 일부 식물들이 해양의 점토 입자들 사이에 동시에 매몰되어 고온 고압하에서 점토층이 셰일화 되면서 그 안에 있던 유기물질들의 열분해 과정을 통해 석유로 다시 온도에 의해 가스화될 수 있다. 셰일 암석층을 주로 구성하고 있는 점토 입자들의 특성상 형성된 가스를 내포하는 공극이 다른 공극과 연결되는 정도가 극히 낮을 뿐 아니라 이 가스가 다른 층으로 이동할 수 있는 유체의 통과 정도 또는 투수율도 극히 낮은 관계로 셰일층에 그대로 부존한 상태로 있는 가스를 셰일가스라고 한다. 그래서 이 셰일가스는 한 장소에 모여 있기보다는 셰일층 틈 사이사이에 골고루 넓게 퍼져 있는 것이 특징이라 할 수 있다.

수직 시추로 개발된 가스정의 가스 생산량을 늘리기 위해 가스층(Gas Formation)을 파쇄하여 공극의 연결 통로를 넓혀주고 가스의 이동 통로를 확보하는 하는 기술인 수압파쇄(Hydraulic Fracturing) 기술은 1950년대부터 상용화되어서 점차 파쇄 길이와 방향을 제어하는 기술들이 개발되기 시작했다. 또한 1990년대부터 수평 시추라는 방법으로 Oil & Gas Well 시추기술이 발달되어 하나의 시추정으로 부터 생산 가능한 지역이 급격히 늘어나게 되었다.

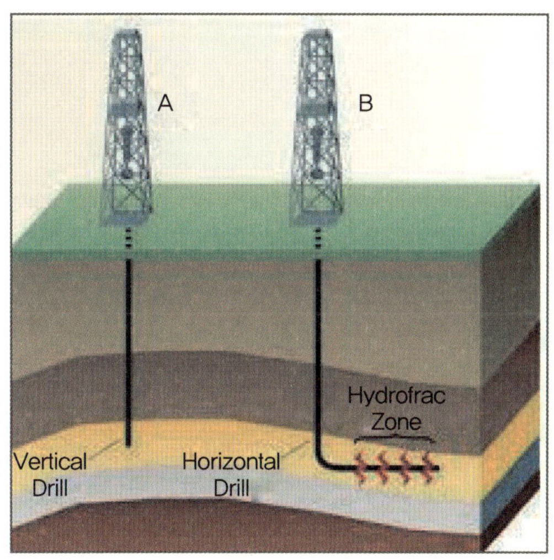

[그림 4-1] 수직 및 수평 시추(Biz Journal)

두 기술을 융합하여 오늘날 셰일층에 숨어 있었던 가스를 경제적으로 생산할 수 있게 되기 전까지는 셰일층 내의 공극 간의 연결 정도가 적고 내포된 가스가 통과할 수 있는 능력이 극히 낮아서 생산된 가스의 경제성 확보가 어려웠기 때문에 셰일층 내 부존 가스의 경제성에 관심을 가지지 않았다. 이 두 기술을 융합하여 오늘날 셰일층에 숨어 있었던 가스를 경제적으로 생산하게 된 것이 우리가 이야기하는 셰일 혁명의 시초라고 할 수 있다.

2. 천연가스와 셰일가스

천연가스는 합성가스(Synthetic Gas)와 반대되는 말로 자연계에서 취득하는 가스를 말한다. 천연가스는 메탄이 주성분이지만 메탄 이외에도 다양한 성분들(에탄, 프로판 및 부탄 등)이 들어 있다. 일반적으로 이런 고분자 탄화수소들은 메탄보다는 가격이 높아서 가스정에서 생산되면 전처리과정에서 분리(Extraction)해서 별도로 판매하게 되는데 이를 천연가스액체(NGL)라고 한다.

셰일가스도 천연가스이지만 생산방식과 생산하는 저류층이 기존의 천연가스와 다를 뿐이다. 따라서 이를 굳이 분리하자면 가스의 생산방식 때문에 전통적인 방법으로는 생산이 곤란한 비전통 천연가스인 셈이다. 이를 처리한 후 파이프라인을 통해서 소비자에게 공급하는 가스의 조성은 이를 운송하는 가스회사의 가스 규격에 맞추어서 주입해야 하고, 다른 생산자의 가스와 섞이기 때문에 자기가 생산하는 가스를 자기가 사용한다는 보장은 없다. 일종의 파이프 라인 풀에 넣고 자기가 원하는 지점에서 자기가 주입한 열량만큼 빼서 쓴다고 보면 이해가 빠를 것이다.

생산된 천연가스나 셰일가스 모두 안전, 환경, 품질, 그리고 요구되는 가스 규격(Gas Spec)을 맞추기 위해 필요한 전처리 과정을 거쳐야 한다. 이 과정에서 황화수소, 이산화탄소 및 질소를 제거하여 운송 시 요구되는 기본품질을 맞추고, Heavy Hydrocarbon(통상 탄소 체인 5개 이상)과 물을 제거하고 가치가 높은 NGL을 추출한 다음 수송 파이프라인에 넣는다.

아래 표는 미국에서 생산되는 천연가스의 조성과 셰일가스의 조성을 비교한 것이다. 셰일가스의 조성은 같은 셰일 분지 안에서도 다르고 지역마다 특성과 조성이 전부 다르다.

[표 4-1] 미국의 셰일가스 분지 별 조성

Compositions	Eagle Ford	Marcellus	Haynesville	Barnett	Typical
C1	74.595	97.131	96.323	86.75	94.3
C2	13.824	2.441	1.084	6.725	2.70
C3	5.425	0.95	0.205	1.975	0.60
C4	4.462	0.014	0.203	0	0.20
C5+	0.478	0.001	0.061	0	0.20
CO2	1.536	0.04	1.816	1.675	0.50
N2	0.157	0.179	0.369	2.875	1.50

Notes : 각 조성은 평균 값으로 Hill et al 및 Boyer et al의 참고자료에서 인용한 수치임[27&28]

이렇게 생산된 셰일가스는 기본적으로 지역의 모집배관(Gathering Pipeline)에 의해 모집되어서 지역 가스프로세싱 센터로 보내진다. 지역 가스프로세싱 센터에서 가스 전처리가 될 때 이미 다양한 가스전에서 생산된 가스들이 혼합되어서 가스 프로세싱 센터에 들어가기 때문에 셰일가스 프로세싱 센터의 설계 시 가용한 범위의 선정은 이 점을 고려해야 한다. 프로세싱 센터에서 가스 안에 아래의 성분들이 제거된 후에 이송 파이프 라인에 주입된다.

- 오일과 콘덴세이트 제거

• 물 제거
• NGL 추출
• 황/이산화탄소 제거

이런 불순물들이 제거된 후 파이프라인 회사에서 규정한 가스 품질(Gas Quality) 이상의 가스를 파이프 라인에 주입하게 되는데, 이 파이프라인의 가스는 일차적으로 생산된 가스를 전처리 과정을 거쳐서 불순물을 제거한 상태이고 다양한 곳에서 생산된 가스가 섞이게 되므로 [표 4-1]에 있는 셰일가스 생산 시 품질과는 전혀 다르다. [표 4-2]는 미국의 대표적인 파이프라인들의 가스 품질이다. 가스 품질은 파이프라인 별로 다르고 또 같은 파이프라인에서도 측정 날짜마다 다르다.

[표 4-2] 미국의 파이프라인 가스 품질(관련 사 웹 페이지, 2014.10 기준)

Compositions	Florida Gas Trans	Gulf South	KM NGPL	Williams Transco	Gulf Stream	NW Pipeline	Texas Gas Trans
C1	95.106	96.001	95.365	92.565	97.172	94.037	96.405
C2	3.084	1.937	2.632	6.637	1.401	3.793	1.415
C3	0.181	0.117	0.570	0.268	0.112	0.767	0.043
i-C4	0.032	0.018	0.064	0.012	0.018	0.117	0.002
n-C4	0.031	0.018	0.077	0.012	0.017	0.122	0.003
i-C5	0.013	0.008	0.031	0.003	0.006	0.030	0.000
n-C5	0.008	0.004	0.026	0.002	0.004	0.022	0.000
C6+	0.016	0.010	0.184	0.005	0.008	0.026	0.000
CO2	1.129	1.485	0.775	0.252	0.859	0.571	1.840
N2	0.402	0.389	0.275	0.242	0.402	0.515	0.294

3. 셰일가스 분포 및 매장량

1849년 미국의 서부 캘리포니아 주에는 상상할 수 없는 수많은 위험을 뚫고 금을 찾기 위해 동부 지역은 물론 유럽, 중남미, 중국 등 아시아에서까지 약 10만 명이 넘는 사람들이 한꺼번에 몰려는 골드러시가 시작 되었다. 150여 년이 지난 지금 미국에서는 또 한 번의 골드러시가 시작되고 있다.[29] 색깔은 없지만 땅속에 있는 셰일가스라는 새로운 에너지원을 찾아서다. 이 미국 발 셰일가스 혁명이 전세계 에너지업계에 엄청난 변화와 회오리를 몰고 왔고 앞으로도 그 변화는 엄청난 파괴력을 가질 것으로 예상된다.

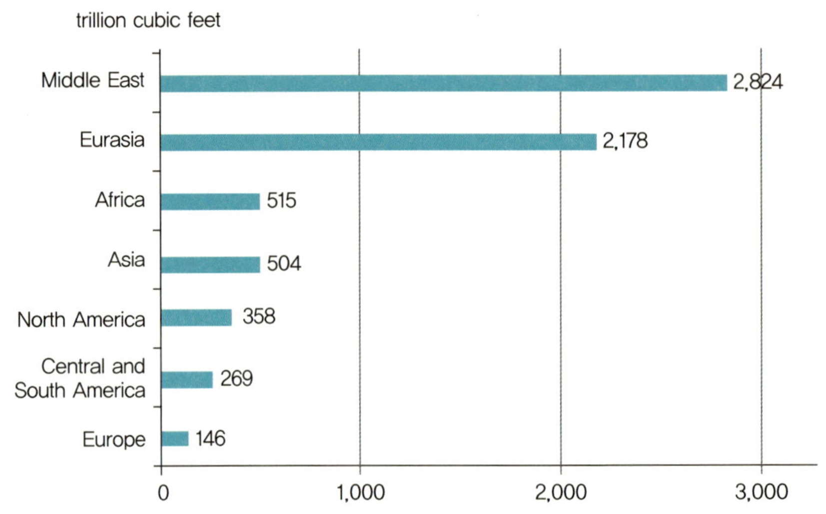

[그림 4-2] 전통가스의 확인매장량 집중분포[30]

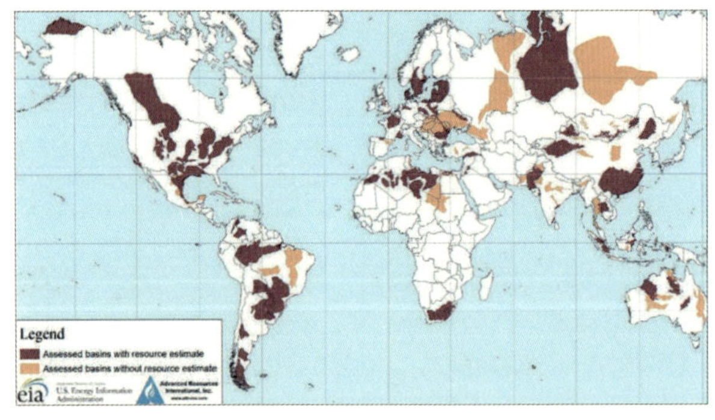

[그림 4-3] Global 셰일가스 분포(EIA May 2013)

이미 셰일가스는 2010년대 들어 가장 주목받는 에너지원이고 경제적으로 가치 있는 에너지 자원임은 분명하다. 세계에너지기구(IEA)는 셰일가스의 개발로 '가스 황금시대'가 도래할 것으로 전망했다. 이와 함께 각국의 에너지 정책도 셰일가스 개발 붐에 불을 질렀다. 전통가스는 중동과 유라시아에 집중되어 있는 것을 알 수 있다([그림 4-2]참조). 지정학적 리스크가 높은 중동 41%, 러시아 24%, 북아프리카 4%, 베네수엘라 3% 등 특정 지역에 72%가

몰려 있다. 그러나 셰일가스의 분포는 [그림 4-3]에서 보는 바와 같이 전세계적으로 고루 분포되어 있다. 특히 중국, 미국, 아르헨티나 및 멕시코 등에 많은 셰일가스 자원이 있는 것으로 평가하고 있다.

미국 EIA(Energy Information Administration)와 EIA의 조사 의뢰를 받은 자원전문기관인 ARI(Advanced Resources International, Inc.)가 2013년 6월에 미국을 포함한 41개국 137개 유망 분지의 셰일가스 자원량 평가보고서를 발표하였다. 본 보고서의 비전통 자원량 평가서에 따르면 타이트오일과 셰일가스의 기술적 회수 가능 자원량(TRR : Technically Recoverable Resource)은 전 세계 기준으로 7,299Tcf로 2011년(6,622Tcf) 대비 새로운 국가의 추가 등으로 2013년 보고서의 셰일가스 TRR은 약 10% 정도 증가했다. 반면에 전통가스의 2013년 기준 확인 매장량은 약 6,793Tcf로 셰일가스 TRR 대비 약 93%에 해당된다. 아래 표는 셰일층에서 개발되는 타이트오일과 셰일가스의 매장량 기술적 회수 가능량(TRR)을 정리하였다. 중국이 가장 많은 셰일가스 매장량을 가지고 있고, 전통가스 매장량을 가장 많이 가지고 있는 러시아는 중국의 1/4수준으로 평가된다.

[표 4-3] 주요 국가의 천연가스 및 비전통 가스의 TRR[30]

순위	국가	셰일가스*1	전통가스*2
1	중국	1,115	124
2	아르헨티나	802	11.7
3	알제리	707	159
4	미국	665	273
5	캐나다	573	68
6	멕시코	545	17
7	오스트랄리아	437	40
8	사우스 아프리카	390	0.5
9	러시아	285	1,688
10	브라질	245	14

Notes :
1. Data source : EIA/IEO 2013, Unit : Tcf
2. TRR : Technically Recoverable Resources
3. 전통가스는 Proved Reserve

2013년 전 세계 천연가스 수요는 전년대비 약 1.2% 정도 증가하여 약 123Tcf(3,500 billion cubic meter-bcm)에 이른다. 이 중에서 에너지 최대 소비국인 미국에서 2013년 약 20% 정도인 연간 약 25Tcf를 사용했다. 확인된 회수 가능 매장량만으로도 전 세계가 60년 정도 쓸 수 있을 것으로 추정되고 이를 열량으로 환산한다면 1,859억 TOE(Tonnage of Oil Equivalent, 각종 연료를 석유 열량 단위로 환산한 단위)로 기존 석유매장량(1,888억 TOE)과 비슷한 수준이다. 액손 모빌의 예측에 의하면 세계의 잠재 매장량은 현재 사용량을 기준으로 앞으로 250년간 사용이 가능한 920조㎥로 추정하고 있다. 업계가 일반적으로 받아들이는 예상 사용 가능 기간은 약 150년 정도이지만, 이 수치는 기술이 더 진보되고 경제적으로 회수 가능한 유량이 증가하면 더 늘어날 것으로 본다.[31]

[표 4-4]는 각 연료별 확인 매장량을 표시한 것이다. 약 40년 전 필자의 학창 시절 석유의 가채년수는 약 40년이었다. 이 가채년수가 오히려 늘어서 53년인 것을 보면 기술 발달로 예전의 기술로는 경제성이 없어서 채굴이 곤란했던 유정들이 채굴 가능한 것으로 보인다.

[표 4-4] 화석 연료별 2013년 소비량 기준 가채 년수

연료 형식	단위	매장량(Reserve)	연간 사용량(2013)	RPR(yrs)
석유	billions	1,688*1	31.5	53.3
석탄	billions tons	892*2	7.82	113
천연가스	Tcf	6,793*3	123	55.2
셰일가스	Tcf	7,299*4	123	59.3

Notes
1. BP 2013 Stastical data[32]
2. EIA & 독일 연방 지구과학 및 천연자원청(BGR)기준 134.5년[33]
3. EIA International Energy Outlook 2014[36]
4. EIA Shale Gas 2013 Report[34]
5. RPR : Reserves to Production Ratio = 가채매장량/연간사용량

한 가지 흥미로운 사실은 전 세계 발전량의 약 40%를 차지하는 석탄 발전량이 셰일가스가 개발되고 가스 가격이 점차 하락함에도 불구하고 앞으로 지속적으로 사용량이 늘어날 것이라는 점이다. 2003년경에는 지속적으로 석탄 사용량이 줄어든 반면에 천연가스의 사용이 늘면서 1차 에너지에서 차지하는 비중이 비슷했다. 지구 온난화와 환경 문제를 등에 업고 천연가스의 수요가 더 늘어날 것으로 예측했으나, 반대로 석탄의 사용량이 늘어났다. 이것은 오일 가격의 급등과 셰일가스의 개발로 인한 천연가스의 가격 하락이 오히려 석탄 가격

의 급격한 하락을 부추기고 이에 따라 석탄을 이용한 발전이 늘어나는 것이 한가지 이유로 보인다. [그림 4-4]는 EIA의 연료별 발전량을 예측한 것이고, 2010년 이후 석탄 가격의 추이다.

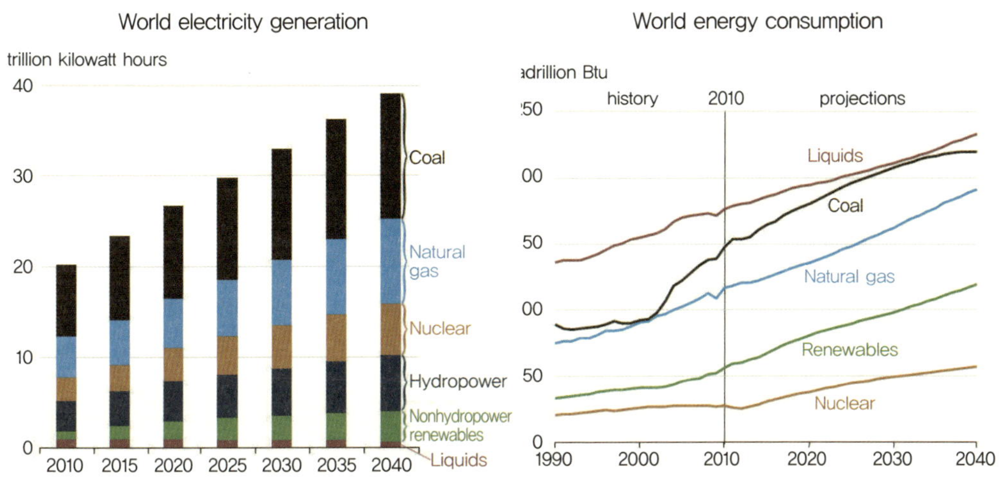

[그림 4-4] 세계 에너지원 별 발전량 및 에너지 소비량 예측(EIA 2013)

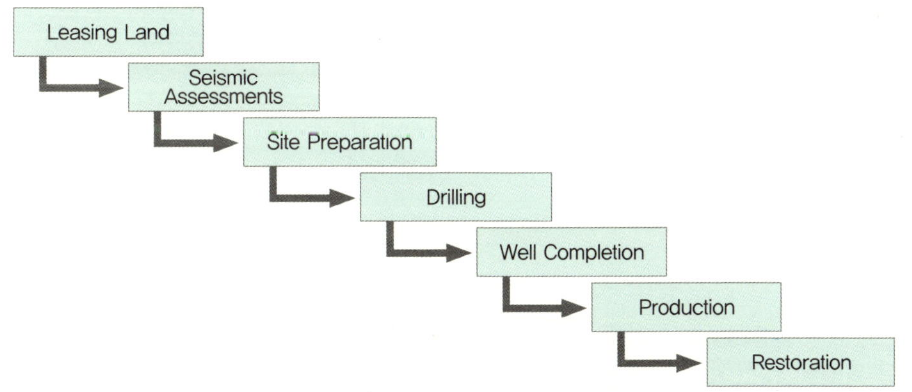

[그림 4-5] 셰일가스 개발 흐름도

셰일가스 개발은 [그림 4-5]와 같이 크게 탐사, 개발, 생산 및 복구단계로 나눌 수 있다. 경제성 유무에 상관없이 저류층에 존재하는 모든 탄화수소는 원시부존량(OGIP : Original Gas-in-Place)라고 하고, 이는 자원(Resources)으로 분류된다. 자원량에 대한 정확한 기준은 상업적 경제적으로 매우 중요하기 때문에 동일한 기준을 사용하는 것이 중요하다. 아래 그림은 일반적으로 가장 많이 사용되는 미국 석유공학엔지니어협회(SPE : Society of Petroleum Engineers)에서 제시한 기준으로 매장량의 불확실정의 정도와 상업가능성에 따른 자원 분류체계이다.

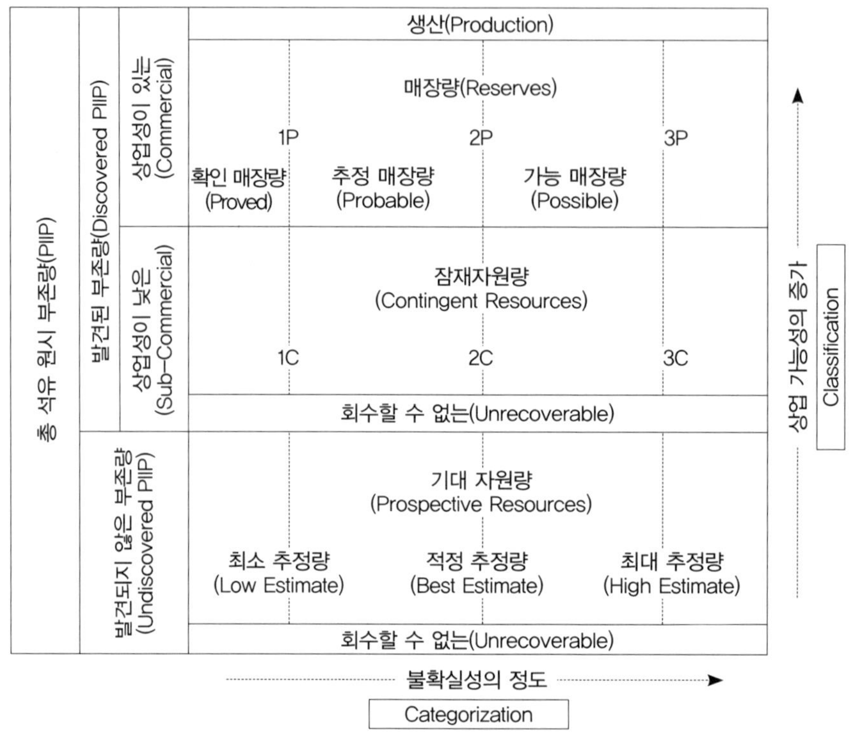

[그림 4-6] 석유가스자원 분류체계(SPE 2011 Guidelines)

매장량

분류된 자원의 생산성 및 회수율이라는 공학적 의미를 부여한 것이 확인 매장량이다. 회수율은 일반적으로 유정 시험 등의 생산성 조사와 시추코어 분석 등으로 확인된 저류층 압력, 공극률, 유체 투과도, 저류층의 물성, 및 우사 지역의 역사적 회수율 등을 근거로 예측할 수 있다. 즉 매장량은 가스부존이 시추에 의해 확인되고, 경제적으로 회수 가능하고, 현재 생산되지 않은 양이라는 세 가지 조건을 만족해야 한다.

매장량은 산정의 신뢰도 즉 불확실성에 따라 확인(Proved), 추정(Probable), 가능(Possible), 매장량으로 나눌 수 있으며, 프로젝트의 개발 진행 상황에 따라 생산 중인 단계, 개발허가를 받은 단계, 개발이 타당한 단계로 구분한다.

확인 매장량(Proved Reserve)

시추에 의하여 유체 접촉면이 확인되었거나 지질 및 공학 자료를 토대로 확인 매장량 지역과 연속성이 있다고 판단되는 지역의 매장량을 말하고, 현재의 기술과 경제적 조건, 운영 방법 및 정책 아래에서 상업적으로 회수 가능한 양을 말한다.

다시 확인 매장량은 생산 상태에 따라서 다음과 같이 세 가지로 구분할 수 있다.

1) PDP(Proved Developed Producing) : 평가 당시 생산 중이었거나 생산정 완결 작업 후 생산이 가능하다고 기대되는 매장량

2) PDNP(Proved Developed Non-Producing) : 시장 상황 및 파이프라인 등의 제약으로 생산정 완결 작업 후에도 생산을 개시하지 않은 매장량

3) PUD(Proved Undeveloped) : 지질자료 등에 의해 이미 시추된 확인 매장량 지역과 연속성이 있다고 판단되는 지역으로 상업적 생산성이 있을 것으로 판단되나, 아직 생산정 시추를 시추하지 않은 지역의 매장량.

추정 매장량(Probable Reserve)

추정 매장량은 지질학적 · 공학적 자료 평가로 회수될 가능성과 회수되지 못할 가능성이 비슷한 매장량을 말한다. 검층 결과 생산성이 있을 것으로 기대되나 시추코어 확보 및 생산 시험을 하지 않은 지역의 매장량을 일컬으며, 확인 매장량 지역과 유사성이 떨어진 지역의 매장량으로 추가적인 평가정 시추가 필요한 경우의 매장량을 말한다.

가능 매장량(Possible Reserve)

가능 매장량은 지질학적 · 공학적 자료 평가로 회수될 가능성이 회수되지 못할 가능성에 비해 낮은 경우의 매장량을 말한다. 지질학적 해석에 기초한 추정 매장량 지역 이외의 매장량을 일컬으며, 시추 코어와 검층으로 석유나 가스의 부존은 확인되었으나 생산 시험 결과

(Drill Stem Test) 상업성이 부족한 지역의 매장량을 말하기도 한다.

잠재 자원량(Contingent Resources)

규명된 집적 구조로부터 잠재적으로 회수 가능하나 경제적 기술적인 이유로 아직 상업적 개발이 되지 않은 자원을 잠재 자원량이라고 한다. 통상 개발 단계가 여기에 해당하며, 다음과 같은 경우 잠재자원량으로 분류된다.[35]

- 판매시장의 미확보
- 기술적 한계나 경제성, 집적 구조의 크기, 위치, 저류층의 특성 등으로 생산이 어려운 경우
- 생산을 위해 추가 시험이 필요한 경우
- 잠재 자원량은 산정의 신뢰도에 따라 확인 1C, 2C, 3C 잠재 자원량으로 구분할 수 있다.

기대 자원량(Prospective Resources)

구체적으로 시추를 통해서 탄화수소의 존재를 직접 확인하지는 않았지만, 집적 구조로부터 회수 가능한 자원량을 말하며 통상 탐사단계에 있는 유망 구조의 자원량을 말한다. 평가요인들의 불확실성과 위험도에 따라 최소 추정량(Low Estimate), 적정 추정량(Best Estimate), 최대 추정량(High Estimate)으로 분류한다. 셰일가스 개발진행 상황에 따라 플레이(Play), 리드(Lead), 유망지역(Prospect) 등으로 구분한다. 기대 자원량은 자원의 존재 여부가 아직 확인되지 않은 상태이므로 개발의 불확실성이 매우 높다. 용어 중에서 가장 빈번히 사용되는 'Shale Play'라는 용어는 셰일가스층에 대한 개발 초기 활동(Activity)을 일컫는다.

에너지 업계에 가장 많은 참고 자료를 제공하는 EIA에서 사용하는 TRR의 정확한 용어의 정의와 이해는 매장량과 관련한 올바른 판단의 기준이 된다. 이는 확인된 매장량과 기술적, 경제적으로 회수 가능한 탄화수소의 총량을 나타낸다. 잠재 자원량 및 아직 발견이 확인되지는 않았지만 탐사단계의 기대 자원량을 포함하는 것으로 셰일층 분포 면적, 현재의 기술, 유사한 생산정의 예상 궁극생산량(Expected Ultimate Recovery), 생산정 간의 거리, 시험되지 않은 지역의 분포율 등을 복합적으로 예상해서 회수율을 결정한다.

4. 주요 국가의 셰일가스산업 현황과 전망

1. 미국

오바마 미국 대통령은 2012년 연두교서를 통해 셰일가스 산업을 핵심적인 미래 에너지 산업으로 육성하여 2020년까지 60만 개의 일자리를 창출하고 에너지 자립도를 높일 것이라고 언급하였다.[29] 미국은 셰일가스를 통해 국가 경쟁력을 올리는 발판으로 삼을 것을 계획하고 준비 중인 것을 알 수 있다. 본 장에서는 셰일가스 개발의 상업화에 성공해 자국 내 천연가스 공급의 상당량을 셰일가스로 충당하고 있는 미국의 개발현황을 짚어보고자 한다.

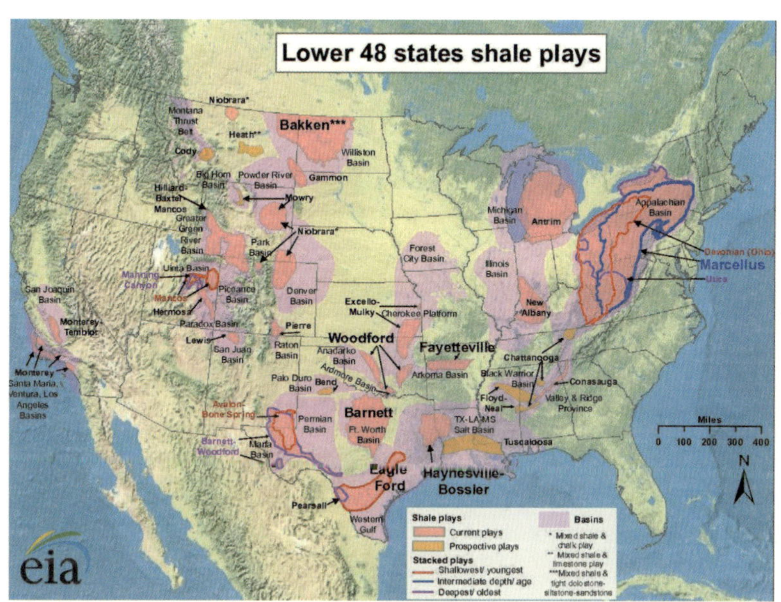

[그림 4-7] 미국의 셰일 분지 분포(EIA updated 09 May 2011)

미국 셰일가스는 아래 그림과 같이 Barnett, Haynesville, Fayetteville, Woodford, Marcellus 등 5개의 대형 분지를 중심으로 전국에 널리 분포되어 있다. 미국 에너지부(EIA)의 보고서에 따르면 미국 셰일가스의 리스크를 고려한 원시매장량은 3,284Tcf, 회수 가능 가채매장량은 665Tcf이다. 2012년 생산량은 9.7Tcf로 2000년 0.3Tcf 대비 약 32배의 증가세를 보이며, 불과 10년 만에 미국 천연가스 생산의 한 축을 담당할 정도가 되었다. EIA의 AEO 2014(Annual Energy Outlook 2014)에 따르면 미국의 천연가스 생산은 2013년

24Tcf에서 2040년 37.5Tcf로 37% 증가하는데 셰일가스, 타이트가스, 석탄층 메탄가스(Coal bed Methane Gas) 등 주로 비전통 자원의 생산 증가가 주 원이 될 것으로 전망하고 있다. 이러한 미국 천연가스 생산 증가 중 셰일가스가 가장 큰 기여를 하면서 미국 전체 천연가스 생산 중 셰일가스가 차지하는 비중이 2013년 39%의 비중에서 2040년에는 53% 수준까지 증가할 전망이다. 이에 반해 미국의 Onshore 비수반 전통 가스(Non-associated Conventional Gas)의 생산은 2013년 5.8Tcf에서 2040년에는 3.5Tcf로 크게 감소하게 된다.

비전통가스로 분류되는 타이트가스 및 CBM까지 포함하면 비전통가스 비중은 2013년 67%에서 2040년에는 80%로 크게 확대될 것으로 전망하고 있다.[36]

2007년 이후 주요 석유회사들이 향후 셰일가스가 북미 지역의 주요 에너지원으로 등장할 것으로 예상하고 기술이 뛰어난 독립계 기업 또는 유망한 셰일 자산의 적극적인 인수에 나서면서 세계 셰일가스 개발시장이 점차 메이저 기업 중심으로 재편되고 있다. 특히 가스 가격이 한계 생산 이하에 머무는 가스전을 보유한 업체는 자금난을 이기지 못하고 피인수되는 경우가 많다.
2010년 엑손 모빌이 미국 XTO Energy를 410억 달러에 인수한 것을 필두로 프랑스 토탈사가 미국 Chesapeake가 소유한 셰일가스 관련 자산 지분의 25%를 22.5억 달러에 인수했고, 셸은 East Resource를 47억 달러에 매수한 것이 좋은 예이다. 호주 광산기업인 BHP 역시 Petrohawk를 120억 달러에 인수하였으며, 2011년 셰브론이 Atlas Energy를 32억 달러에 인수, 2012년 토탈은 Utica Shale 지분 25%를 23억 달러에 매입하였다. 2010년 상반기 미국 셰일가스 부문 인수에 사용된 비용은 200억 달러 규모이며 이는 당시 전세계 M&A 거래 금액의 30%에 해당한다.[37] 최근에는 중국, 말레이시아 국영기업과 일본 종합상사를 중심으로 공격적으로 셰일가스 자산을 매입 중이다.

미국의 천연가스 가격은 2008년 본격적으로 셰일가스가 생산되기 전에는 유가에 강하게 연동되는 경향을 보였으나([그림 4-9] 참조), 그 이후부터는 연동성이 저하(Decoupling)되는 경향을 보이고 있다.

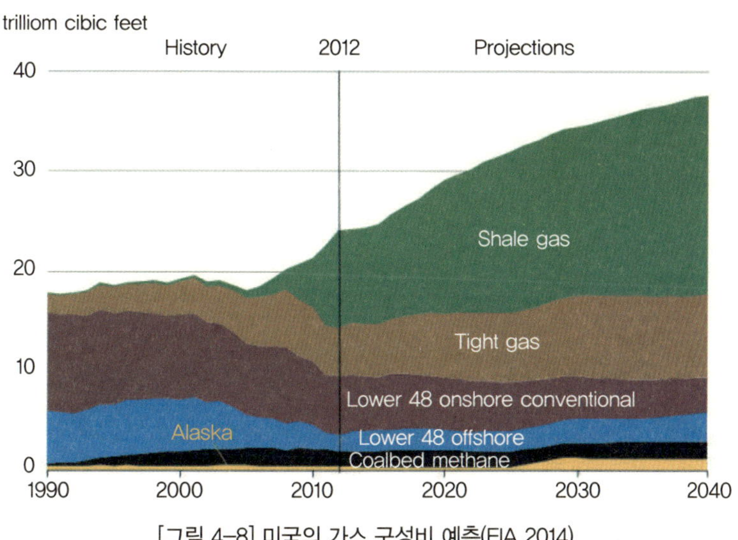

[그림 4-8] 미국의 가스 구성비 예측(EIA 2014)

2009년 바클레이스 캐피탈(Barclays Capital)이 미국 내 주요 5개 셰일개발지구의 비용을 분석한 결과, 천 입방 피트당 최대 6.80달러 수준으로 나타났다.[38] 기술 발전에 따른 생산성 증가는 셰일가스 생산 비용의 하락을 이끌었다. 2014년 우드맥(WoodMac)이 추정한 셰일가스 생산비의 손익분기점은 지역에 따라 천입방 피트당 2.50~15.60달러 수준이었다([그림 4-10] 참조). 이는 주로 셰일가스 생산 시 응축오일(Condensate)의 여부와 고분자 탄화수소(Heavy Hydrocarbon), 즉 프로판/부탄(NGL)의 함유량에 따라 경제성이 달라진다. 이들 응축오일이나 NGL 등은 천연가스보다 높은 가격(High value)을 갖기 때문에 궁극적으로는 셰일가스의 생산단가 한계점(Breakeven Point)을 낮출 수 있다.

여기서 추가로 생각해야 할 것은 자본과 기술이 충분한 글로벌 메이저 에너지 업체의 진출이다. 이들이 셰일가스 개발에 본격적으로 참여하기 시작하고 있기 때문에 기술 혁신이 더욱 탄력을 받을 것으로 예상하고, 추가적인 비용 하락이 더 빠르게 일어날 것으로 보인다. 따라서 현재 미국 내 비전통가스의 공급 증가로 인한 천연가스 가격의 안정화 추세가 이어질지라도 셰일가스의 경제성은 충분할 것으로 판단할 수 있다.[38]

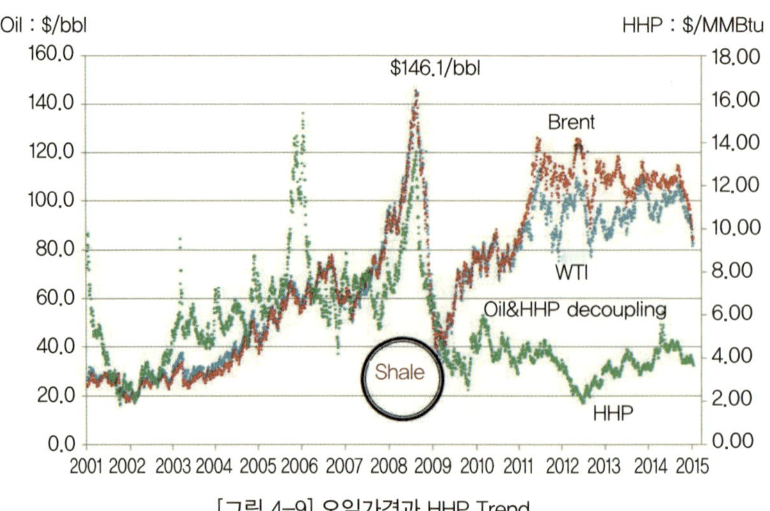

[그림 4-9] 오일가격과 HHP Trend

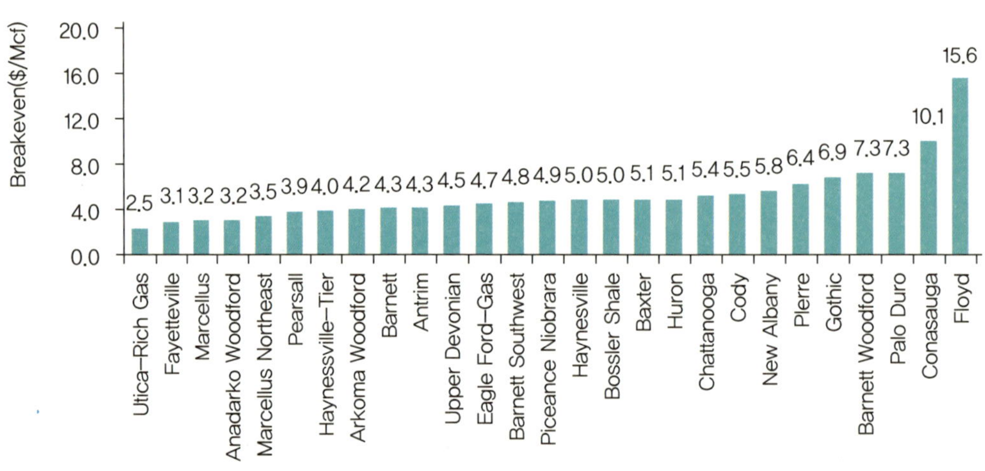

[그림 4-10] 미국 주요 셰일가스 생산지 별 한계 생산비용 비교(WoodMac April 2014)

천연가스 가격하락은 가스 발전(發電)의 가격경쟁력을 향상함으로써 미국 내 원자력 발전소 건설계획을 지연시키는 결과를 초래하고 있다. 이에 따라 최근 15개 기업에 의해 제안된 29개 원전 건설계획 중 2개의 프로젝트만이 실질적으로 추진되고 있는 데 반해 가스발전 플랜트는 2011년부터 2015년까지 258개가 건설될 계획이다.[39] 가스발전 플랜트가 선호되는 또 다른 이유는 원전보다 공사기간이 짧고 건설비용도 저렴하기 때문이다. 미국 EIA에 따르면 가스발전 플랜트는 건설비용이 설비규모 1kW당 978달러인 반면, 원전은 5,339달러가 필요한 것으로 평가된다.

2000년대 초반 천연가스 수요 증가에 대비하여 계획된 LNG 수입 터미널이 건설되는 5~6년의 기간 동안 셰일가스 생산이 급증하고, 경기침체에 따른 수요가 둔화함에 따라 가스 수요가 급격히 감소하였다. 1970년대부터 에너지 안보를 이유로 자국산 에너지를 보호해 왔던 미국은 역외 수출을 제한해 왔으나 미국 내 천연가스 공급과잉으로 인해 2011년 이후 일부 LNG 수출을 허용하게 되었다. 이에 따라 2000년대 중반까지만 해도 미국 내 전통가스 생산량 감소로 LNG 수입이 절대적으로 필요할 것으로 전망했으나, 셰일가스 생산으로 인해 2016년 이후 순수출국으로 부상할 것으로 예측된다.

[표 4-5] 미국내 LNG 수출 프로젝트 현황(2014 년 7월 기준)

	Project Name	Developer	Non FTA 수출 허가	수출 허가 물량(mtpa)	FERC 승인	Target Startup
1	Sabine Pass	Cheniere	Approved	16.9	Final FERC Order 完	2016~17
2	Freeport LNG	Freeport LNG	Approved	13.2	Final FERC Order 完	2018~19
3	Lake Charles	Trunkline	Approved	15.3	심사중	2020
4	Cove Point	Dominion	Approved	5.9	Final FERC Order 完	2019
5	Cameron	Sempra Energy	Approved	13.0	Final FERC Order 完	2018
6	Jordan Cove Energy	Veresen	Approved	6.1	심사중	2019
7	Oregon LNG	Leucadia National	Approved	9.6	심사중	2019
8	Corpus Christi	Cheniere	Pending	16.1	심사중	2019
9	Lavaca Bay	Excelerate	Pending	10.7	심사중	2019
10	Southern LNG	Kinder Morgan / Shell	Pending	3.8	심사중	2018
11	Gulf Coast LNG	Michael Smith	Pending	21.5	Pre-filing 중	N/A
12	Gulf LNG	Kinder Moran, GE	Pending	11.5	Pre-filing 중	2019
13	CE FLNG	Freeport McMoran	Pending	8.2	Pre-filing 중	2019
14	Golden	Exxon Mobil/ Qatar Petroleum	Pending	19.9	Pre-filing 중	N/A
15	Sabine Pass Expansion	Cheniere	Pending	4.6	심사중	2018
16	Magnolia	LNG Limited	Pending	3.8	심사중	2018

LNG 수입 터미널 업체인 Cheniere가 미국 내에서 생산된 천연가스의 LNG 수출 프로젝트에 대해 미국 정부로부터 최초로 허가를 받은 Sabine Pass 프로젝트를 포함하여 현재 미국에서는 총 13개의 LNG 수출 프로젝트가 추진 중이다. [표 4-5]은 2014년 현재까지 미국 연방 에너지 규제청(FERC : Federal Energy Regulatory Commission)에 신청된 수출 프로젝

트 현황이다. 미국은 LNG 프로젝트 추진을 위한 인프라 시설이 충분히 갖춰져 있어 향후 주요 LNG 수출국으로 부상할 것으로 기대되고, 파이프라인, 수출항, 액화시설 등 LNG 프로젝트 추진을 위한 인프라시설이 잘 갖추어져 있어 경쟁 상대국에 비해 좋은 조건을 가지고 있다고 볼 수 있다.

미국의 LNG 수출 확대에 대해, 전통 가스 생산량이 급감하고 있어 셰일가스가 이 감소분을 보충하는 동시에 대규모 수출을 달성하는 것은 어려울 것이라는 회의적인 입장도 존재한다. EIA의 2012년 보고서에서 미국이 2022년 천연가스 순수출국이 될 것으로 예측하나, 순 수출량은 2035년에도 여전히 미국 전체 수요의 5%를 넘기지 못할 것으로 전망한 것이 그 예이다. 그러나 대부분의 에너지 업계의 전문가들은 미국 내 셰일가스 수출로 가격이 한계생산가([그림 4-10] 참조)를 초과하면 셰일가스 운영자들은 생산량을 늘리려 하므로 천연가스의 자정 가격시스템(Self Price Adjustment Function)이 작동할 것이라는 견해도 많다.

미국 내 셰일가스 개발로 인한 환경오염 및 환경비용에 대한 비판은 만만치 않은 실정이다. 환경오염 방지를 위한 규제조치는 주마다 다르게 적용되고 있는데, 뉴욕 주에서는 수압파쇄공정 모라토리엄(일시 금지) 연장법안이 심의 중이다. 펜실베이니아 주에서는 모든 셰일가스 개발사에 Local Impact Fee를 부과하는 법안이 심의 중이며, 웨스트버지니아 주에서는 Marcellus 셰일 개발 사업에 대한 추가규제방안 마련과 수압파쇄공정에 대한 전면재검토를 골자로 하는 주지사령을 하달한 바 있다. 개발규제 움직임이 강한 동부와는 달리 서부 지역은 개발 자체의 억제보다 정보 공개와 투명성 확보에 주력하는 모습을 보이고 있는데, 텍사스 및 와이오밍 주에서는 수압파쇄공정에 첨가되는 화학물질내역 공개를 의무화하는 법안이 성립된 바 있다.[40]

연방정부 차원에서 셰일가스 개발 관련 규제 도입 움직임은 보이지 않고 있는 가운데, 미 연방 환경보호국(EPA)은 수압파쇄공정에 대한 환경영향평가를 실시하기로 하고 평가는 2012년 중간발표를 거쳐 2014년 최종결과를 발표할 예정이다. 평가결과에 따라 향후 미국뿐만 아니라 세계 여러 나라의 셰일가스 개발 방향에 영향을 미칠 것으로 예상하고 있다.[40]

셰일가스의 개발이 본격화되면서 세계적으로 에너지 공급과 가격 체계에 상당한 영향을 미치고, 미국의 입장에서는 에너지 자립도를 높일 수 있었다. 미국은 셰일가스 개발 본격화 이후 원유 수입량이 급격히 줄어들고 있다. 미국은 세계 3대 산유국임에도 2005년 원유수요의 60%를 해외 수입에 의존하였으나 셰일가스 생산이 늘어난 2011년에는 45%로 하락하였으며, 특히 중동지역에서의 원유수입은 1999년 23%에서 2010년 15%로 대폭 하락했다.

미국의 셰일가스 개발 성공 요인

2000년부터 Barnett 셰일에서 시험적인 셰일가스 생산을 시작하였으나, 개발 초기에는 많은 시행착오가 있었으며 별 진전이 없었다. 2005년부터 수평정과 연계한 수압 파쇄공법의 성공적 적용으로 점차 많은 셰일가스의 생산이 가능함을 알게 되면서 많은 기업에 의해 셰일가스 개발이 촉발되었고, 2008년부터 셰일가스에 의한 비전통 가스 생산량이 급격하게 늘었다. 이러한 Barnett 셰일에서의 성공이 미국의 다른 셰일층들(Shale Formations)의 개발로 이어져 셰일 붐을 일으키게 된 계기가 되었다.

미국 셰일가스 개발 성공으로 대규모 가스를 수입하던 위치에서 순 수출국으로 위상을 바꾸고 있다. 부족한 미국 내 가스 수요를 충족시킬 목적으로 중동과 러시아로부터 대규모 액화 천연가스(LNG)를 수입하기 위해 건설하였던 LNG 수입기지들이 가스 수출을 위한 기지로 바꾸는 공사(Conversion Projects)를 진행하고 있다. 또한 에너지 수입국에서 순 수출국으로의 위치를 점하게 될 뿐 아니라, 경제 정치적인 영향력을 극대화하고 있다. 이러한 미국의 성공 요인을 크게 4가지로 정리하고 분석해 보았다. 다른 국가에서 성공요인을 판정하는데 유효한 참고가 될 것으로 본다.

1) 미국은 토지소유자(Landowner)가 자신의 토지에 매장되어 있는 자원에 대한 소유권(Mineral Right)이 있는 유일한 국가이다. 셰일 자원 개발 시 나타날 수 있는 공해, 소음, 여러 가지 환경 파괴가 발생하더라도 토지소유주가 그 지역에서 생산되는 석유나 천연가스에 대한 권리를 주장할 수 있기 때문에 셰일 자원 개발이 모두의 이해관계를 충족시킬 수 있다. 물론 국가가 소유한 토지에 매장되어 있는 자원을 개발할 경우 이러한 이해관계 상충 이슈는 없다. 하지만 대부분 국가들은 자국의 국토 내에 매장된 탄화수소 자원이 국가로

귀속되는 경우가 많기 때문에 중요한 셰일 자원 개발 지역이 개인 소유 토지 지역을 포함하고 있을 경우 지역 사회와의 마찰을 피할 수 없게 된다.[41]

2) 셰일 자원은 전통적 오일 · 가스전이 있는 곳에 존재하는 경우가 많다. 지난 150년 이상 기존의 전통적인 오일 · 가스전에 대한 풍부한 시추 경험 및 개발로 축적한 지질학적 데이터베이스를 셰일 자원 개발 시에 유용하게 활용하였다.

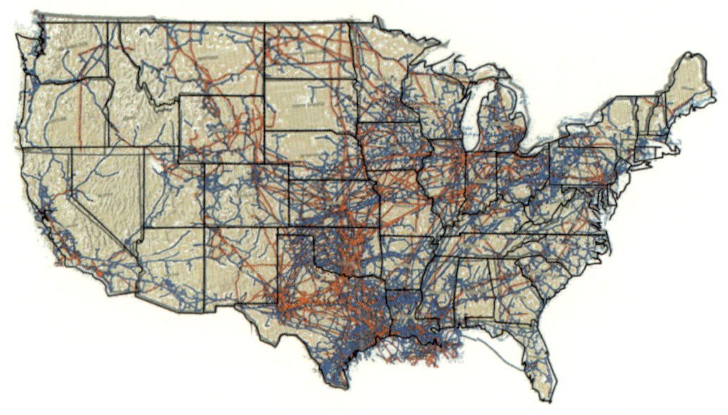

[그림 4-11] 미국 석유 및 천연가스 파이프라인(William Houston)

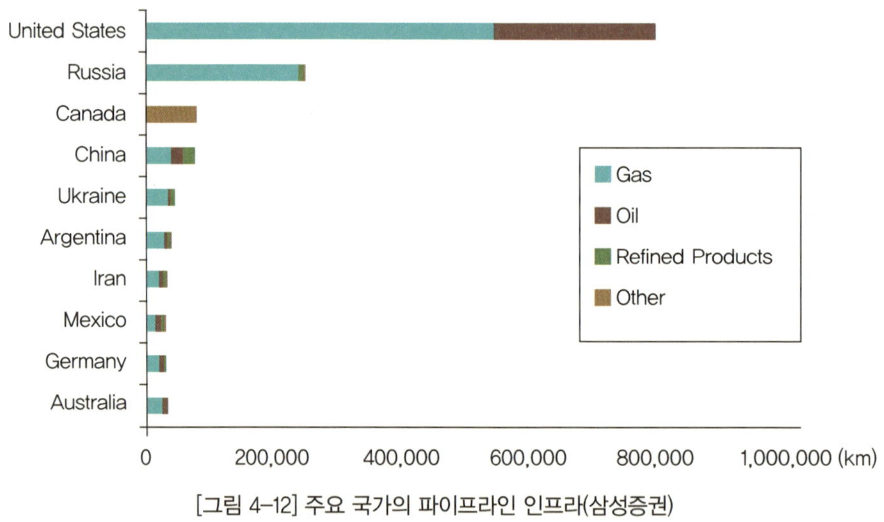

[그림 4-12] 주요 국가의 파이프라인 인프라(삼성증권)

3) 가스 개발 및 수송에 필요한 인프라를 갖추기 위해서는 많은 시간과 투자비가 소요된다. 기존 인프라가 없는 지역에서의 셰일 자원 개발은 수송 인프라로 인해 개발이 지연될 수 있지만, 미국은 그동안 풍부한 오일 · 가스전 개발로 인해 파이프라인 인프라가 잘 갖추어져

있다([그림 4-11] 참조). [그림 4-12]는 중요 국가별 파이프라인 인프라를 비교하였다. 타 국가에 비해 뛰어난 파이프라인 인프라를 보유하고 있는 점이 미국 내에서 셰일 혁명을 가능하게 한 요인 중의 하나이다.

4) 셰일층은 다른 전통 자원의 저류층과는 달리 높은 불균일성(Heterogeneity)으로 인해 실제 셰일자원 개발 경험이 매우 중요한 요소가 되었다. 수평시추법이나 수압파쇄법에 대한 대부분의 핵심 기술을 보유하고 있는 운영사들(Operators)과 이들 기업에 실질적인 기술적 서비스를 제공하는 서비스회사들(Service Companies)의 대부분이 미국에 있고, 이들은 치열한 경쟁을 통해 더 효과적이며 경쟁력 있는 서비스를 제공할 수 있는 기술과 노하우를 가지고 있다.

2. 캐나다

캐나다의 셰일가스 자원은 서부의 앨버타 주 및 브리티시컬럼비아 주와 동부 퀘벡, 노바스코샤(Nova Scotia) 및 뉴브룬스윅(New Brunswick) 주에 집중되어 있다. 특히 브리티시 콜롬비아주의 몬트니(Montney)와 혼 리버(Horn River), 앨버타 주의 콜로라도(Colorado), 퀘벡 주의 유티카(Utica) 등이 대표적이다([그림 4-13] 참조). 캐나다는 셰일가스 자원량이 비교적 풍부할 뿐만 아니라 미국과 함께 셰일가스 개발에 필요한 기술을 보유한 국가이다.

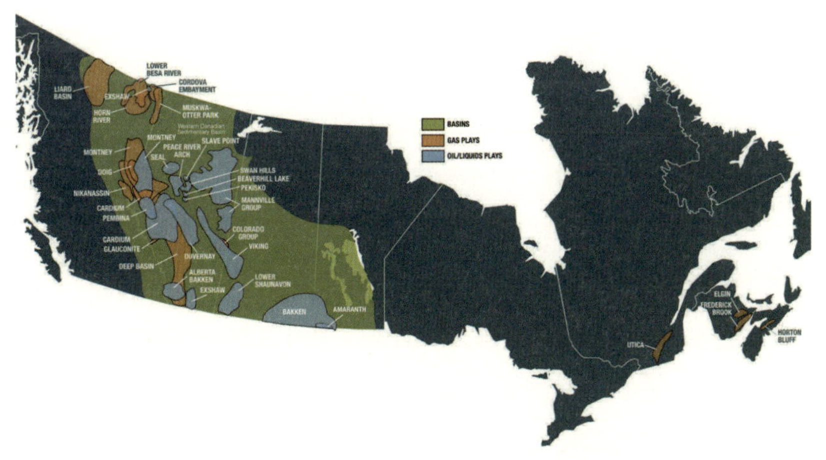

[그림 4-13] 셰일가스 분지 분포(Pack West Consulting)

EIA의 'Country Briefs(2011)'에 따르면 셰일가스 가채 매장량은 총 573Tcf 규모이며, 원시 매장량은 1,380Tcf에 이르는 것으로 추정하고 있다.[42] 캐나다는 상대적으로 미국과 같은 대규모의 상업적인 셰일가스 생산은 이루어지지 않고 있으나, 셰일가스를 포함한 비전통가스의 생산 비중이 2010년 말 9%에서 2020년 42%로 증가할 것으로 전망하고 있다.

아직 셰일가스의 대대적인 상업적 생산은 많지 않으나, 아시아 지역으로의 수송비 측면에서 유리한 조건을 보유하고 있어 서부지역에 많은 LNG 수출 프로젝트들이 추진 중이다. 서부에서 한국으로의 수출 시 미국의 멕시코 걸프만(Gulf of Mexico) 대비 운송비 측면에서 약 $1.0~1.5/MMBtu정도 저렴하다. 그러나 미국과 달리 파이프라인 인프라가 부족하여 셰일가스가 생산되면 LNG로 만들 액화 공장이 위치할 서부지역까지 대규모 파이프라인 건설이 필요하다. 그러나 서부지역에 높은 로키산맥이 위치하고 다양한 북미 원주민(First Nation)들이 있어서 이들을 설득하고 협력을 구하기가 쉽지는 않다. 이러한 점이 환경 영향 평가를 일원화(One Window Policy)하여 프로젝트 진행을 촉진하려는 주 정부와 연방 정부의 노력을 상계(Offset) 시키는 것으로 보인다.

그동안 LNG 프로젝트관련 세제(Tax Structure)가 확정되지 않아서 많은 프로젝트가 발표 되었음에도 최종적인 투자 의사결정이(Final Investment Decision)이 내려지지 않았으나, 2014년 10월 브리티시컬럼비아 주 정부에서 발표한 세제안은 이런 불확실성을 제거할 수 있으 것으로 기대되어 앞으로 LNG 프로젝트들의 개발이 본격적으로 이루어 질 것으로 보인다. 2017년도부터 발효 예정인 브리티시컬럼비아 주 정부의 세제안(Income Tax Act 2014)은 기존에 밝혀왔던 7% Income Tax Plan을 변경하여, LNG 플랜트 건설비용 회수기간인 처음 3년간은 Net Income의 1.5%, 그 후부터는 3.5%, 그리고 투자자금 회수 완료 예상시점인 2037년부터는 5%를 적용하는 것으로 되어 있다.

셰일가스 개발 인프라는 미국보나 뒤쳐졌으나. 아시아시장의 막대한 가스 수요를 겨냥한 관련 인프라가 추진되고 있고, 선진화된 에너지 자원 관련 금융시장, 최첨단 자원개발 기술 보유 등의 장점이 있는 만큼, 투자 잠재력이 매우 큰 시장이다. LNG 프로젝트 관련으로 아시아 기업들의 진출이 활발하게 진행 중이며 특히 일본, 중국, 한국 등이 셰일가스 개발 사업에 참여 중이다.[43]

캐나다도 환경 문제에 대해 관심을 기울이고 있는데, 퀘벡 주 환경부는 2011년 3월 환경영향에 대한 조사가 완료되기 전까지 수압파쇄 공법을 사용하는 셰일가스 탐사를 30개월간 금지하고 있다. 브리티시컬럼비아 주 등 지방정부는 자원개발을 통한 경제발전을 추진하면서도 환경문제에 대해서는 상대적으로 진보적인 입장을 취하고 있으며 이에 따라 업계의 셰일가스 개발비용도 증가할 것으로 전망하고 있다.[40]

환경문제에 대한 인식을 바꾸기 위해서 가스 및 석유회사 협회인 석유생산자협회(CAPP : Canadian Association of Petroleum Producers)는 셰일가스 개발 과 관련된 자발적인 가이드라인으로써 수압파쇄 운영 실무(Hydraulic Fracturing Operating Practice)를 발간하여 업계의 이행 및 대국민 홍보 활동을 전개하고 있다. 수압파쇄 운영 실무에는 아래의 5가지 원칙을 제시하고 있다.[40]

1) 지역의 지표수 및 지하수 수질과 수량을 보호하고,
2) 환경의 영향을 감소하는 것을 목표로 물 사용량을 억제하며,
3) 환경 리스크를 줄이는 파쇄액체의 개발을 촉진하고,
4) 파쇄액체의 성분을 밝히며,
5) 파쇄의 환경적 영향을 줄이기 위한 기술을 지속해서 발전시키는 것이다.

3. 중국

중국은 1978년 개혁개방 이후 빠른 경제성장을 하면서 에너지 소비가 급증해 2009년에 미국을 제치고 세계 최대 에너지 소비국이 되었으며,[45] 2010년 기준 연간 석유 환산 약 2,458Mtoe을 사용하고 있다.[46] 1차 에너지원 중 석탄은 약 70% 정도 사용하고 있는데, 최근 환경오염을 유발하는 석탄 중심의 에너지 소비 구조를 천연가스로 전환하기 위해 노력할 것으로 예상한다. 중국 정부의 경제 정책 변화로 도시화 및 인프라 확대에 따라 천연

가스 시장이 급성장하여 향후 에너지 믹스에서 천연가스가 차지하는 비중은 2010년 4% 수준에서, 2015년 약 8%로 증가할 것으로 전망되고,[46] 2020년까지 10%로 늘려 석탄 의존도를 낮출 계획이다.[45] 그러나 미국의 IEA는 2030년 중국 에너지 수요 중 5.2% 정도가 천연가스를 사용할 것으로 전망하였고, 2035년에는 중국에서 생산될 천연가스의 62%가 셰일가스일 것으로 예측하고 있다.[38]

정부 주도로 천연가스 소비는 폭넓게 확대되었지만, 2007년 소비량이 최초로 생산량을 초과한 이후부터 생산량이 수요를 따라가지 못하고 있다. 아래 그림에서 보는 바와 같이 2001~2011년 중국의 천연가스 소비 연평균 증가율은 16.9%에 달했지만 생산량 연평균 증가율은 13.0%에 그치게 되어 생산량 부족현상이 점진적으로 확대되고 있다. 따라서 2011년 중국의 천연가스 해외의존도는 23%를 웃돌았고, 2015년에는 35% 이상이 전망이다.

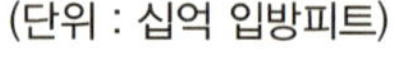

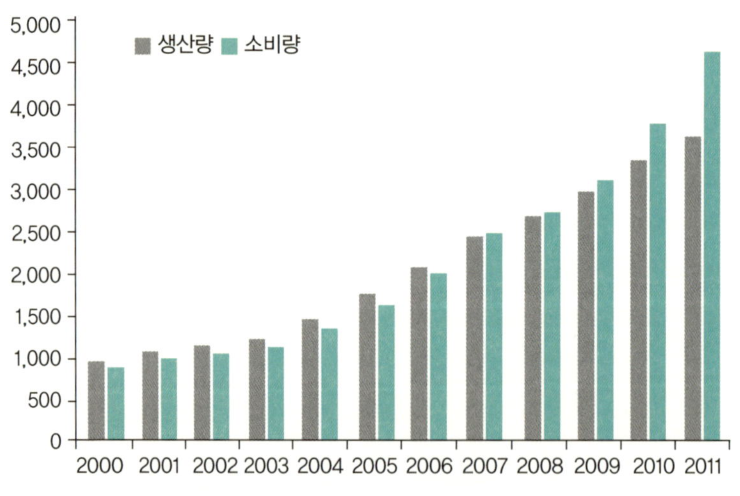

[그림 4-14] 중국 천연가스 수급 현황[47]

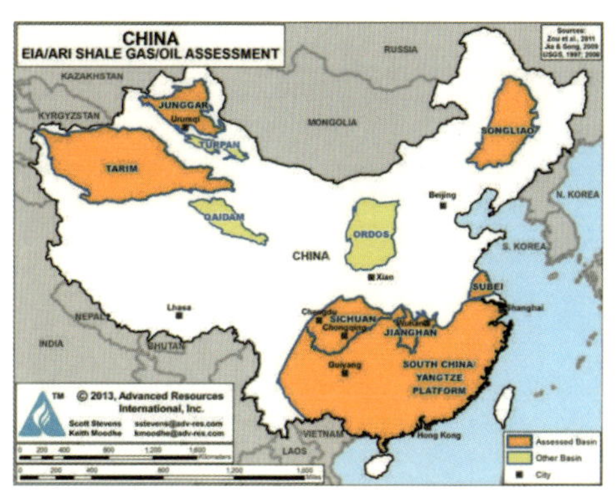

[그림 4-15] 중국의 셰일가스 주요 분포도(EIA/ARI 2013)

중국은 세계 최대 셰일가스 부존 국가로 주요 셰일가스는 Sichuan 분지와 Tarim 분지에 분포한다([그림 4-15] 참조). 2004년부터 셰일가스에 대한 연구가 본격화되었으나, 아직 정확한 셰일가스 매장량 평가가 이루어지지 않고 있다. 개발 의지와 잠재력은 높음에도 불구하고 기술적 회수가능 매장량(TRR)은 평가기관에 따라 다양하다. 미국의 EIA는 기술적으로 회수가능한 매장량은 약 1,115Tcf로 평가하는 반면,[22] 중국 국토자원부와 중국 셰일가스 R&D 공학센터는 각각 약 883Tcf 및 403Tcf로 평가하고 있다.[48]

중국 정부의 촉진책

중국정부는 2011년 12월 3일 경제적 가치가 높은 셰일가스 개발을 위해 석유 · 천연가스와는 달리 별도의 신광물로 분리하여 많은 기업이 개발에 참여하도록 유도하고 있다. 2012년 3월 "제12차 5개년 발전계획"에서 '전국 셰일가스 잠재력 조사 평가 및 유망지 선정' 프로젝트를 시행키로 발표하였다. 이 프로젝트는 2015년까지 전국 셰일가스 자원량 및 분포를 파악하고, 30~50개 셰일가스 잠재 지역과 50~80개 목표 지역을 선정하여 확인 매장량 약 21.2Tcf, 가채 매장량 약 7Tcf를 확보하는 것을 목표로 하고 있다.[40] 아래는 중앙정부에서 개별 기업들이 셰일가스 개발을 손쉽게 참여하도록 배려하기 위한 '셰일가스 개발 관련 국가 규획 및 보조 정책을 요약했다.

또한 중국 에너지관리국은 12차 5개년 계획에 셰일가스의 개발과 생산 목표 및 주요 정책 과제를 제시하였으며, 향후 13차 5개년 계획 기간에는 본격적인 생산이 이루어질 수 있도록 한다는 목표를 설정하고 있다. 이 계획은 2015년에 65억㎥ 규모의 셰일가스를 생산하는 것을 목표로 하고 있다.[49]

[표 4-6] 셰일가스 개발관련 국가 규획 및 보조 정책[47]

정책종류	정책명	발표일자	발표 기관	주요 내용
종합 규획	에너지 발전 '12 차 5개년' 규획	2013.1.1	국무원	•전국 셰일가스 조사 및 평가를 시행하고 탐사·개발 핵심기술을 확보하여 규모화 상업생산을 실현 •2015년까지 석탄층 메탄가스, 셰일가스 상품량을 각각 200억㎥와 65억㎥ 확보
특별 규획	셰일가스 발전 규획 (2011~2015년)	2012.3.13	발전개혁 위원회, 재정부, 국토자원부, 국가 에너지국	목표 : •30~50개의 셰일가스 매장지와 50~80개의 우선 개발지를 선별 •셰일가스 확인매장량 6,000억㎥ 확보 •2015년과 2020년 생산량을 각각 60억㎥와 600~1,000억㎥로 확대 •셰일가스 탐사·개발 핵심기술과 부대장비를 연구개발 •셰일가스 기술표준과 규범을 수립 보조 : •셰일가스 탐광권과 채굴권에 대해 로열티 감면 •수입기술 포함 자사용 설비에 수입 관세 면제 •우선적 심사비준 추진
특별 보조	셰일가스 개발·이용 보조정책관련 통지	2012.11.1	재정부, 국가 에너지국	•2012~2015년 중앙재정이 셰일가스 채굴업체에 1㎥당 0.4위안의 보조금 지급 •지방정부는 현지 셰일가스 개발·이용에 따라 보조금을 지급하고, 구체적인 표준과 보조방법은 지방정부가 결정

(삼성중국경제연구소 재 인용)

2013년 10월 말에 발표된 셰일가스 산업정책을 통해 중국 에너지국은 산업기술 정책의 일환으로 셰일가스 탐사 · 개발 회사의 재무적 건전성 확보와 더불어 지질 · 탐사 및 시추에 필요한 설비나 장비, 전문 인력을 보유하도록 규제하고 있다. 그리고 기술의 자국화를 위해 산학연을 동원한 신기술 개발과 셰일가스 관련 전문 인재의 양성을 위한 교육기능을 강화하고 있다. 한편으로 광구입찰에 민영기업의 참여를 확대하기 위해 기술력이 부족한 민영기업에 대해 국영기업의 기술 전수를 요구하고 있다.[50]

중국의 셰일가스 개발 활동

중국은 2009년 11월 버락 오바마 미국 대통령 방문 시 발표한 '미-중 친환경 에너지 협력 방안(U.S.-China Clean Energy Announcements)'에 미국의 중국 내 셰일가스 개발 지원(Shale Gas

Resource Initiative)을 포함시켜 미국의 셰일가스 개발기술을 이전받기 위한 제도적 장치를 마련하였다. 이는 중국 내 셰일가스 매장량 평가, 셰일가스 개발 촉진을 위한 공동 기술연구 수행, 셰일가스 개발투자 촉진 등을 골자로 해서 미국의 자원 개발 기술이 중국에 흘러 들어갈 수 있는 교두보를 만들고, 미국으로선 이를 통해 자국의 엑손 모빌, 셰브론 등 에너지 메이저들의 경제적 이득을 기대하고 있을 것으로 판단된다.

이에 따라 2012년 3월 중국 페트로차이나(Petrochina)와 에너지관리국, 미국 지질조사국(United States Geological Survey)이 공동으로 중국 동북부 랴오닝성(遼寧省) 북동쪽에 위치한 랴오허(遼河) 분지에서 중국 내 셰일가스 평가 사업을 실시하였다. 또한 2012년 5월 초 개최된 '제4차 미 · 중 전략경제대화'에서도 양국은 중국의 셰일가스 개발에 주안점을 두고 환경적 영향을 고려한 시추방안과 양국 간 협력방향에 대해 논의하였다.[51]

중국 정부는 2011년 말 다양한 민간 투자주체가 셰일가스 개발에 참여할 수 있도록 하였고, 외국인투자 산업지도 목록에서도 셰일가스 탐사 및 개발 사업을 장려 산업으로 지정하였다. 또한 2012년 10월에 시행된 셰일가스 2차 광구입찰에서 합자 또는 합작 형태로 외국 기업의 참여를 허용했다. 이러한 중앙정부의 강력한 지원정책에 힘입어 중국석유화공집단공사(Sinopec)는 2010년 BP와 중국 서남부 구이저우성 셰일가스 광구 개발에 합의하였으며, 2011년 엑손 모빌과 공동으로 쓰촨성 분지 내 메이구(美Mi) 광구에 대한 환경조사를 실시하고, 지난 3월에는 프랑스 토탈사와 내몽골자치구 내 셰일가스 개발 협력협정을 체결하였다.[40]

2011년 쓰촨 4개 지역을 셰일가스 개발지역으로 지정하고 2개 지역에 대해 광구분양을 시행, 자국의 시노펙(Sinopec)사에 개발권을 부여했다. 시노펙사는 2011년 7월 엑손 모빌과 중국 서남부 쓰촨성 셰일가스 광구에 대한 공동연구에 합의하고 2012년 3월 Total사와 중국 내 셰일가스 개발협력 체결하는 등 셰일가스 개발에 적극적인 자세를 취하고 있다.[52] 중국석유천연가스집단공사(CNPC)와 셸은 2012년 3월 중국 최초로 셰일가스 생산물 분배 협정을 체결하였으며, 이에 따라 중국 서남부 쓰촨성 분지 내 푸순(廳順)–융환(永川) 광구의 탐사, 개발 및 생산을 공동으로 시행하고 있다.[50] 2010년 8월 ConocoPhillips사는 대규모 셰일가스가 부존되어 있고, 초기 셰일가스가 성공적으로 생산되었다고 발표하였다. 2011년 6월 첫 번째 셰일가스 광구 입찰을 개시 하였으며, 최근 두번째 셰일가스 광구 입찰진행을 준비 중이다.[53]

이러한 정부정책에 힘입어 셰일가스의 생산실적들이 나타나고 있다. 2013년 10월 말 기준으로 중국의 셰일가스 시추정은 178개로 이 중 38개 정에서는 일간 10,000㎥ 이상의 가스가 생산되었으며, 16개 가스정에서는 일간 100,000㎥의 가스가 생산된 것으로 보고되고 있다. 셰일가스 생산량은 2012년에 5천만㎥, 2013년에는 2억㎥로 늘어났다.[50]

푸링 시범지구의 성공적인 상업적 시추사업과 최근 생산실적을 근거로 해 CNPC 등 그 외의 셰일가스 개발회사들이 조정한 생산계획을 감안할 때, 중국은 2015년에 목표한 연간 생산량 65억㎥의 달성은 무난할 것으로 보이나, 2020년 목표치(600억㎥~1,000억㎥)를 달성하는 것은 쉽지 않을 것이라는 것이 중론이다. 이러한 목표를 달성하기 위해서는 주요 전문기관들이 지적하고 있는 복잡한 지질구조, 지리적 여건, 개발기술의 제약, 수자원 활용, 환경영향 최소화 등의 문제를 극복하면서 생산단가를 낮추기 위한 노력이 필요하다.[50]

중국 에너지 기업들은 자국의 기술적 한계를 극복하기 위해 글로벌 에너지 메이저 업체들과 공동개발을 강화하는 한편, 2010년 이후 셰일가스 등 비전통 자산 확보를 통한 매장량 확대, 관련 기술 및 경험 습득에 적극적으로 나서고 있다. 중국 에너지 국영기업들은 미국, 호주 등 해외 셰일가스 자산 매입에도 적극적인데, 페트로차이나는 2010년 셸과 공동으로 호주 석탄층가스 생산업체인 애로우 에너지(Arrow Energy)를 15억 7천만 달러에 인수하였으며, 2012년 2월에는 셸의 브리티시 컬럼비아 주 소재 셰일가스 광구 지분 20%를 매입하였다.[51]

중국해양석유총공사(CNOOC)는 2010년과 2011년 미국 Chesapeake로부터 Eagle Ford 셰일자산과 Niobrara 셰일자산 지분의 33.3%를 각각 매입하였다. 중국석유화공집단공사는 지난 4월 데본 에너지의 미국 내 5개 셰일가스 광구 지분 중 1/3을 약 24억 달러에 인수한 데 이어,[54] 최근 미국 Chesapeake사의 자산 인수 기회를 모색중인 것으로 알려졌다. [표 4-7]은 2010년 이후 중국 에너지 기업이 매입한 비전통 가스자원이다.

[표 4-7] 중국 비전통자원 관련 최근 투자 실적

	매각기업	자산	자원 유형	거래금액 (백만달러)	체결 시기
Sinopec	Devon Energy	셰일가스정 지분 33.3%	셰일가스	2,200	2012.1
	Origin/Conoco Phillips	APLNG 지분 25%	CBM	2,600	2011.11
	Daylight Energy	캐나다 셰일가스 자산	셰일가스	2,100	2011.10
	Conoco Phillips	Syncrude oil sands 지분 9%	오일샌드	4,650	2010.4
CNOOC	Opti Canada	캐나다 오일샌드	오일샌드	2,040	2011.7
	Chesapeake	Niobrara 셰일가스 자산 33.3%	셰일가스	570	2011.1
	Chesapeake	Eagle Ford 셰일가스 자산 33.3%	셰일가스	2,200	2010.10
	Exoma Energy	Exoma Energy 지분 50%	CBM	50	2011.3
Petrochina	Athabasca Oil Sands Corporation	Mackay River 오일샌드 프로젝트 지분	오일샌드	2,249	2012.1
	Arrow Energy	호주 CBM 지분	CBM	1,575	2010.3

자료 : Nomura, China Oil&Gas(2012), LG경제연구원

적극적인 셰일가스 개발을 위해 중국정부는 환경 보호에 대한 규제를 완화하고 있으나 정부의 지나친 간섭, 관련 인프라 부족으로 미국과 같은 성장세를 보이기는 어려울 것으로 전망된다. 미국과 달리 중국 매장지는 150여개 분지에 산재되어 있어 집중개발이 어렵고, 대부분 건조지대에 위치하여 셰일가스 개발에 필수적인 대량의 수자원 조달, 개발을 위한 인프라, 인센티브 등이 미흡하다는 문제점이 존재한다.[23, 52]

중서부 산간지역에 퍼져있는 중국의 셰일가스 매장 층은 주로 지하 3~5㎞에 위치하여 미국(지하 2~3㎞)보다 깊은 곳에 있다. 셰일층에 경사가 있는 등 지질 구조 유형도 다양해 해외 탐사 및 개발 기술을 그대로 적용하는 데 한계가 있고, 복잡한 지질 구조로 채굴비용이 현저하게 높은 것으로 알려졌다. 중국의 동북, 화북 평원지역 퇴적분지는 대부분 육상 퇴적분지이며 해상 퇴적분지는 신장(新疆), 쓰촨(四川) 등 산간 지역에 있어 수압파쇄 특성이 나쁘고, 채굴원가가 높은 편이다.[47]

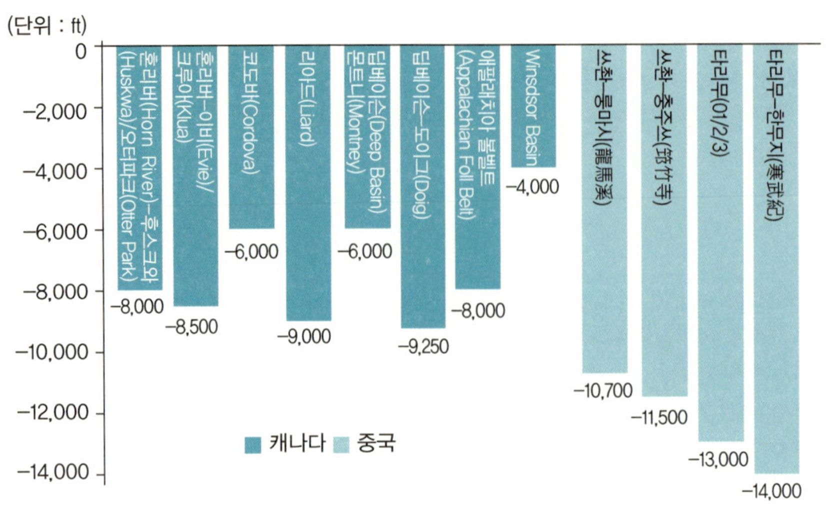

[그림 4-16] 중국과 캐나다의 셰일가스 분지 깊이 비교(삼성중국경제연구소)

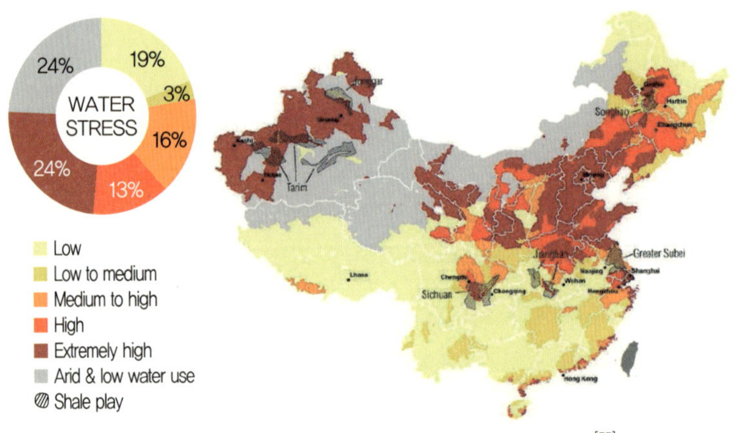

[그림 4-17] 셰일가스 개발과 관련한 용수 스트레스[55]

쓰촨성은 사막 지역인 타림분지보다는 용수가 풍부하나, 인구밀도가 상대적으로 높아서 가용한 물은 생활용수와 농업용 관개용수로 사용되고 있다([그림4-17] 참조). 수평시추 및 수압파쇄 기술은 대량의 물을 필요로 하기 때문에 물 부족을 겪고 있는 중국으로서는 높은 개발비용 및 환경적 위험부담을 감수해야 한다. 아래 그림에서 처럼 중서부지역은 셰일가스 저장량이 풍부하지만 셰일가스 개발에 필요한 용수가 부족한 것으로 보이고, 생산에 들어가더라도 소비시장으로 운송할 수 있는 파이프라인 네트워크가 부족한 실정이다.[55] 따라서 셰일가스 개발기술이 부족한 점과 관련 인프라 건설이 원활치 않은 점 등을 들어, 대규모 생산에 이르기까지는 최소 10년 이상이 걸릴 것으로 전망하기도 하지만, 물을 거의 쓰지 않은 새로운 파쇄 공법들이 개발되고 있어서 중국의 셰일가스 개발 및 생산이 예상보다 빨라질 수도 있다.

4. 호주

호주 농업자원경제과학청(ABARES : Australian Bureau of Agricultural and Resource Economics and Sciences)은 천연가스소비량이 2029~2030년도까지 연 3.4%씩 증가해 2.3Tcf에 달하고, 전체 에너지 소비량에서 차지하는 비중도 33%까지 증가 할 것으로 전망하고 있다. 천연가스 수요증가는 주로 1) 신규 가스발전소 건설을 위한 투자 증가, 2) 타 화석연료 대비 청정 에너지원으로서 천연가스사용을 확대하는 정부정책 시행, 3) 저탄소 사회로의 이행을 위한 탄소배출량 감소에 기인 할 것으로 판단된다.[48] 호주는 생산 에너지의 약 70%를 수출하는데, 이는 국가 전체 수입 중 24%(2012년 기준, EIA Country Analysis 2014)정도 차지 하고 있다. 1차 에너지 믹스는 석탄 36%, 석유 36%, 그리고 천연가스 21%로 구성되어 있다.[56]

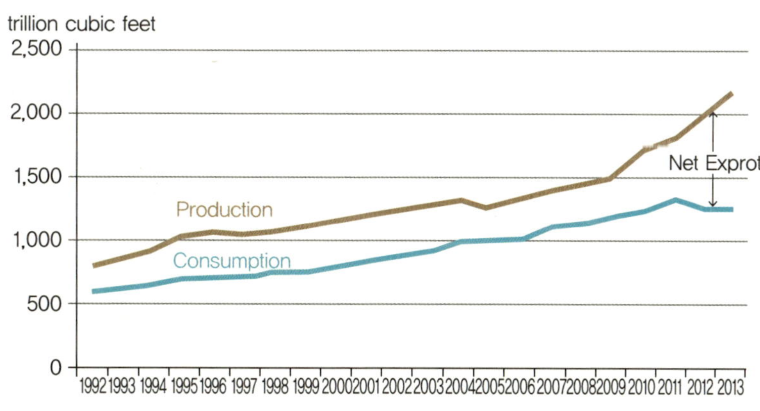

[그림 4-18] 호주의 1992~2013년 천연가스 생산과 수요(EIA Country Analysis)

[그림 4-18]에서와 같이 2010년부터 호주의 가스 생산량이 급격히 증가하는 것을 알 수 있는데 이는 퀸즈랜드 주와 뉴사우스웨일 주에서 석탄가스(CBM : Coal Bed Methane)의 점진적인 생산 증가와 밀접한 관계를 갖는다. 또한 생산량과 수요의 차이는 거의 LNG로 중국

과 일본으로 수출되고 있다. [그림 4-19]는 호주의 LNG 생산물의 해외 수출 분포를 나타낸다. 그러나 2015년부터 본격적으로 CBM 기반의 LNG 생산량이 늘어나면 카타르의 수출 물량을 뛰어넘는 수출국이 될 것으로 예측되고, 이의 LNG 수출 국가 별 분포도 바뀔 것으로 보인다.[56]

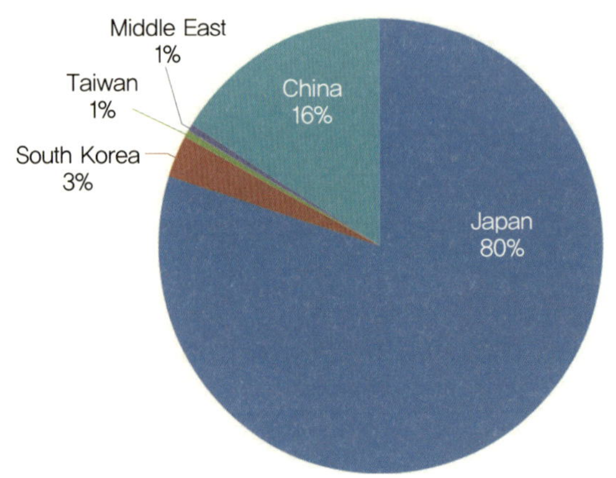

[그림 4-19] 호주 2013년 LNG 수출 국가별 분포(EIA Country Analysis)

호주는 광대한 퇴적분지(Sedimentary Basin)를 가지고 있어 셰일가스 잠재적인 매장량이 상당한 수준일 것으로 평가되고 있다. 퍼스(Perth)와 쿠퍼(Cooper)지역이 지질학적으로 셰일가스 부존에 가장 적합한 장소인 것으로 알려져 있으며, 이외에도 Amadeus, Georgina, Mayborough와 Gippsland 등에도 잘 발달 되어있다([그림 4-20] 참조). 2014 EIA의 호주 국가 분석에따르면 확인 매장량은 약 43Tcf이지만, 셰일가스를 제외한 잠재적 상업 생산이 가능한 추정 매장량은 132Tcf(전통가스 99 Tcf+CBM 33 Tcf)에 이른다. 호주가 보유한 셰일가스 원시 부존량은 EIA/ARI에 따르면 약 1,380~2,300Tcf 수준이며, 기술적 가채 매장량(TRR)은 437Tcf에 이른다.[56]

전통적 가스 생산이 활발한 호주는 대규모 에너지 개발 프로젝트의 특성을 고려하여 위험분산 및 투자자금 확보를 위해 다수 기업 간 합작회사를 설립하여 셰일가스 경제성 평가를 위한 탐사활동을 추진 중이다. 호주는 대규모 셰일가스 개발사업이 추진된 적은 없으나,

주요 부존 지역인 쿠퍼와 퍼스를 중심으로 Origin Energy사, Santos사 등 호주의 에너지 기업들과 함께 CNOOC사, Bharat사 등 해외 기업들의 탐사 및 투자가 진행 중이다. 탐사 작업 결과 수직가스정에 대한 파쇄 및 가스채취 결과는 우수하나, 아직 미국과 같은 수평 가스정 기술을 이용한 탐사는 추진되지 않은 실정이다.[43]

[그림 4-20] 호주의 셰일가스 분지 분포(Pack West)

미국 셰일가스 개발 과정에서 돌출된 환경문제 부각으로 인해 호주 석탄층가스와 셰일가스 개발에 대한 환경단체 및 지역 주민들의 반대가 점증하고 있으며, 이는 개발비용(환경규제 비용증가) 상승요인으로 작용하고 있다. 셰일가스 개발과 관련하여, 호주가 가진 장점은 이미 보유한 전통가스 설비가 존재하고 있어 상대적으로 진입 비용이 낮다는 데 있다. 쿠퍼와 퍼스 지역에서 전통가스를 생산하고 있는 기업들의 경우에는 셰일가스 개발 이후 수송에 필요한 장비와 파이프라인을 이미 갖추고 있는 이점이 있다.[48]

현재 탐사작업은 주요 부존 지역인 쿠퍼와 퍼스 지역을 중심으로 진행되고 있으며, 현재의 진행 단계는 프로젝트의 경제성 여부를 평가하기 위해 시험용 가스정을 천공하는 단계이다. 셰일가스 개발은 초기 단계로 전통에너지(석탄, 석유, 천연가스, 우라늄) 및 신재생 산업에 미치는 영향은 미미하지만 2011년에 셰일가스 탐사에 투자된 비용은 약 5억 호주달러(AUD)

정도 된다. 향후 호주에서 단기간에 셰일가스 부문에 대한 투자가 증가해 전통에너지 및 신재생산업 부문에 영향을 미칠 가능성은 낮은 것으로 평가되고,[48] 셰일가스가 구체적인 생산단계로 접어들기까지는 상당한 시간이 소요될 전망이다.

5. 멕시코

멕시코는 2013년 기준 하루 평균 약 2.5백만 배럴의 오일을 생산하는 산유국이다. 2012년 멕시코의 1차 에너지 믹스에서 석유와 가스의 구성비는 각각 53% 및 36%이다.[57] 그러나 천연가스의 생산과 수요의 격차는 아래 그림에서 보는 바와 같이 2010년 이후 더 커지고 있어서, 미국으로부터 파이프라인 가스(PNG)나 페루 및 다른 국가로부터 LNG를 수입하고 있다. 주로 발전용 가스사용 증가가 수급 불균형을 더 심화 시키고 있다.

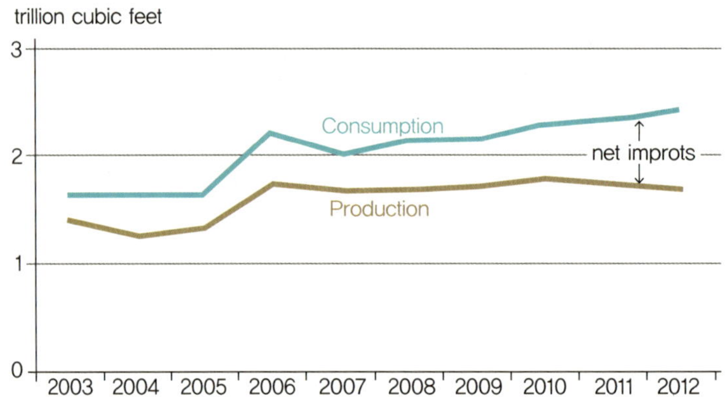

[그림 4-21] 멕시코의 천연가스 생산과 수요 불균형(EIA Country Analysis 2014)

멕시코는 2008년 연방 공공행정구성법(LOAPP : Ley Organica de la Administracion Publica Federal)의 개정을 통해 에너지부의 기능을 강화하고 통합적 에너지 정책을 추진하기 위해 노력하고 있다. 2012년 국가 에너지 위원회(CNE)와 공동으로 준비한 에너지부의 전략 보고서는 에너지 인프라의 현대화, 발전 부문 에너지원의 다변화, 에너지 효율 개선, 에너지 분야의 환경 영향력 감소, 석유 가스의 증산을 주목표로 하고 있다. 특히 탄화수소 개발 부문에서는 원유 및 가스의 증산을 위해 향후 10년 동안 255억 달러를 투자하고 셰일가스 잠재 매장량 개발을 포함한 천연가스 증산 계획을 포함하고 있다. 이 계획을 통해 멕시코의 오일 생산량은 2026년에 3.4백만 배럴로 증산을 목표로 하고 있다. 또한 천연가스의 생산은 2011년 약 5.9Bcfd에서 2026년 11.4Bcfd로 증산을 목표로 하고 있다. 이를 위해 최신 기술을 적용하여 탄화수소 자원 탐사를 지속하고 우선순위가 높은 지역의 개발에 집중하며 성숙광구의 수명과 생산성을 높이기 위한 전력을 추구할 것으로 보인다.[57]

[그림 4-22] 동부 멕시코의 유망한 셰일 분지(O&G J)

멕시코는 미국보다는 작지만 약 545Tcf의 회수가능 가능 셰일가스 매장량을 가지고 있다(EIA 10/06/2013 기준). 주요 매장지역은 멕시코 북부 치우아우아(Chihuahua) 분지, 북동부의 사비나스-부로스(Sabinas-Burros), 부르고스(Burgos) 분지, 동부 해안지역의 탐피코-미산틀라(Tampico-Misantla), 베라크루즈(Veracruz) 분지 등이다. 국영 에너지기업인 PEMEX는 2010년경부터 셰일가스에 대한 잠재성 평가를 추진해왔으며, 2011년 3월에는 멕시코 북동부의 코아우일라(Coahuila)지역의 탐사 유정에서 2.9Mcfd의 셰일가스 생산에 성공하였다. PEMEX는 2011년부터 2015년까지 연간 7억 달러를 투자하겠다고 밝혔으며, 본격적인 셰일가스 생산은 2016년부터 이루어질 것으로 전망하고 있다.[43] 미국-멕시코 국경지대인 Eagle Ford 셰일지대와 La Casita 유전에서 2016년에 0.2Bcfd규모의 셰일가스 생산을 시작하여 2026년에는 0.33Bcfd에 이를 것으로 전망하고 있다. 또한 멕시코 정부는 셰일가스 탐사 가능성 및 매장지를 명확하게 파악하기 위한 통합적 전략을 구축하고 셰일지대 개발 시 환경영향력을 최소화하기 위한 규제 방안도 마련할 계획이다.[57]

인프라 측면에서는 국영 에너지기업인 PEMEX가 운영 중인 가스 파이프라인의 총연장은 약 8,385km이고, 민간 소유 부분을 모두 포함해 11,542km에 달하나 이를 2026년까지 15,916km로 연장하는 한편, 셰일가스 수송을 위해 2026년까지 1,538km의 파이프라인을 추가로 건설할 계획이다.[51] 이를 위해 약 81억 달러가 추가로 소요될 것으로 예측하고 있다.[57]

이러한 멕시코 정부의 과감한 셰일가스 개발 정책 추진과 PEMEX의 투자에도 불구하고 셰일가스 자원량이 많은 북동부 지역은 용수가 부족하여 수압파쇄 기술을 활용하기 어렵다는 점이 지적되고 있다. 또한 멕시코의 서부 지역은 파이프라인 인프라가 부족하여 천연가스를 활용하지 못하고 있다.

6. 아르헨티나

아르헨티나 정부는 2002년부터 가정용 천연가스 가격을 $1/1MMBtu로 통제하고 발전용과 산업용을 각각 $2.5, $3/MMBtu로 동결해 왔다. 이에 따라 1차 에너지 소비량 중에서 가스가 차지하는 비중이 50%에 이를 정도로 급격하게 증가하였다. 2000년대 초반 경제위기 이후 민생안정을 위해 가스 판매가격을 올리지 못하도록 통제한 결과, 2006년 이후 생산량은 감소한 반면 가스 수요는 급증하여 2008년경부터는 천연가스 순수입 국가로 전환되었다. 천연가스 공급량이 부족해지자 볼리비아로부터 국내 가격의 2.5배 수준인 약 $5~7/MMBtu로 가스를 수입하였고, 2008년부터는 트리니다드 토바고 등지에서 LNG를 수입하여 부족한 국내 공급분을 충당하고 있다.[51, 58]

아르헨티나에는 Neuquen, Golfo San Jorge, Austral Magallanes와 Parana 등 크게 4개의 셰일가스 분지가 잘 발달 되어있다. EIA 2013 보고서에 따르면 전체 셰일가스의 가채 매장량은약 802Tcf로 미국보다 많은 것으로 평가되었다(EIA와 동시에 셰일가스 매장량을 평가한 Advanced Resources International, Inc의 미국 가채매장량 평가는 1,161Tcf임).[22] World Resources Institute(WRI) 2013년 국가별 셰일가스 개발에 따른 물 가용능력과 사업 위험성(Water Availability and Business Risks)에 따르면 아르헨티나의 셰일가스 개발에 따른 물 가용능력은 같은 중남미 국가인 브라질이나 베네수엘라보다는 떨어지지만 우수한 편으로 분류된다.[55] 따라서 적절한 개발 인프라가 확충되고 기술과 자본이 투입되면 엄청난 개발 잠재력이 있다.

[그림 4-23] 중남미 셰일 분포도(EIA&ARI)

중남미 최대의 셰일가스 자원량 보유국인 아르헨티나는 점차 심화되고 있는 천연가스 공급 부족 문제를 해소하기 위해 2000년대 중반부터 관련 법령을 정비하고 셰일가스 개발을 장려하는 제도개선 노력을 강화하고 있다. 이의 일환으로 2006년 11월에는 '석유 가스 탐사 및 개발 촉진 시스템' 관련 법안을 제정하여 소득세 및 관세에 대한 세제 혜택을 부여하였다. 또한 2008년 3월에는 민간 부문의 가스전 탐사 및 개발을 촉진하기 위한 '가스 플러스(Gas Plus)' 프로그램을 추진하였고, 이에 힘입어 아르헨티나는 남미 최초의 셰일가스 개발국가가 되었다.[43]

아르헨티나 정부는 에너지 개발 부문에서 투자부족과 지속적인 생산량 감소 등을 이유로 2012년 4월 YPF를 국유화하였다. 원래 국영기업인 YPF는 1993년 민영화되었고, 1999년 스페인의 Repsol에 인수되었다. 아르헨티나 정부의 국유화 조치가 다른 남미국가들로의 도미노 현상은 발생하지 않았고, 아르헨티나 내에서도 다른 기업으로 확산 되지 않았다. 아르헨티나 정부는 국유화한 YPF에 향후 5년 동안 연간 70억 달러 규모의 투자를 통해 매년 6%의 증산을 목표로 추진하고 있다. 셰일가스 개발은 국영 에너지기업인 YPF가 가장 활발하게 추진하고 있으며, 엑손 모빌, 토탈, 아파치(Apache), EOG 등이 탐사 및 개발 사업에 참여하고 있다. YPF는 2010년경부터 1천만 달러를 투자하여 네우켄(Neuquen) 분지의 로마 라 라타(Loma la Lata) 지역에서 셰일가스 개발을 시작하였다.[51]

아르헨티나 정부의 의도적인 가격 왜곡 정책으로 국제 시세보다 훨씬 저렴한 가스를 국내 수요부문에 공급함으로써 수요를 촉진했으나 결국은 생산을 장려하는 정책이 따르지 않은 관계로 신규 투자는 제대로 이루어지지 못하고 있어 상당한 생산 잠재력이 있음에도 불구하고 생산이 수요를 맞추지 못하였다. 따라서 아르헨티나의 셰일가스 개발이 활성화되기 위해서는 에너지 가격의 현실화와 노사관계 개선이 필요한 것으로 지적되고 있다. 특히 셰일가스 개발은 탐사 및 생산 비용이 전통가스보다 비싸서 투자 유인을 위한 판매가격 인상을 고려할 필요가 있는 것으로 보인다.

7. 유럽 및 러시아

European Union의 2013년 총 가스 수요는 약 16.4Tcf(462 Bcm)이지만 유럽 자체에서 생산된 가스는 5.5 Tcf(156 Bcm)으로 약 33%에 해당된다. 유럽 수요의 23%를 노르웨이가 생산하지만 수요의 약 27%는 러시아의 천연가스로 충당하고 나머지는 알제리(8%)와 카타르(6%)로 부터 LNG로 수입하고 있다.[59] 유럽은 이미 오래전에 북해 천연가스전의 생산량이 피크를 지남에 따라 러시아 천연가스와 북아프리카 LNG에 대한 의존도를 키워왔다.

아프리카의 불안정한 정치 상황으로 인해 나타나는 공급 문제점은 유럽국가의 에너지 안보에 대한 관심을 높이는 계기가 되었고, 2006년과 2009년 두 차례에 걸쳐 발생한 러시아-

우크라이나 간 가스분쟁에 따른 러시아산 가스 공급중단 사태는 유럽 에너지 안보 문제의 심각성을 갖게 되었다. 2012년 2월 발표된 브루킹스 보고서에 따르면,[60] 유럽은 재정위기로 인해 신재생에너지 개발에 대한 정책 지원이 주춤한 상황이며, 후쿠시마 원전사고 이후 독일이 원자력 발전계획을 철회함에 따라 안정적인 대체에너지원 확보가 시급해 셰일가스 개발에 주목하고 있다. 또한 유럽 국가들은 러시아에 대한 천연가스 수입의존도 절감 및 신재생에너지를 보완하는 에너지원 확보 차원에서 셰일가스 개발에 주목하고 있다.[51]

[그림 4-24] 유럽 셰일 분지 분포(Ecowatch.com)

EIA/ARI는 서유럽의 셰일가스 자원은 6개 분지, 8개 나라, 9개 광구에 대해 평가를 실시하였는데, 6개의 셰일분지는 프랑스 파리(France Paris) 분지, 프랑스 남동(France South-East) 분지, 북해-독일(North Sea-German) 분지, 스칸디나비아 지역(Scandinavia Region) 분지, 영국 북부 석유계(U.K. Northern Petroleum System) 분지 및 영국 남부 석유계(U.K. South Petroleum System)분지이며, 이중 스칸디나비아분지 알럼(Alum) 광구가 넓은 면적 때문에 셰일가스 자원 매장 규모가 가장 큰 것으로 평가되고 있다.[40] 유럽지역의 기술적 회수가능매장량은 약 470Tcf에 이르기 때문에,[22] 이 중 일부만이 기술적으로 경제적으로 생산이 가능하면 유럽의 역외 수입량 상당 부분을 대체할 수 있다.

환경 문제에 대한 가장 높은 눈높이를 가진 유럽은 셰일가스 개발로 인한 환경 이슈에 대해 결론을 낼 때까지는 셰일가스 개발에 주저하는 모습을 보일 수밖에 없을 것이다. 또한 당장 환경 이슈가 해결된다 해도 미국 정도의 셰일가스 개발 인프라를 지니고 있지는 못하기 때문에 단기간에 셰일가스 생산량이 증가하지는 못할 것이다. 따라서, 최근의 유럽 내 개발 붐은 본격적으로 셰일가스를 개발하지는 않더라도 자국 내 셰일가스 잠재력 확인과 더불어 필요 시 적극적으로 개발에 착수할 수 있도록 기반을 확충하기 위한 것으로 보인다.[61]

또한 복잡한 지질구조, 대규모 개발부지 부족, 천연가스 공급망을 장악하고 있는 기업들의 비우호적인 태도 등으로 미국과 달리 셰일 자원개발에 상당 시간이 소요될 것으로 전망된다.[62] 프랑스에서는 Total사가 미국의 Devon과 손잡고 진행하고 있으며, 영국에서는 Euro Energy가 시추를 추진한다고 발표했다. 헝가리도 역시 엑손 모빌과 2012년부터 탐사에 착수했고, 우크라이나 Nadra Yuzovskya사는 셸과 Yuzvska 분지를 함께 개발하기로 협약했다. 이러한 시추 및 평가 작업들이 일부 지역에서 활발히 수행되고 있지만, 셰일가스 개발은 초기 단계에 머물러 있고, 아직 상업생산 단계에는 이르지 못하고 있다.[44, 62] 셰일가스 생산에 따른 환경규제가 비교적 약한 폴란드 등 동유럽 중심으로 생산이 증가할 것으로 보이지만, 본격적인 생산은 2020년 이후가 될 것으로 보인다.[51]

다음은 유럽 각국의 셰일가스 개발과 관련한 상세내용을 기술한다.

폴란드

전통적으로 석탄을 많이 생산하는 폴란드는 독일에 이어 2위의 석탄 생산국이다. 1차 에너지 믹스는 석탄(55%), 오일(26%), 천연가스(15%) 및 재생에너지(4%) 등으로 구성 되어 있다. 천연가스는 연간 220Bcf를 생산하는 반면, 약 640Bcf를 소비하고 있다.[63] 부족한 천연가스 소비량 2/3 이상을 러시아로부터 수입하고 있는 폴란드는 러시아 가즈프롬과의 천연가스 가격 협상이 난항을 겪으면서 러시아와 긴장관계가 지속되어 왔으므로 자급률 제고 필요성이 높다. 폴란드 국영석유광물공사인 PGNiG(Polskie Gornictwo Naftowe i Gazownictwo)가 2014년 말경에 상업 운전예정으로 LNG 터미널 건설 중이고, 카타르로 부터 LNG 3.5MTPA(Million Tons per Annum)도입 예정이다.

EIA 2013 리포트에 의하면 폴란드의 전통가스 확인 매장량은 약 3.25Tcf이고, 상당량의 셰일가스가 부존되어 있는 것으로 판단된다. EIA는 2011년 폴란드의 셰일가스 가채매장량을 187Tcf로 예측하였으나, 2012년 3월 폴란드 지질연구소(PGI : The Polish Geological Institute)는 셰일가스 추정 매장량(Probable Reserve)을 20Tcf로 하향 조정했다. 2013년 EIA 역시 가채매장량을 148Tcf로 발표 하였다.[51, 63]

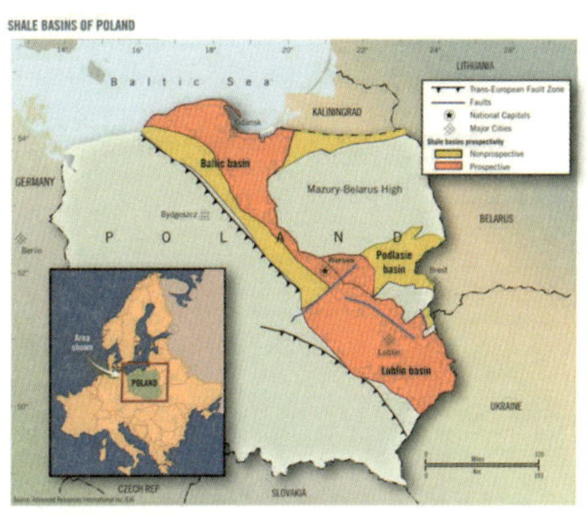

[그림 4-25] 폴란드 셰일가스층 분포(O&G J)

에너지 자급률 제고와 국가 에너지 안보를 확보하는 차원에서 셰일가스 개발을 적극적으로 추진하고 있는 폴란드는 유럽 국가 중 셰일가스 개발에 가장 활발한 움직임을 보이고 있는 국가 중 하나다. 2014년 초부터 셰일가스를 생산한다는 계획에 따라 현재까지 109개의 개발권을 현지 및 해외업체에 발급하였으며,[64] 2012년 5월에는 정부와 셰일가스 개발협력에 합의하였다.[65] 또한 폴란드 정부는 2015년 셰일가스의 상업적 생산을 목표로 세제를 개정하고, 정부의 지분 참여율을 검토 중에 있다.[51]

폴란드는 파이프라인, 저장설비, 시추설비 등 인프라가 크게 부족한 실정이고,[51] 셰일가스 개발에 필요한 경험과 자금이 부족하다. 그래서 2012년 외국기업 투자 유치를 촉진하기 위해 셰일가스 탐사 및 시추 허가절차를 간소화하여 2020년까지 기업들에 대한 세금을 면제하겠다는 정책을 확정했다.[62]

15개의 허가권을 보유하고 있는 폴란드 PGNiG를 포함해서 2013년 20여 개의 국내외 기업들이 폴란드 내 셰일가스전에서 탐사를 진행하고 있다.[62] ConocoPhillips사는 폴란드 내 셰일가스 개발을 위해 2012년 탐사시추를 시작했고, Talisman사는 폴란드 셰일가스 자산의 수직정 시추에 성공하였으며, 2013년 초 수평정을 시추하였다.

그러나 폴란드에서 셰일가스 탐사 사업을 진행 중이던 미국계 기업 엑손 모빌은 폴란드 셰일분지 탐사 결과 상업적 생산이 가능한 수준의 셰일가스 발견에 실패하고, 2012년 6월 폴란드 셰일가스 탐사사업에서 철수한다고 발표하였다. Marathon Oil, Talisman Energy 등도 예상보다 적은 매장량과 불확실한 정부 정책을 이유로 잇달아 철수하였다.[62]

폴란드는 셰일가스 매장층이 미국보다 깊고, 지질구조가 복잡하여 셰일가스 추출 및 가공 비용이 더 많이 들 것으로 추정된다.[66] 이러한 폴란드의 지형적 특성에 기인한 높은 개발 비용 및 부족한 인프라 및 설비 문제 등으로 향후 상업적인 생산이 가능할지에 대한 전망은 불투명하다.[67]

우크라이나

우크라이나의 1차 에너지 믹스는 천연가스가 가장 높은 40%, 석탄 28%, 원자력 18%로 구성 되어 있다. 2012년 기준 천연가스의 소비는 약 1.86Tcf인 반면 생산은 694Bcf에 그쳤다. 국내 소요량의 약 37%를 생산하고 나머지는 러시아로부터 수입에 의존 한다.[68] 우크라이나는 지정학적으로 러시아의 천연가스를 수출하는 데 있어서 아주 중요한 위치를 갖고 있다. 유럽으로 수출하는 중요한 2개의 파이프라인인 Bratstvo(Brotherhood)와 Soyuz(Union) 모두 우크라이나를 통해 오스트리아로 향하고 있다. 이 두 파이프라인은 연간 약 3Tcf의 가스를 수송하는데 2013년 유럽의 가스 수요 18.7Tcf의 16%를 수송했다.

[그림 4-26] 러시아 파이프라인의 우크라이나 통과 현황(EIA)

우크라이나는 1천m^3당 416달러(2012년 1/4분기 기준)인 수입가격을 250달러로 낮추기를 희망하고 있으나, 러시아는 우크라이나가 시베리아에서 유럽으로 수출하는 가스 수송관에 대한 지배권을 포기하지 않는 한 가격을 삭감할 의향이 없다고 밝히면서 양국 간 갈등이 깊어지고 있다. 우크라이나는 폴란드와 마찬가지로 가스 수요의 2/3를 러시아로부터 수입하고 있기 때문에 에너지 안보 확보 차원에서 가즈프롬에 대한 수입의존도를 낮추고 에너지 공급 안정성을 높히기 위해 셰일가스 개발 노력을 강화하고 있다.[51]

러시아에 대한 에너지 의존 탈피 및 에너지 자급 필요성이 셰일가스 개발 기술의 환경적 영향에 대한 고려보다 우선시되고 있다.[43] 최근 셸과 셰브론이 우크라이나 셰일가스 탐사 및 개발 입찰에 성공하면서 2017년경 셰일가스를 생산할 수 있을 것으로 전망되며,[69] 2020년경에는 국내 가스 수요의 10%를 동부 유지프스카(Yuzivska)와 서부 올레스카(Oleska) 분지에서 생산되는 셰일가스로 충당 가능할 것으로 예측하고 있다.[70] 그러나 우크라이나 역시 셰일가스 개발 인프라가 부족하고, 국영 개발기업들의 자금 부족 및 관료주의와 부패로 인한 투자유치의 어려움 등이 셰일가스 개발에 장애물이 되고 있다.

프랑스

프랑스의 1차 에너지믹스는 [그림 4-27]과 같이 원자력이 가장 크고 다음은 오일이다. 필요 전력의 80%정도는 원자력으로 생산하며 독일과 캐나다에 이은 세계 3위의 전력 수

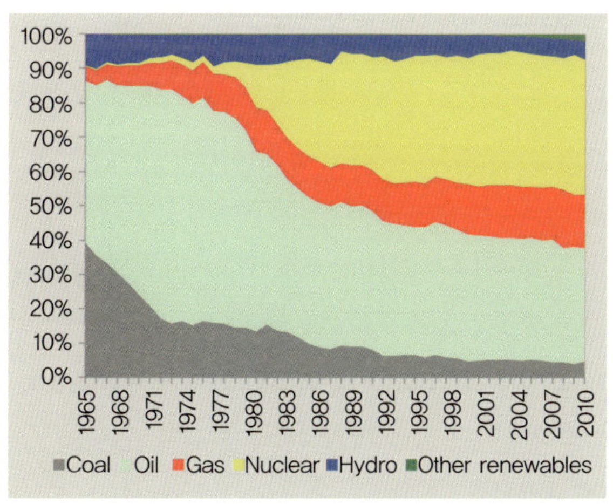

[그림 4-27] 프랑스의 1 차 에너지 구성비(Euanmearns.com)

출 국가이기도 하다. 천연가스는 전체 에너지 소요량 중 약 14%정도를 차지한다. 프랑스의 천연가스 생산은 아주 미미한 수준으로 2013년 기준 약 12Bcf를 생산한 반면, 수요는 1.55Tcf였다.[71] 거의 대부분의 가스는 파이프라인으로 네덜란드와 노르웨이 그리고 러시아로부터 공급받는다. 부족한 가스는 LNG 형식으로 주로 알제리, 나이지리아, 카타르 및 이집트 등으로부터 수입하고 있다.

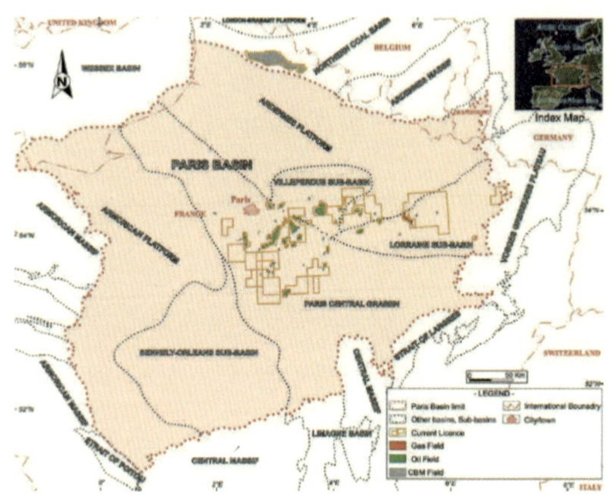

[그림 4-28] 파리 셰일 분지(2008 IHS)

프랑스의 기존 확인 매장량은 약 0.34Tcf이나, 프랑스의 기술적 회수 가능 셰일가스 매장량(TRR)은 137Tcf이다.[22] World Resources Institute[55]의 용수 공급 가용성 정도에 따른 스트레스 레벨은 낮은 편으로 셰일 개발에 필요한 파쇄용 용수 공급에는 별 어려움은 없을 것으로 판단되지만, 프랑스의 셰일층은 Paris 분지 등 셰일가스 매장지역이 대부분 인구거주 밀집 지역에 해 있어서(그림 참조) 수압파쇄공법에 대한 환경 및 안전문제에 민감하게 반응한다.

프랑스 정부는 유럽 국가 중 최초로 2011년 6월 수압파쇄공법 금지법을 채택하였다. 법률 제정 당시 Paris 분지를 중심으로 약 64개의 탐사권이 발급되어있었지만, 셰일가스 개발사업을 진행하지 않고 있다.[62] 2012년 5월 출범한 Francois Hollande 대통령도 재 임기간 동안 수압파쇄공법을 허용하지 않을 계획이라고 밝힌 바 있다.[51]

영국

영국은 2012년 0.94Tcf의 가스를 생산하여 전체 수요량(2.6 Tcf)의 약 36%를 자체 생산하였다. 가스 생산량은 2011년 대비 6%정도 감소한 수치로 2000년 이후 매년 가스 생산이 감소하고 있다. 따라서 상당한 양을 노르웨이와 벨기에를 통해 수입하고 있고, 카타르의 LNG를 통해 국내 수요의 12% 정도 충당하고 있다. 아래 그림은 영국의 1차 에너지 믹스와 가스 공급 분포를 나타낸다.[72]

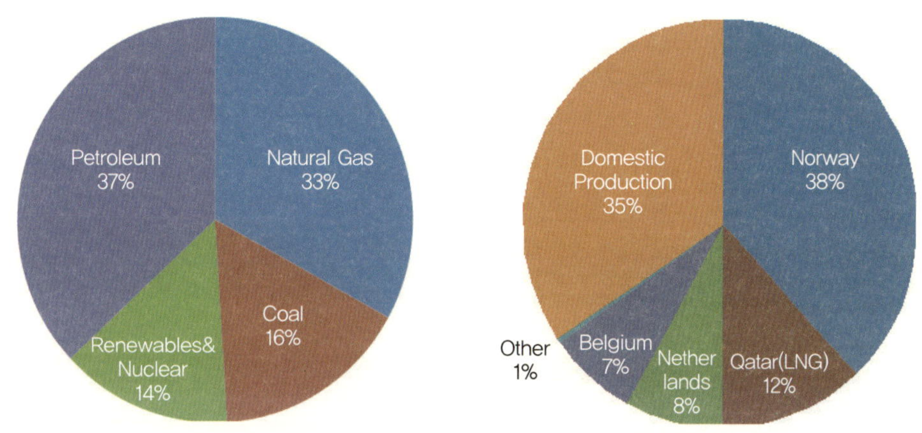

[그림 4-29] 영국 1차 에너지 믹스와 가스공급 분포 2014 (EIA Country Analysis)

전통 가스의 확인 가채 매장량은 약 8.6Tcf(2014년 1월 기준)이지만, 영국에는 북부, 중부 및 남부에 걸쳐 분포된 상당한 셰일가스가 매장되어 있다. EIA의 2013년 평가결과 기술적인 회수가능량(TRR)은 약 26Tcf로 보고되었다. 영국정부는 북해지역의 석유, 가스 생산량이 감소되어 2004년에 가스 순 수입국이 되었고, 이에 따른 역외 수입 의존도 증대에 따른 에너지 가격이 상승 및 에너지 수급에 대한 불안감이 커지자 셰일가스 개발을 가속화하고 있다.

2011년 중반 Lancashire 지역에서 수압파쇄공법을 이용한 굴착작업 진행 중 두 차례에 걸쳐 지진이 발생한 이후, 수압파쇄공법의 이용이 약 18개월 동안 잠정적으로 금지된바 있다.[53] 그러나 이후 탐사사업을 진행하던 Cuadrilla Resources가 수압파쇄공법 시행 전 환경영향평가를 실시하고 조기 지진경보시스템을 설치하는 등 안전조치를 강화할 계획을 밝히자, 탄화수소와 관련한 규범적 토대가 안정적으로 잘 마련되어 있는 영국 정부는 탐사회사의 계획을 긍정적으로 검토하였고, 영국 왕립학회(Royal Society)와 왕립공학회(Royal Academy of Engineering)가 수압파쇄공법의 피해를 효과적으로 관리할 수 있다고 하는 연구결과를 내놓자, 영국 정부는 2012년 12월 수압파쇄공법의 사용을 승인하였다.[62]

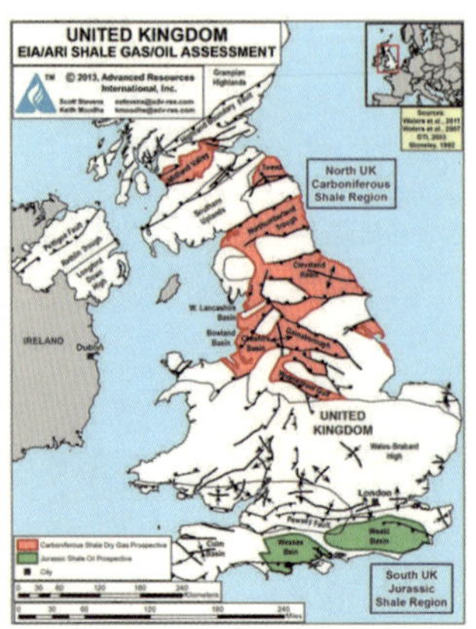

[그림 4-30] 영국의 셰일 분지 분포(EIA/ARI)

George Osborne 재무장관은 2012년 10월 자국 내에서 셰일가스를 생산하는 기업들에 대한 세제혜택을 마련하겠다는 의지를 밝혔으며, 2013년 12월 다음연도 국가 예산 집행방향을 다룬 추계보고서(Autumn Statement)에서 일반 석유 가스 기업의 법인세율 62%를 셰일가스 기업의 경우에 30%로 대폭 인하 할 것이라고 발표하여 셰일가스 개발을 촉진하고 있다.[62]

러시아

러시아의 1차 에너지 구성에서 천연가스는 약 56%를 차지하고 있고, 그 뒤를 오일과 석탄이 각각 19%, 15%를 차지하고 있다. 러시아는 전량 전통가스로 분류되는 천연가스를 생산하고 있다. 천연가스 생산은 2012년 기준으로 약 23.8Tcf이고 미국(24.1Tcf) 다음으로 많은 천연가스를 생산했다. 미국은 천연가스를 일부 수입하고 있지만, 러시아는 생산된 가스 중 약 9Tcf를 유럽국가에 주로 수출하고 있고, 일부는 아시아 국가에 LNG로 수출하고 있다.[73] 2012년 러시아의 천연가스를 수입하는 유럽국가들과 각국의 수입량 분포를 나타낸다.

러시아는 전 세계에서 가장 많은 전통 천연가스 보유국으로 확인 매장량은 1,588Tcf(Jan 2013기준)로써 세계 확인 매장량의 4분의 1에 해당된다. 천연가스는 주로 Siberia,

Yamburg, Urengoy, Medvezh'ye 분지에 약 40% 이상이 집중적으로 매장 되어 있고, 나머지는 북극해 지역에 산재 되어 있다. 오일과 가스의 수출이 러시아의 총수출에서 차지하는 비중은 2013년 기준 약 68%에 이르고, 국가 세입의 약 52% 이상을 차지한다.[75] 따라서 에너지 수출이 러시아의 경제 성장을 견인하고 있으므로, 높은 에너지 수출가는 러시아의 경제 · 정치적인 힘을 유지하는 관건이다. 역으로 에너지 수출가격이 떨어질 경우는 국가 세입이 줄어 들뿐 아니라 사회 경제적으로 혼란이 야기 될 수 있다.

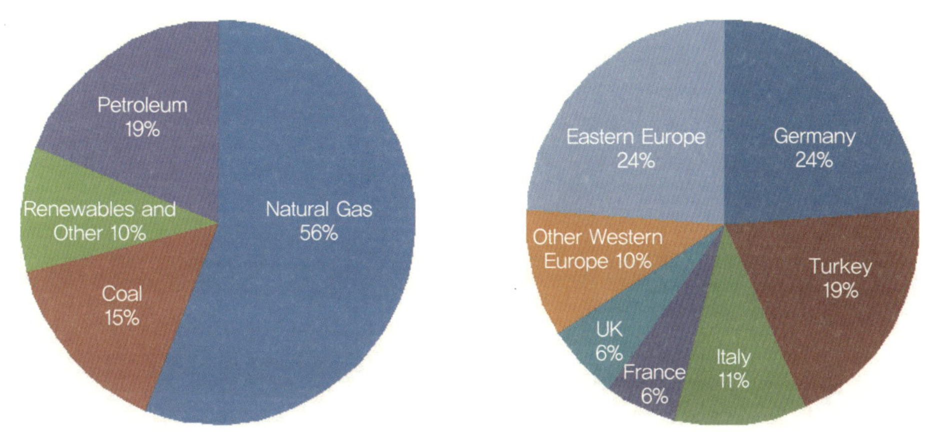

[그림 4-31] 2011 러시아 1 차 에너지 구성 및 2012 유럽 국가별 수출 분포[74]

러시아의 셰일가스 매장량은 EIA/ARI의 2011년 조사 보고서에 포함되지 않았지만, 2013년 보고서에서 명시된 기술적 회수가능량(TRR)은 약 285Tcf로 미국의 절반 수준으로 평가된다.[22] 본 매장량 평가는 러시아 전체의 셰일가스층을 상대로 평가한 것이 아니고, 주로 우랄 산맥 부근의 West Siberian 분지 부근의 셰일층만을 대상으로 한 것이므로, East Siberian 분지 북쪽의 셰일층에 대한 평가 결과가 종료되면 러시아의 기술적으로 회수가능한 매장량은 EIA/ARI가 2013년에 평가한 수치 보다 올라갈 가능성이 높다.

러시아 정부는 최근 천연가스 시장에서의 셰일가스 영향력을 인정하고 2013년 초부터 셰일가스 개발을 본격화하고 있는 것으로 보이지만, 아직 셰일가스 개발 방향과 로드맵에 대하여 구체적으로 발표된 자료는 없다. 세계 1위의 전통가스 매장량을 가지고 있고, 가스 생산도 활발하며, 대륙붕 및 북극권역의 향후 개발을 고려할 때 당분간 전통가스 생산에 집

중할 것으로 전망된다.[43]

가즈프롬은 유럽이 셰일가스 개발에 필요한 설비가 부족하고 환경 문제, 토지소유권, 수자원 소비 및 이용 등을 둘러싼 법적 제한조항이 많아 단시일 내에 셰일가스 개발이 신속하게 이루어지기는 곤란할 것으로 판단하고 있다.[76] 그러나 유럽의 셰일가스 개발이 확대되면 러시아의 유럽 가스시장 점유율이 2009년 27%에서 2040년 13%로 하락할 가능성이 있으며, 장기적으로 러시아의 유럽에 대한 영향력이 감소할 것으로 분석된다.[51&77] 이에 러시아는 가스수출국포럼(GECF)을 조직화하여 세계 가스시장에서 영향력을 강화하는 한편, 전통천연가스 개발 및 수출에 집중하면서 GECF 회원국들과의 동반관계를 통해 LNG 시장 진출을 확대할 것으로 보인다.

러시아는 시베리아 북서부 야말반도 및 북부 바렌츠 해 쉬토크만 LNG 프로젝트와 극동 사할린-2 LNG 프로젝트의 생산 확대를 계획하고 있고, 특히 야말 LNG 프로젝트(Novatek-80%, Totla-20%)의 경우 생산량의 90%가량을 미국에 수출할 계획으로 추진하였으나, 미국의 셰일가스 생산증대로 천연가스 가격이 하락하고, 미국이 LNG 수출국의 대열에 합류할 예정이므로 동 프로젝트의 생산 개시 시점을 2016년으로 연기한 바 있다. 최근에는 야말 LNG 프로젝트를 위해 LNG 수출대국인 카타르와의 협력을 모색하고 있다.[40]

2006년 러시아와 중국은 러시아에서 생산된 시베리아 천연가스를 중국에 30년간 매년 380억㎥의 가스(LNG 환산 약 28MTPA)를 공급하는 내용의 양해각서를 체결하였으나, 가스 가격을 러시아가 유럽 수준과 동일한 1천㎥당 400달러로 제시한 데 반해 중국이 250달러를 요구하면서 10년 이상 협상이 난항을 겪어 왔다. 그러나 2014년 5월 양국은 그동안 협상의 관건인 가스공급 가격을 타결함으로써 시베리아산 천연가스가 인구 밀집 지역인 중국 북동부지역으로 공급될 수 있을 것으로 예상하고 있다. 협상타결 배경에는 러시아가 2013년 유럽 국가에 수출했던 가격인 $380.50/1,000㎥보다는 저렴한 $350/1,000㎥수준으로 알려졌다.[78] 시베리아의 천연가스를 중국으로 수송할 파이프라인은 약 4,000km에 이르고 건설 비용은 약 22조 원에 달할 것으로 전망된다. 또한 예상되는 공급 시점에 대해서는 공식적으로 확인되지는 않았지만, 중국 국영석유회사(CNPC)는 2018년부터는 가스를 공급 받을 수 있을 것으로 보고 있다.[78]

일본은 후쿠시마 원전사고에 따른 원자력발전소 폐쇄로 대체에너지 공급원 확보가 절실하고, 파이프라인을 통해 천연가스를 수입할 경우 LNG보다 낮은 가격에 운송시간도 단축시킬 수 있다는 장점이 있기 때문에 일본과도 파이프라인을 통한 천연가스 공급 문제를 논의 중에 있다.[51, 79]

또한 러시아는 북한을 경유하여 우리나라에 PNG를 공급하는 남 · 북 · 러 가스관 사업에 대해서도 우리 정부와 협상을 추진해오고 있다. 이 가스관 사업에 대한 구체적인 로드맵은 2012년 9월에 러시아 사할린–하바롭스크–블라디보스토크–북한을 경유하여 한국으로 연결되는 가스관 공사에 착수하여 2016년 12월까지 건설을 완료하고, 2017년 1월부터 가스 공급을 시작한다는 것이었다.[80] 그러나 파이프라인의 경제적 이점에도 불구하고 에너지 안보라는 현실적인 상황에 대한 담보가 없어서 진척이 더딘 것으로 보인다.

일본

일본은 우리와 비슷하게 소요 1차 에너지 대부분을 외국에 의존하지만, 우리나라보다는 1차 에너지의 자급률이 높다. 약 10% 정도는 자체 생산된 에너지를 사용하고 나머지 90%는 수입에 의존하고 있다.[81] 2011년 후쿠시마 원전사고 발생 이전 원자력이 차지하는 1차 에너지의 비중은 약 13%에 이르렀으나, 원전 안전과 발전 제한 조치로 2012년 극히 일부의 원자력 발전소만 가동하는 관계로 1차 에너지 믹스에서 차지하는 비중은 1% 정도로 떨어졌다.

일본의 2013년 연간 천연가스 수요는 4.6Tcf이며, 일본에서 거의 일정하게 생산되는 천연가스는 약 169Bcf로 수요의 4% 정도를 담당한다. 나머지 96%는 여러 국가로부터 LNG로 수입하고 있다. 원전 사고 이전 2010년 일본의 천연가스 수입량은 70MTPA이었으나,[82] 원전 사고 이후 원자력 발전량을 천연가스발전이 대체하면서 LNG 수입량이 늘어나 2013

년 약 87.5MTPA에 이르렀다.[83] 일본은 2013년 전 세계 LNG 생산량의 37%를 사용하고 있으며, 일본 수요의 53% 정도를 호주 말레이시아 카타르 등지에서 수입하고 나머지는 다양한 국가에서 수입하고 있다. 또한 일본은 2014년 현재 30개의 LNG인수기지를 운영하고 있다.

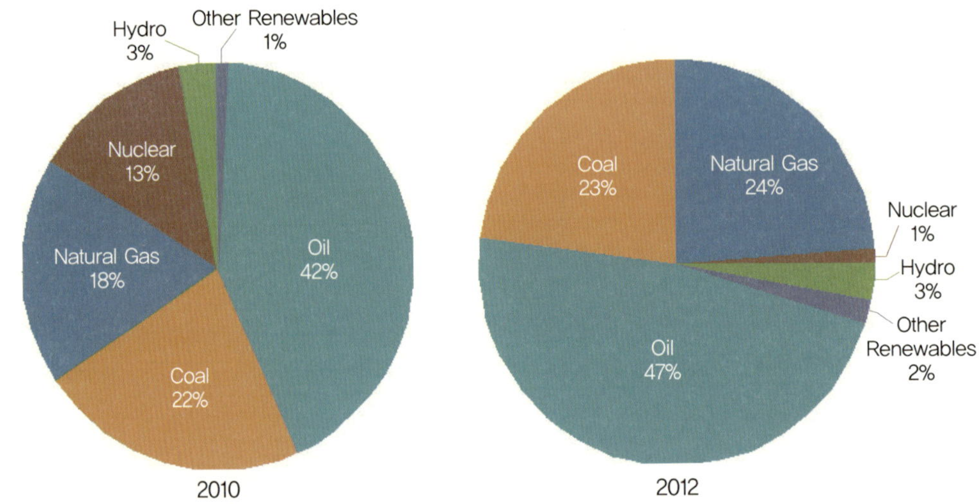

[그림 4-32] 일본의 후쿠시마 원전 사고 이전과 이후 1 차 에너지 구성 변화[81]

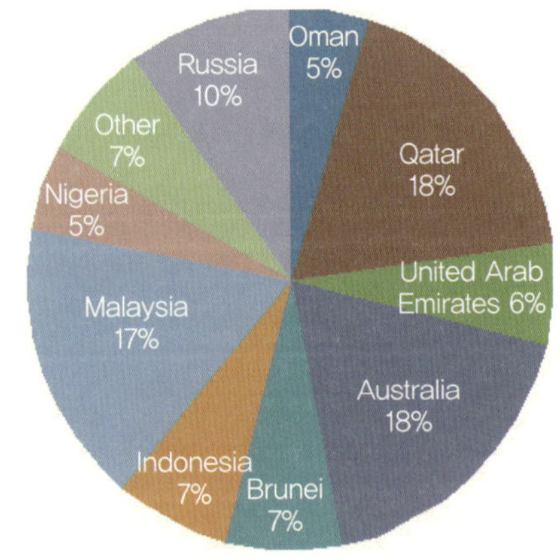

[그림 4-33] 일본의 2012년 LNG도입 국가별 가중치(FACTS Global Energy)

일본의 셰일가스 매장과 부존량에 대해서는 알려지지 않았지만, 셰일가스 개발에 필요한 기술 습득과 자체 기술 개발 목적으로 아키타현 유리혼조의 아유카와 유전 지역 셰일자산

에 대해 시추와 관련 시험을 수행하고 있다.[44]

세계 최대 LNG 수입국인 일본은 후쿠시마 원전사고 이후 자국 내 에너지 확보를 위해 중동산 가스보다 가격이 저렴하고 에너지 확보 측면에서도 안정적인 북미 셰일자산 매입을 적극 추진하고 있다. 이를 실현하기 위해 정책적으로 국영 일본 석유 가스 및 광물 공사(GOMEC : Japan Oil, Gas and Metals Corporation)는 일본 기업의 해외 셰일가스전 인수 및 지분 취득에 대해 직접 출자, 보증 등을 통해 지원하고 있다.

국영 석유탐사 및 시추 전문 기업 INPEX는 자국의 가스 수요를 충족시키기 위한 일환으로서 셰일자산 취득 및 북미 셰일가스 개발에 잇달아 참여하고 있는데, 셰일가스 개발업체인 IGBC(Inpex Gas British Columbia Inpex: 82%, JGC Corporation: 18%)를 설립하여 2011년 11월 Nexen으로부터 3개(Horn River, Liard, Cordova 분지)의 셰일자산 지분 40%를 7억 달러에 매입하였다. IGBC와 Nexen은 일본의 에너지 안보를 강화하기 위해 동 분지에서 생산된 셰일가스를 LNG의 형태로 동아시아 및 일본에 수출하는 프로젝트를 진행 중에 있다.[23, 44, 52]

일본의 종합상사들인 Marubeni, Mitsubishi, Itochu, Sumitomo, Mitsui 등이 활발히 셰일 자산을 확보하고 있으며, 최근에는 걸프만 지역에 건설될 LNG 생산기지들의 물량을 확보한 일본 유틸리티 회사들 역시 안정적인 가스확보와 위험 회피 수단으로 가스전 확보에 가담하고 있다. 아래는 이러한 일본 기업들의 셰일가스전 확보에 대한 활동들을 정리하였다.

1) Marubeni는 2012년 1월 초에 미국 Hunt Oil로부터 Eagle Ford 셰일자산(52,000에이커) 지분 35%를 13억 달러의 향후 시추 비용 부담 조건(Carry)으로 인수하였으며, 현재까지 성공적인 투자로 평가받고 있다.[84]

2) Mitsubishi는 캐나다의 Penn Est Energy사가 보유한 Cordova Embayment 셰일가스 전의 지분 50%를 향후 시추 비용 포함해서 약 4.4억 달러에 매입했다.[85] 또한 일본 기업 중 최초로 2011년 12월 호주 Buru Energy가 보유한 비전통 석유가스 탐사허가권(호주 서부 Kimberley 지역) 지분의 50% 매입하고 셰일가스 개발생산을 위해 2012년 말까지 1.02억

달러를 투자할 계획이었고, 2012년 2월 브리티시 컬럼비아 주에 위치한 Cutbank Ridge 셰일가스 자산 지분 40%를 Encana사로부터 29억 달러에 매입하였다.[86]

3) Itochu는 2011년 11월, NGP Energy Capital Management(15%) 및 KKR(60%)과 합작으로 미국 Samson Investment 지분 40%를 10억 달러 이상을 투자해서 인수했으나, 지분 인수 후 셰일가스 가격하락으로 큰 손실을 보아서 약 10.7억 달러를 평가손 처리했다.[87]

4) Sumitomo는 2010년 9월 미국의 Rex Energy와 Marcellus의 셰일지분과 동사가 송유한 다른 지역의 셰일가스 일부 지분을 약 7.8억 달러에 인수했다. 또한 2012년 8월 오클라호마의 데본 에너지가 소유한 텍사스 Permian 분지의 타이트오일 프로젝트 지분 30%를 현금(3.4억 달러)과 시추비용 부담(Carry) 조건으로 10억 달러를 투입했으나, 예상보다 저조한 생산으로 16억 달러 손실을 기록했다.[88]

5) Mitsui는 2010년 3월 아나다코사가 펜실베이니아 주에 보유하고 있는 Marcellus Shale 지분 32.5%를 14억 달러에 매수했고, 추가로 셰일가스 생산을 위해 시추비용 30~40억 달러를 투입예정이다.[89]

6) Osaka Gas는 2012년 6월 Cabot Energy사가 소유한 텍사스 Pearsall 셰일가스전 지분 35%를 약 2.5억 달러에 매입하였으나, 생산이 기대치에 미치지 못하여 2014년 3월 순손실 처리하였다.[90]

이상에서 본 것과 같이 일본의 종합 상사들과 유틸리티 회사들이 북미 셰일가스 붐을 통해 에너지 확보 측면에서 북미 셰일자산 매입을 적극적으로 추진 하였으나, 상당한 위험이 있음을 알 수 있다.

9. 한국

한국은 2011년 세계 11번째 에너지 소비국으로 1차 에너지의 97%를 외국에서 수입하고 있다. 한국의 2012년 기준 1차 에너지의 소비 구조는 오일이 가장 많고 다음으로 석탄과 천연가스가 차지하고 있다.[91] 1차 에너지에서 석유가 차지하는 비중은 1990년 초반 66% 까지 올라 갔으나, 에너지원 다변화 정책과 장기적이고 안정적인 에너지원을 확보하려는 정부의 노력에 따라 점차 감소해서 2012년 약 41%로 내려갔으며 앞으로도 점차 줄어들 것으로 전망되고 있다.

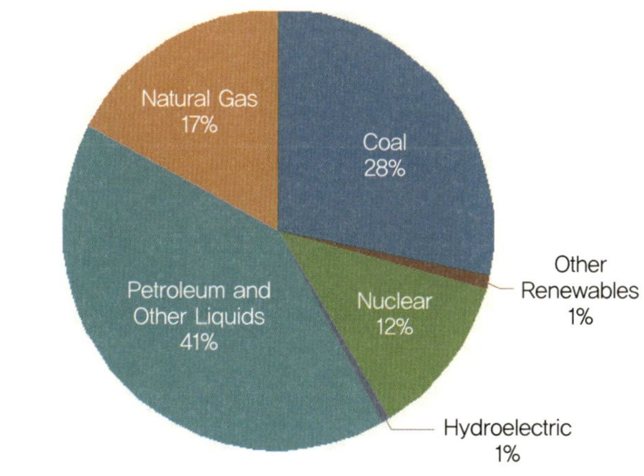

[그림 4-34] 국내 1 차 에너지 구성비(2012 EIA country analysis)

국내 가스 부존량이 많지 않아 천연가스 개발사업이 활발치는 않으나, 한국석유개발공사는 동해 1광구 가스전으로부터 하루 50Mcf(Million Cubic Foot)의 가스와 일일 약 1,000bbl의 오일을 생산하고 있다. 동해-1 가스전은 울산 남동쪽 58km 지점 울릉분지 내에 위치해 있으며 1998년 7월 고래5구조 탐사시추(1공)에 성공하여 2002년 3월 15일 생산시설 착공을 하였고 2004년 7월 11일 생산을 개시하였다. 동해 1광구의 확인된 가채 매장량 186Bcf이나 2005년 초에는 동해-1 가스전 남쪽 2.5km 지점에서 약 51Bcf 매장량을 가진 새로운 가스전(B5층)이 발견되었으며, 2008년 11월 개발이 완료되어 기존 동해-1 생산시설과 연계하여 천연가스 및 원유를 생산하고 있다.[13]

대우인터내셔널과 한국석유공사가 공동으로 국내 대륙붕 6-1 남부광구 내 고래D 가스전 후보 지역에서 2014년 11월 말부터 평가 시추정 작업을 착수할 예정이다. 고래D 지역은 한국석유공사가 운영하는 동해-1 가스전으로부터 남서쪽 20km 지점에 있는 지역으로 지난 1993년 탐사 시추를 통해 가스 존재가 확인된 지역이다. 대우인터내셔널은 지난 2011년 국내 민간기업 최초로 대륙붕 6-1 남부 광구의 지분 70%를 확보해 운영권자로서 광구 운영을 담당하고 있다. 고래D 가스전의 천연가스는 2014년 4월 한국석유공사와 체결한 '동해-1 가스전 생산설비 공동사용'에 대한 협력의향서에 따라 한국석유공사가 보유하고 있는 동해-1 가스전 해상 플랫폼 등 생산설비를 공동 사용하여 생산될 예정이다.[92]

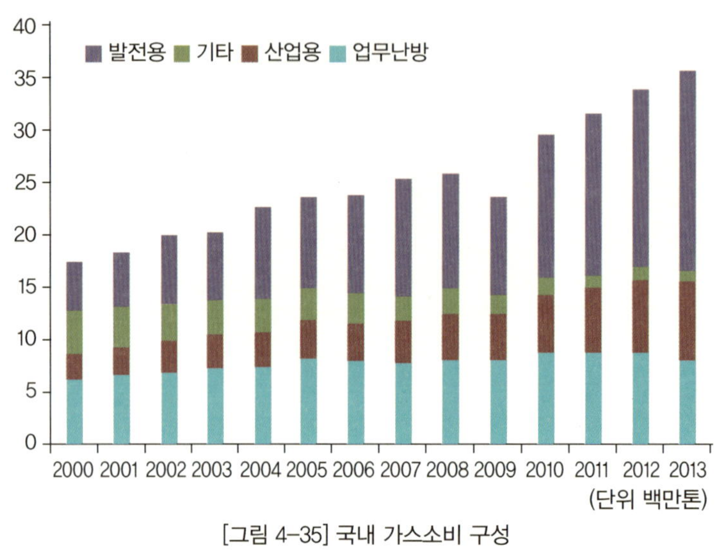

[그림 4-35] 국내 가스소비 구성

위에서 언급한 것처럼 현재까지 국내에서 생산되는 천연가스 양이 많지 않아 거의 LNG 형태로 수입에 의존하고 있다. 한국가스공사와 SK E&S를 포함한 민간 기업에서 2013년에 수입한 LNG의 총량은 약 4,000만 톤을 약간 넘는다. 가스공사가 2013년에 도입한 물량은 3,930만 톤으로[10] 미국의 주택 서브프라임 모기지에서 촉발된 세계 경제위기 시기인 2009년을 제외하고는 연평균 6%의 높은 성장을 보였다. 이는 주로 발전용 천연가스 수요 증가가 많이 영향을 미친 것으로 평가된다. 2000년 발전용 수요는 약 470만 톤이었고 같은 시기의 도시가스 수요는 850만 톤이었으나 2013년의 발전용과 도시가스용 수요는 각각 1,900만 톤과 1,950만 톤이었다.

우리나라는 석유공사와 가스공사 등 공기업과 국내 에너지 기업들도 비전통 자원 개발에 참여하고 있고 그 구체적인 성과들이 나오고 있다. 석유공사는 2007년 우리나라 최초로 비전통 자원개발을 위해 BlackGold 오일샌드 광구 지분 100%를 인수했으며, 2011년 3월에는 미국 독립계 석유자원개발 기업 Anadarko가 운영하는 미국 Eagle Ford 사업의 지분 23.7%를 인수하면서 향후 셰일가스 사업에 더욱 박차를 가할 것으로 보이며 독자적인 비전통 가스 기술개발을 위한 연구사업도 진행 중에 있다.

가스공사는 해외 셰일가스전 지분 인수와 더불어 최근 셰일가스를 LNG로 도입하는 장기 계약을 체결하여 중동 및 동남아에 편중된 천연가스 장기 LNG 도입선을 다변화하고, 천연가스 액화사업에도 진출하고 있다. 가스공사는 캐나다의 비전통 가스 개발사인 엔카나(EnCana)가 보유한 브리티시 컬럼비아 주 북동부 혼리버(Horn River) 지역 키위가나(Kiwigana) 광구와 웨스트 컷뱅크(West Cutbank) 지역의 잭파인(Jackpine), 노엘(Noel) 광구 50% 지분을 인수하였다. 혼리버 지역은 셰일가스, 웨스트 컷 뱅크 지역은 타이트가스 매장량이 부존하는 곳인데, 이들 지역에 출자함으로서 한국가스공사는 총 1.21Tcf의 천연가스를 확보할 것으로 전망하고 있다.

2014년 10월 국내 에너지 기업인 SK E&S는 북미 현지 자회사인 듀블레인에너지사를 통해 미국 콘티넨탈리소스사로부터 약 3억 6,000만 달러에 미국 중부 오클라호마 주에 위치한 Woodford 지역의 현지 가스전 지분 49.9%를 인수하였다. SK E&S가 지분을 인수한 우드포드 셰일가스전은 미국 오클라호마주 북동부에 있고, 3.6Tcf 가량의 천연가스가 매장된 것으로 추정하고 있다. 부지 규모는 약 182㎢(약 5,510만 평)에 달한다.

사업은 SK E&S와 콘티넨탈이 공동으로 투자하고 광구개발과 생산 전 단계에 걸쳐 두 회사가 협력하는 방식으로 진행한다. 이번 셰일가스 자원 확보를 통해 SK E&S는 지분에 해당하는 약 1.8Tcf규모의 가스를 확보하게 됐다. 이는 우리나라가 지난 한 해 동안 수입한 천연가스 총량(약 4,000만 톤)에 맞먹는 수준이다. 이 가스는 미국 텍사스 주에서 건설 중인 Freeport LNG 액화기지에 공급되는 가스(feed gas) 중의 일부로 사용되며, 여기에서 액화되는 가스는 동사가 건설 중인 보령 LNG 터미널을 통해 국내로 수입된다.

셰일가스 개발과 인프라가 양호하며 최근 가스가격하락에 따른 우량 기업의 저가인수가 가능한 북미 지역을 위주로 진출한 국내 에너지 기업들의 비전통가스 개발 현황을 도표화 했다. 이들 비전통가스 자산은 생산성과 수익성이 높고 국내로의 LNG 도입에 유리한 미국 멕시코 인근 지역과 지역에 분포되어 있어 앞으로 국가 에너지의 자주 개발 물량을 확보하는데 크게 이바지할 것으로 보인다.

[표 4-8] 국내기업의 비전통가스 개발 및 도입 현황 (수출입 은행)

기업	프로젝트 지역	운영사	지분	자원량	자산유형	비고
석유공사	BlackGold(캐)	KNOC 자회사	100%	2.16억 bbl	오일샌드	2007년 미국 Newmont로부터 인수
	Eagle Ford(미)	Anadarko	23.7%	1.12억 boe	셰일오일/셰일가스	2011년 3월 인수
	동해(한)	KNOC	100%	62억 톤	가스 하이드레이트	
가스공사	Horn River kiwigana광구(캐)	Encana	50%	1.63 Tcf	셰일가스	2012년 생산
	Jackpine&Noel(캐)	Encana	50%	0.79 Tcf	셰일가스	2010년 시험생산
	Cordove(캐)	PennWest	10%	4.5 Tcf	셰일가스	
	Gladstone(호)	Santos	15%	4.2 Tcf	CBM액화	2015년부터 연간 350만 톤 LNG 도입
	Kitimat(캐)	Shell	20%	연간 1200만 톤	LNG (셰일가스액화)	
	Sabine Pass LNG(미)	Cheniere		연간 350만 톤	LNG (셰일가스액화)	2017년부터 연간 350만 톤 LNG 도입
STX 에너지	맥사미시(캐)	GS 에너지	100%	120 Bcf	셰일가스	2010년 Encana로 부터 인수
SK E&S	Woodford(미)	콘티넨탈 리소시스	50%	8,600만 톤(1.8 Tcf)	셰일가스	2017년 부터 본격 상업생산
	Freeport LNG(미)	Freeport LNG		연간 220만 톤	LNG (셰일가스액화)	2019년 부터 연간 220만 톤 도입

* (캐) 캐나다, (미) 미국, (호)호주, (한)한국

자료 : LG 경제연구원, 각종 보도자료

셰일가스 개발 기술

1. 가스정 시추(Drilling)와 마감(Completion)
2. 수평정(Horizontal Drilling)
3. 수압 파쇄 유체(Fracturing Fluid)
4. 물 소요량 및 물 처리
5. 수압파쇄(Hydro-Fracturing)
6. 셰일가스 생산 및 처리
7. 생산정 폐쇄 및 복구

셰일가스 개발 기술

셰일층의 개발과 수압 파쇄에 대한 설명만을 몇 가지로 요약 하다 보면 전체적인 그림을 제공하기 곤란하다. 단계별 개발과정을 간단히 설명함으로써 셰일가스 개발을 충분히 이해하고 체계적으로 접근할 수 있을 것으로 본다. 셰일가스 개발은 다양한 단계가 있으나 크게 다음 3가지 단계로 이루어진다.

1) 제 1단계 – 퇴적분지 내의 가스 생성과 집적이 가능한 셰일층의 유무와 가스부존 유망지점(Sweet Spot)을 규명하고 평가한다. 이를 위하여 셰일퇴적분지의 구조 분석과 퇴적환경, 순차층서학적 해석을 실시한다. 시추공물리검층자료, 코어자료, 탄성파 탐사자료 분석 결과를 종합 해석하여 셰일가스 저류층의 구조도와 층후도를 정한다. 셰일층의 비균질성에 따른 암석역학적 성질(취성도 등)의 이방성 및 다양성은 셰일층 수압파쇄 및 수평정 설계에 중요한 정보를 제공하며, 취성도에 영향을 주는 광물과 점토의 조성은 물리검층 자료 분석을 통해 계산된다.

2) 제 2단계 – 가스 부존 유망 셰일층을 대상으로 지질학적(유기화학적, 암석역학적, 퇴적학적, 암석물리적) 특성을 파악하고, 생산예측 시뮬레이션, 생산시험자료를 이용한 압력감퇴곡선 분석 등을 바탕으로 생산성을 파악한다. 셰일 내 유기물 함량을 분석하여 셰일가스 부존이 양호한 셰일층을 확인하고, 케로젠 타입분석, 비트리나이트 분석을 통해 열성숙도를 규명함으

로써, 가스 생성 여부를 확인하는 유기물과 열성숙도분석을 실시한다. 셰일가스층의 층후도와 비트리나이트반사도 분포도를 이용하여 유망성이 높은 지점(SweetSpot)을 예측한다.[43]

3) 제 3단계 – 본격적인 개발이 결정되면, 본격적인 시추, 시추정 마무리(Well Completion), 및 촉진(Stimulation)을 수행하는데 구체적인 작업 순서는 다음과 같다. ① 도로 건설, ② 시추 패드 설치, ③ 시추 작업, ④ 케이싱 설치, ⑤ 천공(Perforation), ⑥ 수압 파쇄, ⑦ 시추작업 마감(Well Completion), ⑧ 생산, ⑨ 생산정 폐쇄(Abandonment), ⑩ 복구(Reclamation)

초기 인프라를 구축하는 단계는 극히 일반적인 관계로 본서에서는 상술하지 않고, 패드(Pad)설치부터 복구 단계까지 간단히 설명하고자 한다.

1. 가스정 시추(Drilling)와 마감(Completion)

셰일가스 개발 초기 단계에서는 셰일가스층이 존재하는지 여부와 존재한다면 생산 가능성 여부를 확인하기 위해 통상 2~3개 정도의 수직정을 시추하는 것이 일반적이다. 탐사단계에서 셰일 특성의 정의, 파쇄전파 특성 파악, 셰일가스 생산의 경제성 예측을 위해 지역별로 달라질 수 있지만 대략 10~15개 정도의 평가정을 시추하게 된다. 장기적인 관점에서 셰일층의 경제적 생산 가능성을 재차 확인하기 위해 셰일 분포지역(Acreage)에 걸쳐 추가로 30공 정도까지 더 시추하게 된다.[93] 셰일 저류층의 특징(Properties)과 수압 파쇄 설계에 필요한 정보 등이 파악되면 시추계획과 생산 운영 계획을 착수하게 된다.

패드 시추(Pad Drilling)

예전엔 시추기(Drill Rig Assembly)가 어느 한 곳에서 작업을 종료하면, 분해(Rigging down)해서 새로운 곳으로 이동해서 다시 조립(Rigging up)했다. 그러나 “Pad Drilling” 기술이 개발 되면서 한번 시추기가 조립된 곳에서 몇 개의 시추정을 시추한 후 시추기를 분해 하지 않고 패드 위의 조립상태에서 유압 장치로 조금씩 이동해서 다시 몇 공을 시추한 후 다시 이동을 반복할 수 있게 되었다. 이는 방향정과 수평정 기술이 개발되어 굳이 시추기가 시추할 저류암의 바로 위에 위치할 필요가 없기 때문이다.

하나의 패드에는 시추기를 조금 이동시켜서 시추한 몇 개의 수평정 상부 밸브장치(Well Head)들이 놓이게 된다. 이 기술은 시추기의 이동 및 재조립을 최소화함으로써 시추기 가동률 향상은 물론 환경 영향성을 감소시키는 장점이 있다. 4개의 패드를 통한 셰일층개발을 보여 주는 아래 그림은 각 패드당 6개의 수평정을 호스팅 하고 있다.

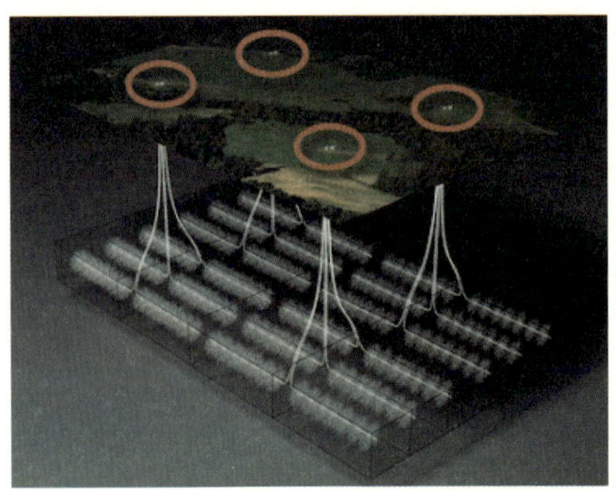

[그림 5-1] 패드 기술을 이용한 수평정 시추(EIA Sept. 2012)

일반적으로 시추 패드는 시추기, 트럭, 시추 및 마감에 필요한 다양한 장비를 놓을 수 있도록 4~5에이커 정도의 평평하고 잘 정리된 지역을 말한다. 패드 시추는 이동이 쉽도록 설계된 시추기로 한곳의 패드에서 가능한 많은 시추를 함으로써 전체 시추 작업에 소요되는 환경 영향을 최소화(Environmental Footprint)한다.

패드 시추를 통해 얻을 수 있는 가장 큰 이점은 같은 지역의 시추 학습효과(Learning Curve Management)가 뚜렷해서 전체적인 개발 비용을 절감할 수 있을 뿐 아니라 시추장비 해체와 재조립 기간 단축, 진입도로와 같은 인프라 건설 비용 및 가스수집 파이프라인(gathering pipe) 비용 등의 절감이 가능하다. 미국의 Apache사가 캐나다의 브리티시 컬럼비아 주 북서부 지역에 위치한 Horn River 셰일층을 개발 할 때 6.3에이커의 패드를 설치하였고, 12개의 다공 수평정 시추를 통해 약 5,000에이커 셰일층을 개발 했다.[94] 개발 완료 후 장비를 제거하고 현장을 복구한 후 생산정 장비가 차지한 면적은 불과 0.3에이커였다. 이를 통해 보면 분명 패드 설계 및 시추가 얼마나 이점이 있는지 알 수 있다.

다층 시추(Stacked Drilling)

만약 셰일층이 두껍거나 생산 가능한 가스를 내포하는 셰일 층이 여러 개 있을 경우 한 개의 수직정에 여러 개의 적층 수평정 시추방법(Drilling Staceked Horizontal Wells)은 특히 두꺼운 셰일층에 유효한 기술이다. 미국 남부 텍사스 주의 Pearsall과 Eagle Ford 유역에 이러한 기술이 적용되었다. 하나의 수직정 설비를 수평정들이 공유함으로써 높은 생산성을 얻을 수 있다.

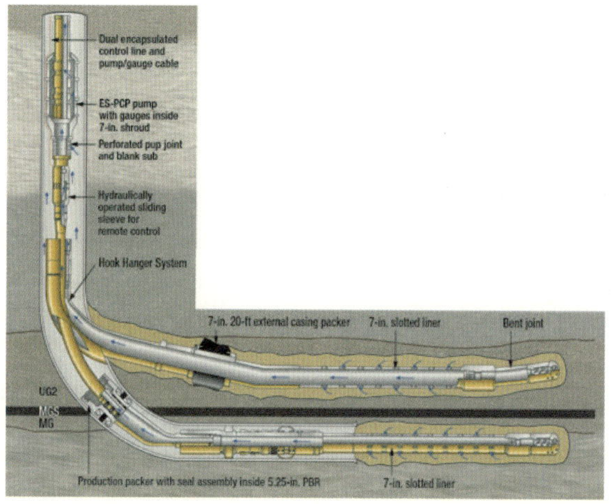

[그림 5-2] 다층 시추 구조(Upstream Technologies Network)

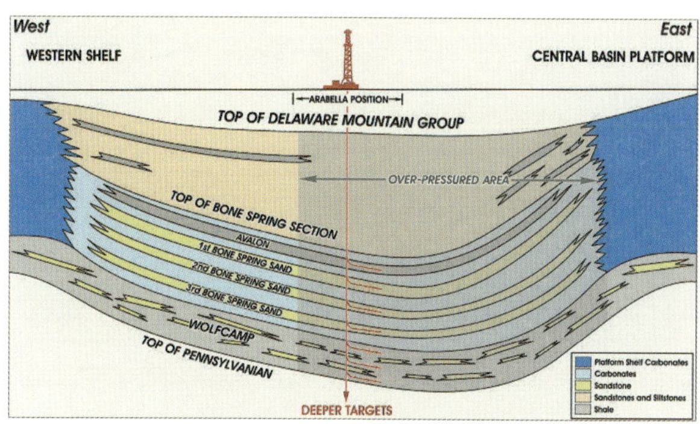

[그림 5-3] 다층 시추의 적용 예(Arabella Exploration)

다공 시추(Multilateral Drilling)

다공 시추는 다층 시추와 유사하나 다공 시추는 하나의 수직정에 같은 깊이의 셰일저류층에 다른 방향의 수평정을 시추하는 기술이다. 종종 다공 시추와 다층 시추가 혼용되어 Multi-lateral Drilling으로 이용되는 경향도 있다.

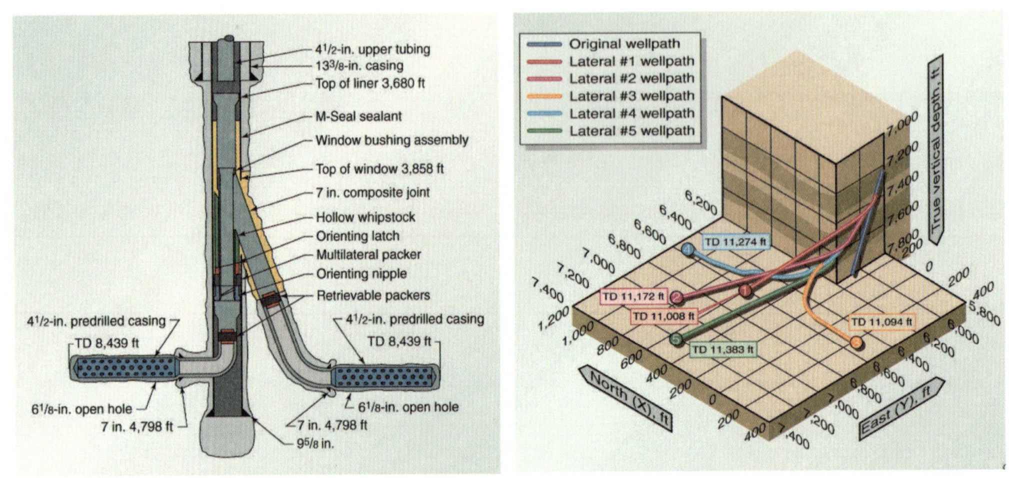

[그림 5-4] 다공시추 개요 및 적용(O&G J)

케이싱 설치

거의 모든 셰일층은 기존의 틈새들을 생산정으로 연계해서 틈새 네트워크를 구성해서 가스 생산을 촉진한다.[95] 시추가 종료되면 시추정 안에 다단계 금속 케이싱을 놓게 되고 이 케이싱 안에 생산 튜빙이 놓이게 된다. 케이싱은 굴착된 가스정의 암반층과는 시멘트로 완벽하게 차단된다. 이 케이싱에 생산을 위해 천공을 한다. 파쇄하려는 구간을 정하고 이외의 구간은 패커(Packer)를 이용해 양쪽을 차단함으로써 선택적으로 파쇄작업을 할 수 있다.

드릴 파이프의 길이는 통상 9~10m(30~33ft)로 드릴파이프 길이만큼 시추하면 드릴 시추를 멈추고 다시 드릴 파이프를 추가해야 한다. 그러나 드릴 파이프 대신 커다란 원통에 감겨진 코일 튜브를 쓰게 되면 이 과정 없이 연속적으로 시추작업을 할 수 있고 시추마감 공정에도 적용 할 경우 시추 전체작업의 기간을 크게 단축 시킬 수 있다. 이러한 코일튜빙 작업은 1990년대 후반에 상업화가 되어 급격히 사용이 늘고 있는 기술이다.

지하 수백~수천m에서 진행되는 시추 작업의 드릴 비트의 방위각(Azimuth)과 궤도를 제어하는 기술은 시추작업에서 가장 중요한 기술들로, 이것을 적절히 이루기 위한 다양한 부수적인 기술들이 개발되어 있다. 시추되고 있는 지하 암반의 조건, 유압모터의 운전, 비트의 시추 방향 등 지하에서 이루어지고 있는 모든 시추 정보를 실시간으로 지상으로 전달하고 이를 해석하고 통제하는 시추작업은 총체적으로 종합 예술이라고 할 수 있다.

가스정과 금속 케이싱 사이를 시멘트로 막는 것(Cementing)은 지표면에서 깊은 저류층에 도달 할 때까지 나타나는 다양한 암석층에 내재하는 물, 오일 및 가스들이 비교적 얕은 층의 암석층으로의 이동이나 대수층(Aquifer)으로의 이동을 근본적으로 차단한다. 시추과정에서 시추 공 깊이가 담수 대수층보다 깊어지면 대수층에 있는 물의 오염을 방지하기 위하여 금속 케이싱을 설치하고 케이싱과 시추홀(Borehole) 사이의 환형단면(Annulus section)에 시멘트를 부어 실링(Sealing)을 한다. 시멘트를 이용한 실링은 수압 파쇄 등 개발 과정에서 발생하는 압력 및 스트레스에 견딜 수 있는 강도를 가져야 한다. 설치되는 케이싱이 저류층 뿐 아니라 다양한 압력 층들과의 기밀을 유지할 뿐 아니라 부차적으로 꼬임(Twist), 공동(Cavities) 등이 없도록 하는 것이 시추정 작업을 하는 데 중요한 사항이다.

이러한 시멘트 작업의 첫 번째 단계는 케이싱을 시추정의 중간에 위치하도록 해서 시멘트를 부어 넣는다. 시멘트 설계는 시멘트를 지상에서 부어 넣을 때 혼합된 슬러지 상태의 펌핑 특성과 응고된 후 기계적 강도 및 궁극적으로는 문제가 없도록 유연성 등을 고려해야 한다. 적절한 응고 시간을 유지하도록 시멘트 배합 및 첨가제를 넣는 것도 고도의 경험과 기술을 요구한다. 시멘트 펌핑 중 아직 시멘트가 시추홀에 도달하지 않았는데 응고하게 되면 이를 처리하기 위해서는 다시 상당한 비용과 시간이 필요하게 된다. 반대로 너무 늦게 응고되면 시멘트 강도가 낮게 되는 문제가 있다.

[그림 5-5]에서 보는 바와 같이 시추과정에서 다양한 케이싱을 설치하게 되고, 시추공이 수평정에 도달하면 추가적인 케이싱을 설치하고 시멘트로 실링을 하게 된다. 이를 통해 셰일층 내에 있는 가스가 케이싱 외부를 통해 투수층(Permeable Formation)으로 또는 상부로의

이탈을 방지한다. 아래 그림은 전통적인 오일생산 시 케이싱과 Marcellus shale 층의 드릴링 작업 시 케이싱 예이다. 전통 오일이나 가스전 개발 시 사용되는 케이싱과 셰일가스층 개발 시 사용되는 케이싱은 구성에서 약간 다르고, 또 지역마다 서비스를 제공하는 회사에 따라 그 크기와 방식이 약간 다를 수 있다.

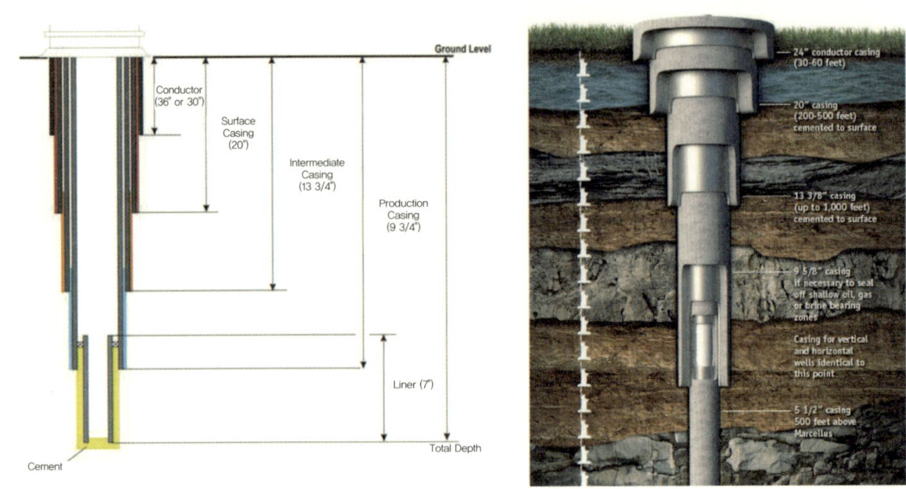

[그림 5-5] 전통적인 케이싱 설치 및 Marcellus 셰일 케이싱(Petroleum Support &Marcellus Coalition)

케이싱 천공(Perforation)

케이싱을 시멘팅하고 나면 가스를 생산할 셰일층과 시추홀 내의 케이싱 간에 시멘트로 기밀을 갖도록 차단되기 때문에 셰일층과 케이싱 간에 생산 가스의 이송이 가능하도록 하고 수압 파쇄를 위한 커뮤니케이션 홀을 만드는 작업이 필요하다. 케이싱이 설치되면 가스 생산을 위해 필요한 구간에 폭약을 장전한 천공총(Perforation Gun)을 이용하여 천공한다. 천공총에 장전된 폭약을 케이싱 내에서 폭발시키면 폭발 압력에 의해 케이싱을 뚫고 생산 가스층까지 6~48" 깊이 정도의 유체 이송 통로가 만들어진다. 천공 과정에서 생기는 홀의 크기는 약 0.25~1" 정도이다. [그림 5-6]은 일반적으로 많이 사용하는 튜빙으로 천공 위치까지 보내서 천공을 수행하는 튜빙이송 천공기구(Tubing-Convey Perforating Tool)이다. 천공 소요 길이에 따라 필요량만큼의 천공 총(Perforation Gun)을 직렬로 연결해서 사용한다.

[그림 5-6] 케이싱 천공의 형상화 및 천공 총 장전(Explore group&Baker)

천공으로 생성된 케이싱과 저류층의 통로들은 천공 시에 발생하는 화약과 케이싱의 파편 등으로 인해 저류층의 유체 이동을 방해하는 경향이 있으므로, 전통 오일/가스 정에선 강력한 산(Acid)를 주입하여 저류층내에 있는 불순물을 청소하고 암반층에 있는 각종 미네랄들을 녹여내는 산처리(Acid Stimulation)를 시행한다. 하지만 수평정에서는 수압 파쇄 유체에 이런 목적으로 산을 미리 혼합하는 경우가 많다.

천공으로 형성된 케이싱 내의 홀들을 통해서 지상에서 가압된 수압 파쇄 유체가 셰일층으로 흘러들어 가게 되고, 압력에 의해 셰일층이 파쇄된다. 수압 파쇄를 끝내고 인조 샌드가 안착(Settling)한 후에는 이 홀들을 통해서 수압 파쇄 유체가 환류(Flowback)하게 되고 환류량이 감소하면서 저류층에 있는 오일이나 가스 등이 같이 흘러나오게 된다. 궁극적으로는 이 천공을 통해 저류층의 오일이나 가스가 흘러들어오게 되고 생산 튜브를 통해 지상으로 회수되게 된다.

2. 수평정(Horizontal Drilling)

오일과 가스 산업계에서 이미 1950년대에 전통 오일과 가스 생산을 위해 수압파쇄 기술을 적용하였고, 수압 파쇄 실험은 생산 촉진 방안의 일환으로 이보다 훨씬 이전부터 실험실에서 그 가능성을 연구하여 왔다. 미국에너지 청(US Department of Energy)과 가스 연구소(Gas Research Institute) 및 개인 운영권자(Operator)들의 연합체가 1970년 중반부터 비교적 셰일층이 얇게 분포된 미 동부 Devonian 셰일의 개발에 착수했다. 이 연구 연합체는 궁극적으로는 수평정, 다단계 파쇄, 점성 수압파쇄 유체 등 셰일층으로부터 천연가스를 회수하는 데 필요한 핵심적인 기술들을 상당히 진보적으로 개발했다. 이를 통해 1980년 초 오일 유정 개발에 수평정의 실질적인 적용이 가능하였다.

셰일층에선 수직정을 통해서 회수할 수 있는 가스양에 한계가 있기 때문에 수직정의 경우 높은 시추정 밀집도가 필요하다. 이를 극복하기 위해선 회수 가능 지역을 넓힐 수 있도록 수평정 또는 방향정(Directional Well)을 시추할 필요가 있다. 이를 위해 짧게는 500m, 길게는 3km 정도 까지 심층 시추 방향이 셰일층의 가스 회수가 최대가 되도록 드릴비트 시추 경로를 제어할 필요가 있다. 셰일 저류층 내에서 긴 수평정 길이는 유정구(Wellbore)와 저류층간의 접촉 길이를 길게 가져갈 수 있어서 궁극적으로는 수직정에서 회수 될 수 있는 가스 유량 보다 상당히 많이 증가시킬 수 있다.

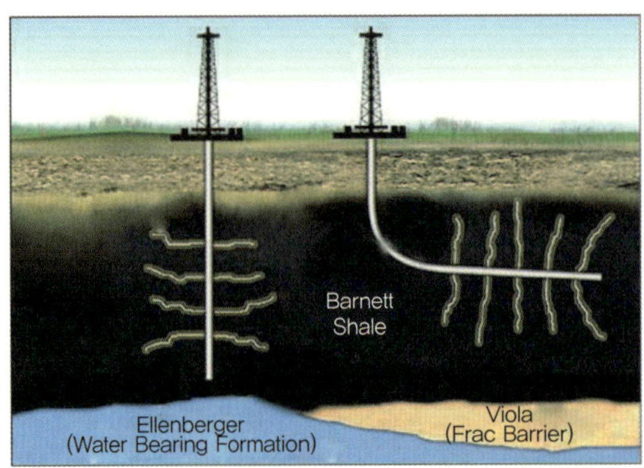

[그림 5-7] 수직정과 수평정의 가스층 접근 및 생산(Horizontal Drilling Org.)

미국 펜실베이니아 주에 널리 분포된 Marcellus 셰일층을 예로 들면 한 개의 수직정은 대략 높이 15m와 지름 약 400m의 원통형 지역 안에 있던 가스를 회수할 수 있었던 것에 비추어, 하나의 수평정은 높이 15m에 길이 600m~1.8km에서 너비 400m~1.8km 정도의 지역 안에 있는 셰일가스를 회수할 수 있었다.[93] 이는 수평정이 셰일층안에 있는 셰일가스를 회수 하는 데 있어서 수직정 보다 약 4,000배 정도 많은 것으로 판명되었다. 이렇게 셰일층의 가스를 회수 할 수 있는 체적(Drainage Area 또는 Drainage Volume)의 증가는 수직정을 시추할 때 보다 현격한 환경적 이점이 있음을 부인할 수 없다. 이렇게 가스정의 저류암과 접촉 면적의 증가와 회수 가능 면적의 증가는 생산율 및 회수 가능량을 증가시킨다.

대부분의 셰일가스층은 대략 1,500m보다 깊은 곳에 위치하는 경우가 많고, 상대적으로 저류층의 두께가 얇다(참고로 Marcellus 층은 15~60m 정도임). 수평정은 이렇게 얇은 셰일가스층으로부터도 효과적으로 셰일가스를 회수할 수 있다. 수평정을 시추하기 위해 시추비트가 셰일층에 도달하기 약 200~300m정도 까지 수직정을 시추한다. 이 지점(통상 Kick-off point라 함)부터 방향성 시추의 각도를 점진적으로 높여서 90℃에 이르면 시추 방향이 세일 저류층과의 방향이 같게 된다.

여기서부터 수평정 시추를 해서 1.0~2.0km 정도 까지(또는 그 이상) 시추를 하게 된다. 다공 수평정(Multiple Horizontal Wells)방법은 최근에 개발된 기술로 하나의 수직정으로 부터 셰일층의 다른 부분을 시추하는 기술로 한번 시추기(Drill Rig)를 안착시킨 후 몇 개의 수평정을 시추함으로써 시추비용과 시간을 절감할 뿐 아니라 많은 면적의 셰일층으로부터 가스를 경제적으로 회수할 수 있는 기술이다. 최근에는 하나의 수직정으로부터 16개의 다공 수평정 시추(Multilateral Horizontal Wells)를 한 기록이 있다.

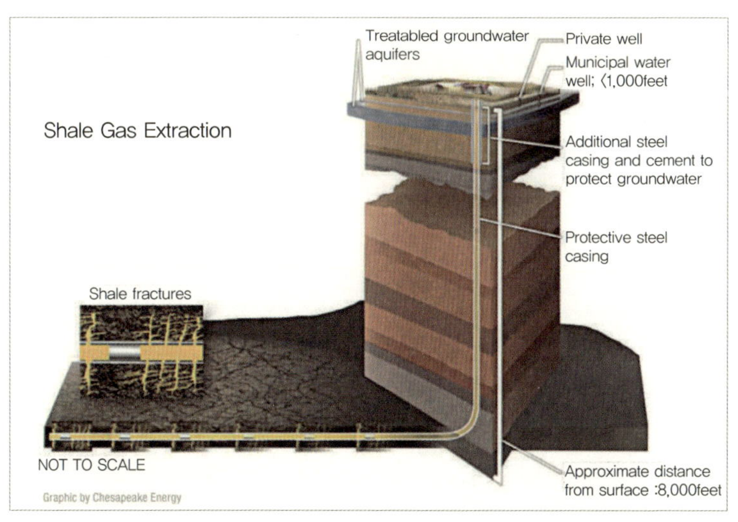

[그림 5-8] 셰일가스 생산을 위한 수평정(Chesapeak Energy)

시추 공학적으로 수평정이란 방향정(Directional)의 구배(Inclination Well)가 85℃ 이상인 경우를 말한다. 수평정이 활발하게 사용되게 된 배경 중 빼놓을 수 없는 기술들은 다음과 같다.

1) 하향공 시추 유압 모터(Downhole Hydraulic Drilling Motor)

2) 코일 튜빙을 이용한 수평정 시추및 시추정 마감(Coiled Tubing Drilling and Completion)

3) 드릴 비트의 궤도 제어 기술(Trajectory Control)

4) 실시간 드릴 진행 정보(Measurement While Drilling) 및 측정 기술(Downhole Telemetry Equipment)

드릴 비트에 수직 하중과 회전력을 주는 것은 전통적인 시추기에서는 로터리 테이블(Rotary Table)이다. 이 로터리 테이블에 의해 드릴 비트가 파고들어 어느 지점에 이르게 되면 수직정을 시추하기 위해 수직 드릴 비트를 점진적으로 수평방향으로 직하 방향에서 벗어난 예정된 목표 지점에 도달하기 위해 미리 설계된 방향, 각도 및 경로에 따라 시추해가는 기술이다. 수평시추의 종류에는 수평방향으로의 휘어지는 곡률반경의 정도에 따라 장, 중, 단반경이 있다.

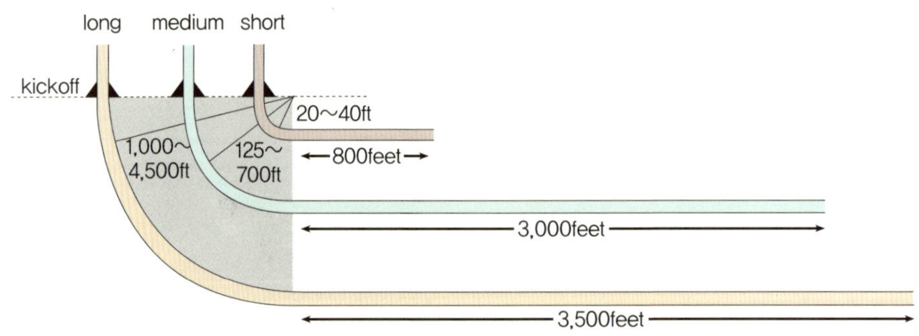

[그림 5-9] 곡률반경에 따른 수평정 구분(Wyoming 주립대)

장반경의 곡률 반경은 300~1,350m(1,000~4,500ft : 2℃/100ft)로 초기 수평정 시추에 많이 사용되었고, 장거리의 수평정 시추 시 시추공 하부장비(Bottom Hole Assembly)를 통한 정밀한 제어가 용이할 뿐 아니라, 기존의 드릴파이프를 이용할 수 있다. 또한 해상과 같이 단일 플랫트 폼에서 다수의 시추정을 뚫을 경우 많이 사용한다. 중반경의 수평정에 적용되는 일반적인 곡률반경은 40~210m(125~700ft)로 수평정 의 수평성분 길이가 장반경에 비해 상대적으로 적은 약 1km 내외의 경우에 주로 적용한다. 이와는 대조적으로 단반경의 곡률반경은 6~12m(20~40ft)로 급격히 꺾어 목표 저류층에 도달하지만 수평정의 긴 수평성분을 얻기는 곤란하고 아래 그림에서 보는 바와 같이 상대적으로 가장 짧은 수평성분을 보인다.

점진적으로 약 2~5℃/100ft의 방향정 각도의 구배(Inclination Well)를 올릴 경우는 드릴 파이프가 회전을 해도 문제가 없으나, 급격한 구배로 시추하게 되면 드릴 파이프의 경직성(Rigidity) 때문에 회전력을 원활히 전달하지 못하는 경우가 있다. 그러나 드릴 파이프 끝단에 장착된 유압 모터(Hydraulic Motor)를 사용하는 경우는 드릴파이프가 회전을 하지 않아도 공급되는 드릴유체[2]에 의해 회전력이 발생하게 되어 드릴 파이프의 회전 없이도 방향정이나 수평정을 뚫을 수 있다. 시추정이 얕은 저류층을 따라 시추되기 위해 주의 깊은 시추작업 통제 및 드릴 비트의 궤도 운항이 필요하다.

시추 비용과 시추공의 저류층과의 접촉도를 향상시키는 기술들은 궁극적인 생산성 향상과 생산율 및 전체 생산 비용 등에 주요한 영향을 끼친다. 특히 한 개의 수직정으로 부터 몇 개의 수평정을 시추하는 다공시추나 코일 튜빙 시추(Coiled Tubing Drilling)는 전체적으로 개발 비용을 낮추고 비전통 가스 개발에 유용하게 적용되고 있다.

셰일층은 지역마다 특성이 다르고 특히 TOC의 함량과 셰일층을 구성하는 점토분의 특성에 따라 시추하는 동안 셰일층이 시추액(Drilling Mud)에 녹아 나오는 경우(Dispersion)가 있거나, 시추액과 반응을 해서 부풀어 오르는 경우(Swelling) 등이 발생한다. 이러한 현상은 시추 작업 시 드릴파이프를 움직이지 못하게 만들거나, 장공 또는 다중시추 시 공벽 안전성을 해치게 된다. 시추공 안정성을 확보하는 지층 평가 기술에는 공벽 안정성 개선 관련 기술 및 시추공의 지층평가용 물리검층자료, 코어분석 자료 등을 통합하여 셰일층의 시추액과의 반응 정도, 균열 특성을 규명하는 작업을 통해 시추 작업 시 셰일층의 불안전성을 사전에 예측하고 공벽안전성을 확보하도록 해야 한다.
통상 수평정의 시추 방향은 셰일 저류암에 일반적으로 존재하고 사전에 확인된 틈새

2] Drilling Mud : 드릴 시 Wellbore의 압력유지 및 파쇄된 암석 파편을 지상으로 이송하기 위해 드릴 파이프를 통해 드릴 비트에 공급되는 유체

(Fracture)와 가능한 많이 교차 할 수 있도록 방향을 결정한다. 이를 통해 수압 파쇄의 효과를 극대화하고 파쇄 및 틈새의 네트워크를 형성할 수 있도록 한다. 그러나 이러한 틈새가 수평정의 수압 파쇄로 인해 극단적으로 진전되어서 셰일층의 안전을 위협하거나 셰일층 내의 가스가 투수층(Permeable Zone)으로의 일탈 가능성 등이 있을 경우에는 자연 틈새의 방향과 특성에 대해 철저히 검토해야 한다. 가스정(Borehole)의 붕괴가 예상되는 경우는 수평정의 시추가 곤란하고 수직정의 시추만 수행해야 하는 경우도 있다.[93]

현재 전통 가스 개발과 셰일 개발의 일차적인 차이는 현격한 수평정 적용과 수압 파쇄이다. 수평정 시추는 새로운 환경적 이슈가 있는 것으로 보기는 힘들다.[93] 시추 장비 리그(Rig)가 설치된 장소(A Single Pad)에서 수평정을 시추함으로써 많은 수직정을 시추할 필요가 없으므로 추가적인 환경 파괴 영향이 오히려 줄어들고, 최근에는 한 설치 장소에서 다 공 수평정(Multilateral Horizontal Drilling)을 수행함으로써 많은 수직정 시추로 인한 소음 먼지, 교통장애, 야생동물의 서식지 파괴 등의 요인을 줄일 수 있다. 수압 파쇄에 의한 영향도 적절히 설계하고 통제할 경우 관리가 가능한 수준으로 알려졌으나, 환경친화적인 방법에 의해 환경 영향성이 낮도록 운용해야 한다.

3. 수압 파쇄 유체(Fracturing Fluid)

지상에서 대규모 펌프 설비에 의해 가압된 유체가 셰일층이 파쇄될 수 있는 압력(Fracture Pressure) 이상으로 지속적으로 공급되면 셰일층의 파쇄가 일어난다. 그러나 압력을 제거하면 암반층 자체내의 횡압력에 의해 생성된 틈새들이 다시 붙어서 가스가 흐를 수 없게 된다. 이 틈새에 인조모래(Proppant)를 넣어서 틈새가 닫힌 후에도 암반 틈새와 인조모래가 형성하는 틈새를 통해 가스가 흘러나올 수 있게 해야 한다. 이때 사용되는 모래는 Frac Sands 또는 Ceramic Coated Proppants를 사용한다. 일반적으로 하나의 수평정을 파쇄할 경우 약 50~100톤 정도의 인조모래가 소요된다. 다음 그림은 셰일층의 수압파쇄에 사용되는 인조모래와 이들의 파쇄된 틈새에 안착하면서 유체가 통과할 수 있는 간극들을 만드는 것을 형상화하여 보여 준다.

[그림 5-10] 인조샌드 및 파쇄틈새에 안착하는 모래들(Drillingsupplies)

이 모래(Frac Sands또는 Ceramic Coated Proppants를 통칭하여 본서에서는 인조모래로 통칭함)를 지하 암반층까지 가지고 이송하기 위해서는 수압 파쇄 유체가 대유량 고압으로 이송 중에도 인조모래를 잘 보유하고 이송하기 위해 특별히 고안된 고분자 폴리머가 사용된다. 이 고분자 폴리머는 물과 섞이면서 Cross Link를 형성하게 된다(아래 그림 참조).

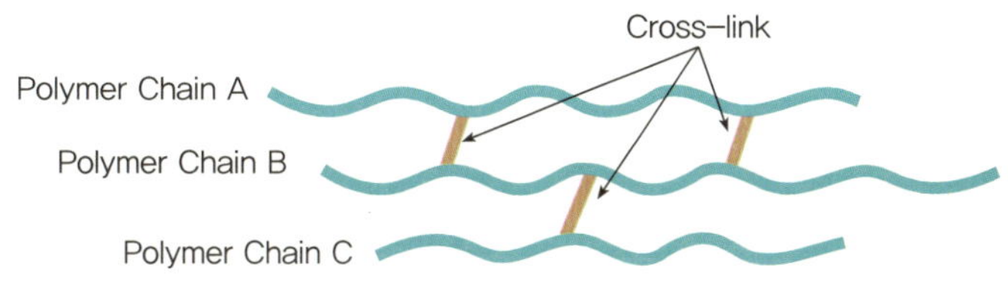

[그림 5-11] 수압 파쇄유체의 Cross Linked 폴리머(Harvard University)

수압 파쇄 유체의 Cross Linked 된 폴리머가 인조모래들이 유체 바닥으로 떨어지지 않도록 잘 유지하는 역할을 한다. [그림 5-12]의 왼쪽은 수압 파쇄 유체를 보여주는데 유동성이 매우 낮고 압축성 유체의 특성을 가지며(Non-Newtonian fluid characteristics), 오른쪽 그림은 수압파쇄 유체에 인조모래를 섞은 사진이다.

인조모래는 유체보다 무거워서 일반적으로 유체 내에서 불균일하게 분포되는 경향이 있는데 수압 파쇄 유체에 인조모래를 실어서 보내는 상황에서는 이 불균일한 분포(주로 바닥에 많이 분포)는 바람직하지 못하다. 따라서 인조모래를 수압 파쇄 유체 내에 가능한 균일하게 분포되도록 하면서 수압파쇄로 열린 틈새 공간으로 효과적으로 이송 시키기 위해서 겔(Gel) 폴리머(Guar 또는 Cellulose)를 1% 내외로 추가 한다. 이 겔상의 폴리머에 교차 결합제를 아주 소량 섞는다. 일반적으로 붕산염(Borate)이나 금속염(Metallic Salt)이 사용된다. 이들은 매우 소량을 섞어도 매우 강한 겔을 만들며 높은 농도(Concentration) 일 경우는 독성이 있다.

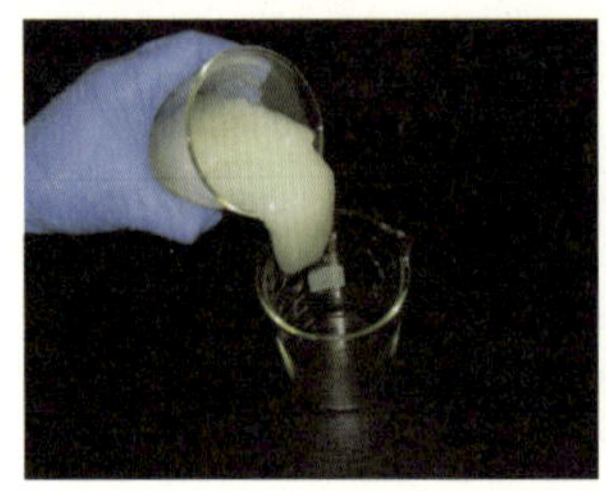

[그림 5-12] 수압 파쇄 유체와 인조모래를 섞은 후의 유체(Halliburton)

셰일층의 파쇄와 더불어 암반층까지 이송된 인조모래(인조 샌드나 프로펀트)가 파쇄에 의해 형성된 바위틈새들에 들어가게 된다. 암석층에 작용하는 압력에 의해 틈새가 다시 붙으려고 할 때 이 인조모래들은 암벽에 견디면서 틈새를 유지할 수 있는 강도를 갖추어야 하는 조건을 충족시켜야 한다.

인조모래를 이송하기에 적합하도록 수압 파쇄 유체를 겔 상태로 설계했기 때문에 상당히 유동성(Viscous Fluid)이 낮다. 수압 파쇄를 위해서는 짧은 시간 안에 인조모래가 섞인 겔상의 파쇄 유체를 대규모 유량과 압력으로 지하 지층으로 보내야 하기 때문에 고압 대유량 펌프들이 필요하고, 유체유동에 의한 가능한 압력 손실을 최소화하기 위해 다양한 화학 약품, 특히 물의 화학 반응 억제제(Water-inhibitor)와 압력 손실 절감재(Friction Reducer)를 넣게 된다. 압력 손실 저하제로는 폴리아크릴아마이드(Polyacrylamide)가 소량 투입된다. 폴리아크릴아마이드는 아기 기저귀의 흡수제로 널리 이용되고 있다.

통상 셰일가스층은 1,000m 이하인 경우가 많은데 이 경우는 지층수(Formation Water)가 일반물(Fresh Water)이 아니고 소금물(Brine Water)이다. 셰일층이 깊이가 깊을수록 암반의 온도가 올라가고 셰일층에 존재하는 지층수의 염도(Salinity)가 올라가게 되어서 수압파쇄에 첨가하는 압력 손실 절감재의 역할이 방해받게 되는 문제가 있었다. 이러한 염도의 증가와 온도에 의한 영향에도 불구하고 훌륭히 제 역할을 수행할 수 있는 압력 손실 절감재 등이 최근에 개발되었다.

인조모래를 수압 파쇄로 만들어진 틈새 말단까지 이송한 수압 파쇄 유체가 지속적으로 동일한 특성을 유지한다면 수압 파쇄 목적을 달성하기 곤란하다. 어느 일정 시간이 지나면 수압 파쇄 유체의 특성을 바꾸어 수압 파쇄 유체의 점도를 낮추어 인조모래를 내려놓도록 해야 하고, 수압파쇄 유체는 다시 지상으로 빠져나오기 쉬워야 한다. 이를 위해서는 사전에 셰일층의 성분에 기인한 암석의 강도, 예측된 파쇄 길이와 시간, 수압 파쇄 유체량 등을 종합적으로 검토하여 결정된 시간에 따라 인조모래를 잘 가지고 갔던(Retaining) 폴리머의 Cross Link를 제거해야 할 필요가 있다. 그래야 인조모래들이 파쇄되어 형성된 셰일 틈새 사이에 안착(Proppant Settling)하게 된다. 물론 이 안착 시간은 유체의 종류, 온도, 인조모래의 크기 등의 함수로 수많은 실험으로 사전에 예측되고 수압 파쇄 전에 결정된다. 다중 폴리머의 교차 결함체를 약화하기 위해 킬레이트 화합물(Chelant), 산화제나 효소(Enzymes) 등을 첨가하기도 한다.

수압 파쇄 유체 내에 존재하는 박테리아의 영향으로 유체의 특성 저하를 방지하고 황하수소(Hydrogen Sulfide)의 발생 방지를 위해 살충제(Biocide)를 소량 첨가한다.

최근의 시추마감 기술 개발로 Barnett 셰일층의 파쇄에 3% 염화수소산(Hydrochloric Acid)을 첨가하여 파쇄 틈새와 셰일층의 연결 유체 투과도(Matrix Permeability)를 향상 시켜 회수율을 증가시킨 것이 보고 되었다.[96] 케이싱 천공 시에 화약 폭발의 힘으로 금속 케이싱과 셰일층의 일부가 유체가 흘러나올 수 있는 틈새 네트워크를 손상할 수 있는데 이러한 염화수소산이 틈새 네트워크의 유체 투과도를 향상할 수 있다.

이외에도 수압 파쇄 유체의 pH 농도를 유지하기 위해 버퍼(Buffer)와 틈새를 통해 누설(Leak-Off)되는 유체 손실 감소제(Fluid Loss Additives), 유체가 주입되면 셰일층의 온도에 의한 안정화제(Stabilizer) 등이 이용된다. 아래 그림은 수압파쇄에 사용된 유체의 개괄적인 구성 성분이다. 이러한 첨가제들의 농도와 종류는 셰일층의 조건에 따라 달라진다.

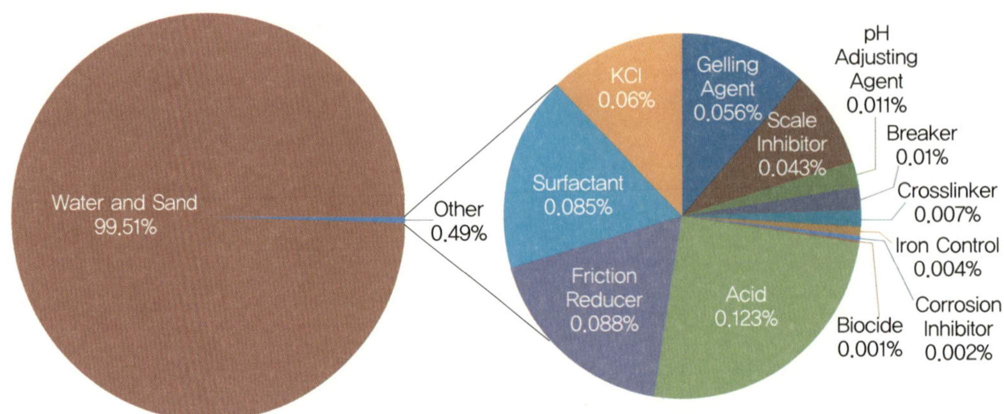

[그림 5-13] 수압 파쇄 유체의 개괄적인 성분 구성(All Consulting)

정확한 수압 파쇄 유체의 화학적 구성은 각 업체의 영업 비밀에 해당한다. 그러나 수압 파쇄가 진행되는 지역의 주민들은 정확히 어떤 화학약품이 들어간 유체가 지하로 주입 되는지를 알고 싶어한다. 이러한 요구에 부응해서 미국에서 2010년 이후 자발적으로 화학 약품 구성을 공개하는 것이 일반화 돼가고 있다. [표 5-1]은 수압 파쇄수제조에 일반적으로 첨가하는 물질들이다.

수압 파쇄에 주로 사용되는 유체는 물을 기반으로 한 고분자 폴리머를 섞어서 사용한 유체가 주로 사용되지만, 이산화탄소, 질소 가스, 또는 프로판도 사용되기도 한다.

[표 5-1] 수압 파쇄수에 첨가하는 물질의 구성

첨가제 명칭	기능	화학 구성물
7% KCl Water	Carrier	
Sand-Premium White	Proppant	Crystalline Silica, Quartz
PRC Sand	Proppant	Crystalline Silica, Quartz
		Hexan Ethyleneleramine
		Phenol / Formaldehyde Resin
SSA-2	Sand	Crystalline Silica, Quartz
FR-66	Friction Reducer	Hydro Created Light Petroleum Distillate

첨가제 명칭	기능	화학 구성물
Losurl-300M	Surfactant	1,2,4-Trimethylbenzene
		Ethanal
		Heavy Aromatic Pertroleum Naphtha
		Naphthalene
		Poly(oxy-1, 2-Ethanediyl), Alpha-(-4-Nonylphenyl)-Omega-Hydroxy-Branched
CL-28M Crosslinker	Crosslinker	Crystalline Silica, Quartz
		Borate Salts
MO-67	Buffer	Sodium Hydroxide
BA-40L Buffering Agent	Buffer	Potassium Carbonate
FE-1A Acidizing Composition	Misc Additive	Acetic Acid
		Acetic Anhydride
K-38	Crosslinker	Disodium Oclaborate Tetra hyrate
LGC-36 UC	Gelling Agent	Guar Gum
		Naphtha, Hydro treated Heavy
BE-3S Bactericide	Biocide	2, 2 Dibromo-3-Nitriloproplonamide
		20Monobromo-3-Nitriloproplonamide
Optitlo-III Delayed Release Breaker	Breaker	Ammonium Persulfate
		Crystaline Silica, Quartz
SP Breaker	Breaker	Sodium Persulfate

출처 : EPA Report

4. 물 소요량 및 물 처리

1. 물 소요량

물은 가스정의 시추에서부터 생산을 위한 셰일층의 파쇄에 이르기까지 전 과정에 걸쳐 필요하다. 수압 파쇄에 소요되는 물의 조달은 셰일층 개발에 중요한 인자라고 알려졌다. 소요되는 물의 조달은 일반적으로 지표수(강이나 호수 등)가 많이 이용되지만, 현지 지하수를 이용하기도 한다. 현지에서 물을 구할 수 없는 경우에는 멀리서 파이프로 물을 가져오거나 아니면 트럭으로 운반하기도 한다. 물의 수송과 수압 파쇄 후의 환류의 처리는 상당한 규모의 활동이다. 아래는 셰일가스 수평정 한 개의 수압 파쇄에 소요된 물의 양과 이를 통해 생산되는 셰일가스의 열량(MMBtu)으로 나눈 절대 물 소요량을 나타낸다.

[표 5-2] 수압 파쇄 소요된 물의 양 및 생산 가스량[97]

Shale Play	Avg. Water Use per well(gal)*	Estimated EUR per well(bcf)**	Estimated MMBtu per well(MMBtu)***	Water Use Efficiency(gal/MMBtu)
Haynesville	5,600,000	6.50	6,682,000	0.84
Marcellus	5,600,000	5.20	5,345,600	1.05
Barnett	4,000,000	3.00	3,084,000	1.30
Fayetteville	4,300,000	2.60	2,672,800	1.61

Source : *Chesapeake Energy 2010b, **Chesapeake Energy 2010c, ***USDOE 2007

통상 한 개의 수평정을 수압 파쇄 하는 데는 지역마다 셰일특성마다 다르지만 대략 4,000~22,000㎥정도 소요된다.[98] 이는 30㎥급 대형 트레일러로 130~730대 분에 해당되는 상당한 물이 필요하다. [표 5-3]은 에너지원 별로 물의 필요량을 생산되는 에너지량으로 나눈 절대 물의 사용량(혹은 물 효율성)을 나타낸다. 셰일가스 생산에는 다량의 물이 소요되지만, 셰일가스의 에너지 생산당 투입되는 물 효율성은 타 에너지원과 비교해서 상대적으로 낮은 것을 알 수 있다.([표 5-3] 참조)

물이 부족한 지역에서는 시추나 수압 파쇄 등을 수행한다는 것은 심각한 환경적 영향을 미칠 수 있다. 다량의 물을 현지 생산정을 통해 지하에서 채취해서 사용하는 경우 지하수면(Water Table)을 낮추고, 생물의 다양성(Biodiversity)과 지역 생태계(Ecosystem)에 영향을 미친다. 또한 지역 주민들의 물 사용에 제약을 주기도 하고 생산활동에 영향을 미칠 수 있다.

예를 들어 중국 신장 위구르 자치구에 있는 Tarim 분지 유역은 방대한 셰일가스가 매장되어 있다. 그러나 이 분지 유역은 개발에 소요되는 물을 공급하기가 곤란하다. 이 지역은 셰일가스 개발과 동일한 정도는 아니지만 다른 자원의 개발도 물자원 부족에 시달리고 있다. 중국에서는 가장 활발히 셰일가스를 개발하고 있는 지역은 물이 풍부하고 비교적 수요처와 가까워 파이프라인 등 인프라가 비교적 잘 갖춰진 쉬츄안 유역(Sichuan Basin)에 집중되고 있다.

물을 주로 사용하는 수압파쇄 유체 대신 대안으로 개발된 것이 거품유체(Foam Fluid)이다. 물에 유화제(Surfactant)를 섞어 넣은 후 질소와 이산화탄소로 거품을 만든 것으로 유체의

90% 이상이 가스이다. 이 유체 역시 인조모래를 효과적으로 지하 암반층으로 이송할 수 있다. 수압파쇄 시 물의 사용을 줄이기 위해 프로판 또는 겔 상의 탄화수소를 수압파쇄 유체로 사용하기도 한다. 그러나 이들은 가연성 가스이므로 취급에 주의가 요하고 안전성 확보가 쉽지 않다.

[표 5-3] 각 연료별 물사용 효율(Chesapeake)

Energy Resource	Range of Gallons of Water Used per MMBTU of Energy Produced	Data Source
CHK Deep Shale Natural Gas*	0.84~1.61	Includes : Drilling and Hydraulic Fracturing Source : Chesapeake Energy 2010b
Natural Gas	1~3	Includes : Drilling and Processing Source : USDOE 2006, p. 59
Coal(no slurry Transport) (with slurry transport)	2~8 13~32	Include : Mining, Washing and Slurry Transport as indicated Source : USDOE 2006, p. 53-55
Nuclear(processed uranium ready to use in plant)	8~14	Includes : Uranium Mining and Processing Source : USDOE 2006, p. 56
Conventional Oil	8~20	Includes : Extraction, Production and Refining Source : USDOE 2006, p. 57-59
Synfuel-Coal Gasification	11~26	Includes : Coal Mining Washing and Processing to Synthetic Gas Source : USDOE 2006, p. 60
Oil Shale Petroleum	22~56	Includes : Extraction/Production and Refining Source : USDOE 2006, p.57-59
Oil Sands Petroleum	27~68	Includes : Extraction/Production and Refining Source : USDOE 2006, p 57-59
Synfuel-Fisher Tropsch(coal)	41~60	Includes : Coal Mining, Washing and Coal to Gas to Liquid Conversion Processing Source USDOE 2006, p. 60
Enhanced Oil Recovery(EOR)	21~2,500	Includes : EOR Extraction/Production and Refining Source : USDOE 2006, p62
Fuel Ethanol (from irrigated corn)	5,510~29,100	Includes : Feedstock Growth and Processing Source : USDOE 2006, p. 61
Biodiesel (from irrigated soy)	14,000~75,000	Includes : Feedstock Growth and Processing Source : USDOE 2006, p. 62

파쇄유체 선정은 아래와 같은 다양한 인자들에 의해 결정된다.[99]

• 물의 가용도

• 물의 재활용도 셰일층의 물리적 특성

• 유체 제조에 사용되는 화학 성분들의 환경적 요구 사항

• 전체적인 경제성

2. 물처리

수압 파쇄 후 환류량은 셰일 층의 특성, 사용한 파쇄 유체 등에 따라 많이 달라진다. 셰일가스 개발과 환경적인 영향을 고려하였을 경우 수압파쇄의 환류수(Flowback Water)에 가장 높은 환경오염의 위협성이 있다. 셰일가스 채굴을 위해 사용되어 지반을 거치고 난 후 회수된 셰일가스 용수는 보통 40,000mg/L 이상의 매우 높은 TDS(Total Dissolved Solid ; 총용존 고형물) 함량을 가지고 있다.[100] 이처럼 심각하게 오염된 막대한 양의 셰일가스 용수가 적절한 수처리 공정을 거치지 않고 지하수 및 지반에 방류될 경우, 또는 지표면에서 회수원의 관리가 소홀하여 누출될 경우 수압파쇄에 사용되었던 화학물질과 중금속, 천연 방사성 물질, 유류오염원 등이 혼재되어 있으므로 심각한 오염원이 될 수 있다.

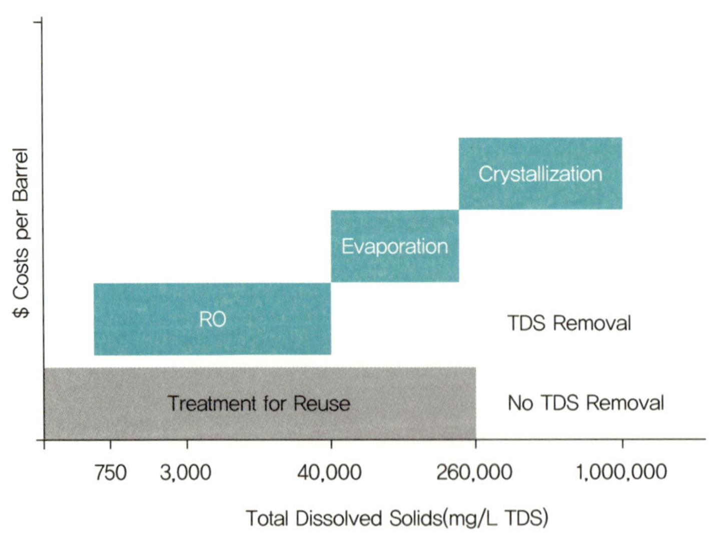

[그림 5-14] 재활용 처리 기술에 따른 경제성 도식도 분석의 예[101]

높은 TDS 이외에도 Oil과 Grease, 그리고 박테리아 등도 셰일가스 용수의 주 오염원이다.

셰일가스 개발에 사용된 후 회수된 물을 지하 깊숙이 버리거나, 인근 수원에 방류, 혹은 셰일가스 개발을 위해 그대로 재이용한다면 이는 셰일가스 개발이 지역의 환경 파괴에 큰 문제가 될 수 있다.[102, 103] 아래 표는 Marcellus 셰일 수압 파쇄 후 각 유정에서 나온 환류수에 포함된 다양한 화학물질들이다.

[표 5-4] Marcellus 셰일 개발지역의 환류수 수질[102]

Parameter	Range	Median(mg/L)
Total alkalinity	48.8~327	138
Hardness as $CaCO_3$	5,100~55,000	17,700
Total suspended solids	10.8~3,220	99
Chloride	26,400~148,000	41,850
Total dissolved solids	38,500~238,000	67,300
Total Kjeldahl nitrogen	38~204	86.1
Ammonia nitrogen	29.4~199	71.2
Biochemical oxygen demand	37.1~1,950	144
Chemical oxygen demand	195~17,700	4,870
Total organic carbon	3.7~388	62.8
Dissolved organic carbon	30.7~501	114
Bromide	185~1,190	445

Note : 수압파쇄 14일 경과 후 나온 환류의 수질을 측정한 것임

셰일가스 개발을 위해 사용되는 물의 관리와 처리 방법은 크게 세 가지로 구분할 수 있다. 첫 번째 대안은 심정 주입(Deep Well Injection)이다. 지하 깊숙이 환류수를 암반층에 다시 주입하는 방법은 셰일가스 개발 초기부터 계속 이용되던 방법이다. 심정 주입은 $1.5~2/bbl($ 9.4~12.6/m³)의 값싼 비용으로 오염된 환류수를 지하 4,000ft(1,200m) 이하 깊이에 주입하여 환경오염을 최소화할 수 있다는 장점이 있다.[103] 그러나 회수된 환류수를 주입관정(Injection Well)까지 운반하는 거리에 따라 운반 비용이 달라지고, 버려진 물은 재이용이 불가능하여 장기적으로 물 부족을 일으킬 수 있다는 위험이 있다. 또한 지하 깊숙이 버려지는 물은 지반약화로 지진을 일으킬 위험이 크다는 의견이 제기되었다. 물 오염 규제가 엄격한 유럽에서는 이 방법을 사용할 수 없지만, 텍사스에서는 이 방법이 많이 사용되고 있다.

두 번째 방안은 수처리 후 다른 수압파쇄에 재이용 방법이다. 이는 TDS 제거에 중점을 두지 않고, 박테리아, Oil/Grease 등과 시추공을 막을 위험성이 있는 바륨, 칼슘, 철, 마그네슘 등의 경수 미네랄(Scalant : Hardness Mineral)들을 제거하는 방법이다. 이러한 오염원을 제거하기 위해 응집/침전/여과, 염소소독 등 일반적인 수처리 공법들을 조합해 적용한다. 이러한 공법들은 획일화되어있지 않고 셰일가스 지역의 환류수 성상과 수처리 기업마다 모두 다른 다양한 공법을 채택하고 있다.

다른 방법은 고도 수처리 방법이다. 심각히 오염된 환류수와 가스 생산 시 같이 나오는 지층수(Formation Water)를 국가 수질 기준을 만족할 수 있는 우수한 수질로 처리하여 인근 지역 수원에 방류할 수 있도록 해야 한다는 요구 조건이 거세지면서 고려되는 방법이다. 단순한 수처리 공정으로는 오염정도가 심각한 환류수를 인근 수원에 방류할 수 있는 정도의 수질로 만족시키기는 어렵다. 아래 Marcellus 수처리에서 사용된 수처리기술별 분포를 보면 고도 수처리는 전체의 19%에 지나지 않지만, 최근 다양한 수처리 기술들이 셰일가스 개발 현장에 도입되고 있다. "셰일가스 개발 환경 개론"[101]과 국토해양지식정보센터의 "셰일가스 개발관련 수처리 산업의 현황과 미래 고도 수처리 방법"[103] 및 EPA의 셰일가스 물처리 기준[104]에서 논의된 기준과 기술들을 재 정리했다.

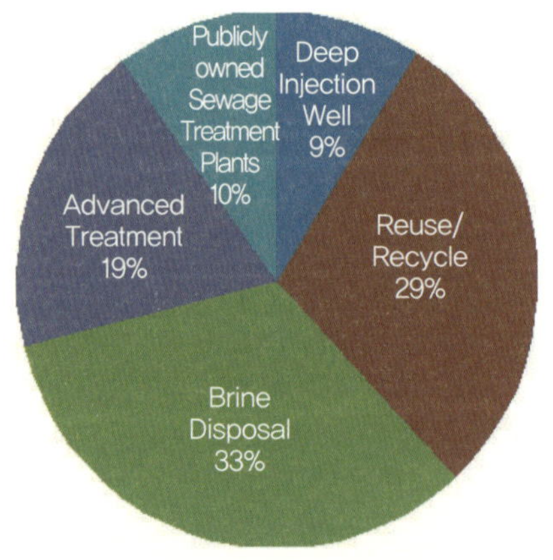

[그림 5-15] Marcellus 셰일에서의 수처리 방법의 분포도[102]

일반적으로 셰일가스 수처리 설비는 보통 하루에 약 1,500㎥ 이상의 처리 용량 혹은 4일

동안 8,000㎥의 처리 용량에 TDS 99% 이상의 처리 효율과 규제 당국에서 제시한 최종적인 하수 방출 기준을 유지해야 한다. 환류수의 특성이 지역에 따라 다양하고, 높은 TDS와 Oil 등 다양한 종류의 물질들이 녹아 있어 기존의 단순공정으로는 수처리가 쉽지 않기 때문에, 셰일가스 수처리 기술은 새로운 복합 처리 공정을 요구한다. 현재 셰일가스에 사용되고 있는 고도 수처리의 주요 공정 및 각 공정의 특징을 [표 5-5]와 같이 정리하였다.

[표 5-5] 북미 셰일가스 수처리 공정 및 특징[101]

처리공정	공정별 특징
유류 분리 공정 (Separation of oil/grease)	• Physical Separation – Filtration : Media filter / Membrane filter – Flotation : DAF , CPI, API OWS, IGF – Hydro cyclone(원심분리) • Coagulation, Flocculation and Settlement – 용존 금속이온(Ba, Sr, Ca, Mg 등) 제거 포함 – 비용 : $0.5~ $3.0/bbl(SG EIS)
증발법 (Evaporation)	• 장점 – TDS 40,000에서 120,000mg/L 의 범위의 회수수에 적용 가능 – 고품질의 정제와 염수 처리가 가능 – TDS 약 260,000mg/L 이상 회수수에는 다른 기술의 적용이 요구 • 단점 – 역삼투압 공정보다 에너지가 많이 소요 – 회수수의 고체 물질을 처리하기 어려움
증류법 (Distiilation)	현재까지 검증된 주요 공법은 MVR(Mechanical Vapor Recompression thermal distillation)임 • MVR : Mechanical compressor로 증기압 및 온도 상승 – 고압에서 끓는점 하강(에너지 저감) * TVR(Thermal Vapor Recompression) : Stream jet ejector 사용 •TDS 최대 120,000 mg/L 이상 처리 가능 • 방류수 TDS : 50~ 150 mg/L – 수처리 비용(운반, 전력 등 포함) : $3.0~ 5.0/bbl (All consulting, "WATER TREATMENT TECHNOLOGY FACT SHEET*) * 전 공정 처리비용 : $5.0~ $10.0/bbl(Penn, DEP) • 장점 – 여러 산업 전반에 보편적으로 사용되고 있어서 신뢰도가 높음 – 고 TDS(최대 TDS 260,000mg/L)의 회수수 처리 기능 • 단점 – 증발기기 내의 축적 유기물과 고체 찌꺼기 처리 어려움 – 에너지 사용량이 높음
결정화법 공정 (Crystallization)	• 장점 – TDS 약 260,000mg/L 이상 높은 수준의 회수수에 적용 – 결정화를 통해 TDS를 낮추고 순수한 물을 동시에 얻을 수 있음 – 예기 농축수의 양이 줄어들고 높은 회수율을 얻을 수 있음 • 단점 – 공정 비용이 매우 높음 – 결정화법의 비용 감소를 위해 증류법과 결정화법의 하이브리드 시스템 개발 중

처리공정	공정별 특징
역삼투압 공정 (Reverse Osmosis, RO)	• 장점 – 낮은 TDS 〈 50,000 mg/L 에 적용 – 해수담수화 등 여러 수 처리 분야에서 주목받는 고도 수 처리 기술 – 분리막의 특성으로 회수수의 99%의 TDS는 막을 통과하지 못하고 물만 통과하는 특성을 이용하는 기술 – 처리 수질이 매우 우수하고, 증발법보다 에너지 비용이 1/10에서 1/15로 적음 • 단점 – 금속 이온, 유기물 등의 전처리 필요 – 소비되는 에너지가 회수수의 TDS 함량보다 증가함 – 회수수의 TDS가 평균적으로 상당히 높아서 역삼투압 공정 적용 시 에너지 사용이 매우 커질 수 있음
이온교환 공정 (Ion Exchange)	• 이온교환수지를 이용한 특정 이온의 제거 • 비용 : $ 0.08~ 0.11/bbl at 220gpm, $0.04~ 0.07/bbl at 880gpm • 전통적으로 경도 저감(연수화)에 이용 • 석유 및 가스산업 생산수(produced water)에서는 주로 Na+ 제거 • 유입수 TDS 〈 5,000mg/L • Waste stream : 1~ 5% of input
오존-자외선 산화 처리 (Ozone-UV, Oxidation Process)	• 목적 : 탄화수소, 미생물 및 중금속의 산화 분리 • 오존/초음파에 의해 발생한 미세기포는 유류 및 SS 부상 • 오존 기포의 파괴에 의한 hydrodynamic cavitations 오존을 OH 라디칼 및 산소로 변화시켜 산화력 강화 • Fayetteville, Woodford shade에서 현장 실험 • Barnett 셰일에서 적용

셰일가스 산업 특성에 먼저 개발되고 있는 기술은 증발법이다. 이는 예로부터 여러 산업에서 증발법이 보편적으로 사용되었기 때문에, 기술에 대한 신뢰도가 높지만 높은 에너지가 소요되고 운전 비용이 높은 단점이 있다. 증발법은 고 TDS(최대 TDS 260,000mg/L)의 물을 처리할 수 있다는 것이 장점이 있다. 그러나 증발기기 내에 축적되는 유기물과 고체물질들을 처리하기 어렵고, 기기 내 부식의 위험성이 크다.

환류수의 지역 수원 방류를 위한 고도 수처리 기술로 역삼투 공법이 개발 중이다. 역삼투(RO : Reverse Osmosis) 공법은 최근 해수담수화 등 여러 수처리 분야에서 주목받는 고도 수처리 기술이다. 이 방법은 처리 수질이 매우 우수하고, 증발법보다 에너지 소비가 적어 경제성이 좋다. 그러나 역삼투 공정은 소비되는 에너지가 물의 TDS 함량에 비례하는 단점이 있다. 환류수의 TDS는 평균적으로 상당히 높기 때문에 역삼투 공정의 적용 시 에너지 사용이 커질 수 있다. 따라서 최근에는 환류수의 TDS가 상대적으로 낮은 셰일가스 채굴 지역의 적용을 위해 다양한 연구가 시도되고 있다. 그리고 역삼투 공정을 통한 우수한 수질

확보를 위해 다른 기술들을 접목한 하이브리드 기술 개발이 진행 중이다.

TDS가 약 260,000mg/L 이상에 달하는 매우 높은 수준의 환류수는 결정화법(Crystallization)이 대안이 된다. 결정화법은 결정화를 통해 TDS를 낮추고 순수한 물을 동시에 얻을 수 있는 장점을 갖고 있다. 그에 따라 폐기해야 하는 농축 수의 양도 줄이고 높은 회수율을 얻을 수 있다는 장점이 있다. 그러나 결정화법은 공정 적용 비용이 매우 높은 것이 문제점이다. 따라서 최근에는 결정화법의 비용을 줄이기 위해 증류법과 결정화법의 하이브리드 시스템이 개발 중이다.

셰일가스 회수수와 지층수에는 유기물, 무기물, 중금속, 염, 천연 방사성 물질, 박테리아 등 다양한 오염원이 동시에 포함되어 있다. 단독 공정기술에는 단일 오염원만 처리가 가능한 경우가 있다. 각 단독 기술의 장단점 운영비용, 운전 조건, 오염원 종류에 따른 제거 효율 재활용 사용 수준, 최종 방출 기준, 현장 적용 여부, 무엇보다 셰일가스의 개발은 시간과 비용이 연관되기 때문에 빠른 시간 안에 적은 비용으로 다량 처리할 수 있는 경제성 등의 차이로 인하여 단독 공정 기술보다는 여러 공정을 단계별로 연결하여 복합 단계 형태로 연계하여 운영되고 있다.

최근에는 여러 공정의 기능을 동시에 수행할 수 있는 하이브리드 방식의 수처리 기법을 적용하여 기존 수처리 공정보다 제거 효율을 향상시키고 운전 비용을 절감하며 운영 시간을 단축할 수 있는 복합산화처리, 마이크로 버블, 플라즈마 공정 등의 고도산화처리의 응용 기술들과 담수 처리에서 주목받았던 기술들이 주목받고 있다

몇 가지 기술들을 소개하면, 먼저 복합산화처리, 마이크로 버블, 플라즈마 공정 등의 고도산화처리 응용 기술들은 일반적인 산화고정이나 고도산화고정에 비해 라디칼의 빠른 생성과 처리 표면적을 증가시킨 공정이다. 주로 사용되는 기술들은 별도의 전극 공정을 추가하여 집중된 에너지로 미세기포를 형성하고 기포에 전원을 인가하여 산화력이 강한 라디칼을 생성함과 동시에 기포가 깨지면서 초음파 효과와 유사하게 반응 표면적을 증가시키는 기술이다.

담수화에 사용되었던 기술 중에는 막증류(Membrane Distillation), 정삼투압(Forward Osmosis) 전기탈이온(Ectrodeionization) 등이 활성화되고 있다. 막증류 기술은 열과 막을 동시에 이용하여 정밀 여과막으로 분리하는 공정으로 물 분자만을 증기화시켜 다공성의 소수성 막을 통과하여 분리하는 공정이다. 일반적인 증류공정에 비해 비점까지 가열할 필요가 없어 에너지 소모가 적고 막분리에 비해 공경이 큰 막의 사용이 가능하므로 사용하는 압력도 낮출 수 있다는 장점이 있으나 물보다 증발하기 쉬운 유류오염원 유기물 등은 막을 통해 미리 확산될 수도 있다.

정삼투압은 반투막을 사이에 두고 낮은 삼투압의 Feed Water가 삼투압이 높은 유도용액(Draw Solution)으로 이동하면서 분리되는 기술로 기존 역삼투압에 비해 절반 이하의 압력이 필요하므로 에너지 소모 및 소비 전력이 적고 막 세척이 용이한 장점이 있으나, 유도용액 중에서 유도용질을 분리 회수하는 공정이 추가로 필요하다.

전기탈이온은 전기투석과 이온교환수지법의 혼합 공정으로서 외부 전기장 하에서 이온교환매개체를 통해 이온이 제거되는 기술이다. 전도도 증가와 이온교환체의 물 분자가 전기분해로 재생되므로 재생 절차가 단순하며, 염도가 낮은 경우 에너지 소모가 적고 전류를 이용한 부유물질 및 용존물질 등 다양한 오염물질의 동시 제거가 가능하지만, 낮은 TDS처리에서만 적용이 가능하다.

그 외에도 다단계 모듈형 여과(Multi-stage Modular Filtration),마이크로 여과삼투압(Micro filter-Osmosis), 역전전기투석법(Electrodialysis Reversal) 등 다양한 고도처리기술이 연구되고 있다. 특히 셰일가스 생산 수의 TDS와 고염분이 주 오염원이므로 TDS와 고염분을 효율적으로 처리하는 공정에 관심이 높아지고 있다. 고도 처리 공정 및 융합 공정들은 기존 일반 공정보다 운전비용 절감 크기 최소화 제거 효율 증가 등의 장점들이 있다. 셰일가스 수처리 기술은 처리 시간, 처리 용량당 비용, 처리 효율 등이 사업 평가 지표이며 셰일가스 개발 및 운영비용과 직접적인 연관성이 높으므로 비용 절감을 위한 고도 처리 기술과 주요 공정들의 효율적인 조합 기술들이 수요가 높다.

일반적으로 유기물 처리에는 활성탄 등을 활용한 흡착이 효과적이고, 유기물과 중금속 처리에는 이온교환법이, 박테리아와 같은 미생물 오염원에는 산화법이 효과적이다. 셰일가스 회수수 및 지층수에 가장 많이 발생하는 TDS의 경우에는 화학물질을 사용하는 공정에서는 오히려 증가하고, 막분리로 사용할 경우에는 셰일층의 나노급 공극 크기때문에 고압과 운전비용이 상승한다. 탈염처리로 TDS를 줄일 수도 있지만 경제적 운영을 고려하면 역삼 투법이나 전기투석이 효과적인 방법의 하나로 평가되고 있다. 제거 대상별 수처리 이론과 관련 기술은 [표 5-5]와 같이 나타낼 수 있으며 재활용 최종처리의 경제성은 [그림 5-14]와 같이 나타낼 수 있다. 재사용이 가장 경제적이지만 환경적 반대가 심하고 점차 고도 수처리를 해야 하는 경우가 늘고 있다. 이 경우에서 수처리비용은 셰일가스 개발에 있어서 경제성 평가 시 고려해야 할 주요 요인으로 작용할 것이다.

세계 주요 다국적 물 관리 기업들이 시장 선점을 위해 집중적인 셰일가스 고도 수처리 기술 개발을 시도하고 있는데 주요 수처리 기업들은 고효율의 복합공정 수처리 기술개발을 선점하기 위해 연구에 매진하고 있다. 그 예로 현재 특허 출원이 된 Veolia의 OpusTM 기술은 Chemical Softening Process와 Filtration, Ion Exchange, 역삼투 공법을 조합한 복합 공정이며, Eco-sphere의 OzonixTM 기술은 고도산화처리기술과 Ultrasonic Cavitation 기술을 접목한 공정이다.[105]

지속적이고 친환경적인 셰일가스 개발을 위해서는 앞으로 강화되는 환경규제에 발맞춰 환류에 대한 고도 수처리 시장이 급격히 성장할 전망이다. 셰일가스 등에서 회수되는 환류를 처리하는 시장이 미국의 이외에도 급격히 확대되어 연간 28%정도 성장할 것으로 예측된다. Marcellus 셰일의 경우에서 알 수 있듯이([그림 5-15]) 고도 수처리 기술을 통해 물을 처리하는 양은 19%밖에 되지 않지만,[102] 앞으로 환류수에 대한 고도 수처리 시장 또한 앞으로 급격히 성장할 전망이다. Lux Research에서는 2020년에 국제적으로 셰일가스 개발과 관련한 수처리 산업의 크기가 약 90억 달러 정도가 될 것으로 전망하고 있다.[106]

[표 5-6] 제거 대상에 따른 수처리 이론 및 기술[101]

Pollutant/Parameter	Control Options/Principle	Common End of Pipe Control
pH	Chemical, Equalization	Acid/Base Addition, Flow Equalization
Oil and Grease/TPH	Phase Separation	Dissolved Air Flotation, Oil Water Separator, Grease Trap
Nutrients	Biological Nutrient Removal, Chemical, Physical, Adsorption	Aerobic/Anoxic Biological Treatment, Chemical Hydrolysis and Air Stripping, Chlorination, Ion Exchange
Color	Biological - Aerobic, Anaerobic, Facultative : Adsorption, Oxidation	Biological Aerobic, Chemical Oxidation, Activated Carbon
Temperature	Evaporative Cooling	Surface Aerator, Flow Equalization
TDS	Concentration, Size Exclusion	Evaporation, Crystallization, Reverse Osmoss
Active Ingredients/ Emerging Contaminants	Adsorption, Oxidation, Size Exclusion, Concentration	Chemical Oxidation, Thermal Oxidation, Activated Carbon, Ion Exchange, Reverse Osmosis, Evaporation, Crystallization
Radionuclides	Adsorption, Size Exclusion, Concentration	Ion Exchange, Reverse Osmosis, Evaporation, Crystallization
Pathogens	Disinfection, Sterilization	Chlorine, Ozone, Peroxide, UV, Thermal
Toxicity	Adsorption, Oxidation, Size Exclusion , Concentration	Chemical Oxidation, Thermal Oxidation, Activated Carbon, Evaporation, Crysta

'셰일가스 개발 환경 이론' 재인용

5. 수압파쇄(Hydro-Fracturing)

비전통 가스가 생산되는 생산층이 가스의 생성암 그 자체로 생산층 입자 사이에 갇혀 있는 경우로 볼 수 있다. 전통 가스 저류층에서는 입자들의 공극들이 상호 연결되어 있어서 가스가 자연스레 흘러갈 수 있지만, 극저 유체 투과도를 갖는 셰일층은 보통 10~100nano Darcy(10^{-9} Darcy)이기 때문에 전통적인 시추와 생산 방식으로는 가스를 회수하기 어렵고 가스가 쉽게 이동할 수 있도록 저류층에 틈새 연결 간극들을 만들어 생산이 쉽도록 만들 필요가 있다. 다음 그림은 암반층의 주요 구성입자들의 특성상 유체의 투과도 정도가 낮은 경

우 수압 파쇄의 일반적인 대상들을 표시한다.[94]

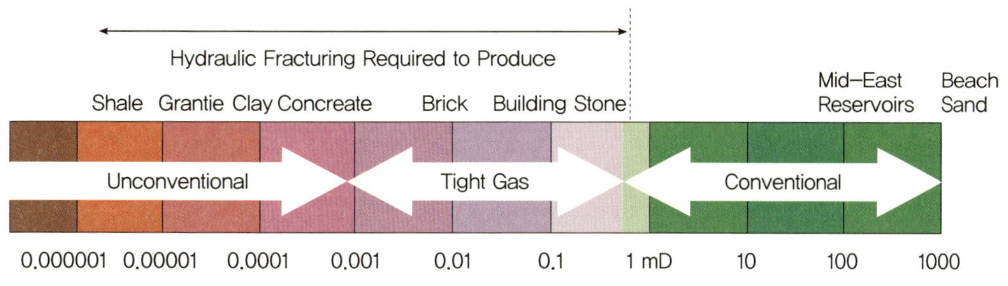

[그림 5-16] 암반층의 유체 투과도에 따른 수압 파쇄 대상(King G.E)

기계적으로 셰일층 내에 대규모 틈새들을 만듦으로써 셰일층 내에 갇혀있던 가스나 오일 등이 이 틈새들을 통해 생산정으로 이동하게 되어 회수가 가능하게 된다. 이러한 수압 파쇄는 생산 효율을 높일 뿐 아니라 회수가 가능한 가스/오일양을 증대한다. 수압파쇄와 융합된 수평정(본 장에선 방향정 역시 원천적으로 비슷한 기술이므로 수평정으로 통일해서 칭한다) 기술을 적용함으로써 극히 낮은 유체투과도를 갖는 셰일층의 가스를 경제성 있게 회수할 수 있게 만들었다. 미국 내에서 시추되는 오일, 가스정의 90% 이상이 생산율을 올리기 위해 수압 파쇄를 수행한다.

셰일층은 토피층으로부터 놓인 암반 자체에 의한 무게와 공극 안에 내재된 물에 의한 정역학적 압력(Hydrostatic Pressure)의 표피층 압력(Geopressure)을 받고 있다. 이보다 약간 높은 파쇄 압력(Fracture Pressure)을 가하면 지하 암반이 파쇄된다. [그림 5-17]은 지하 암반층에 걸리는 압력구배(Pressure Gradient)를 명시한 것이다. 어느 지역의 지질 압력구배와 파쇄하려는 지층의 깊이를 알면 파쇄 압력을 예측할 수 있다.

셰일층은 매우 가는 점토 입자들이 아주 얇은 층상구조(Laminated Texture)로 쌓여서 만들어진 퇴적암이기 때문에 셰일 암별로 아주 다른 특성을 갖는다. 예를 들어 미국 오클라호마 바네트 셰일층은 약 15~180m 정도의 두께와 2~8% 정도의 공극률 그리고 TOC(Total

Organic Contents) 총 유기물 함유량은 1~14%에 이른다. 이 세일층은 깊이 약 300m~4km에 걸쳐 널리 퍼져 있다.[107] 바네트 셰일층의 생산정 평가 결과를 분석해 보면 생산정의 위치, 저류층의 두께, 파쇄에 사용된 유체 등에 따라 생산효율이 많이 다름을 알 수 있다.[108]

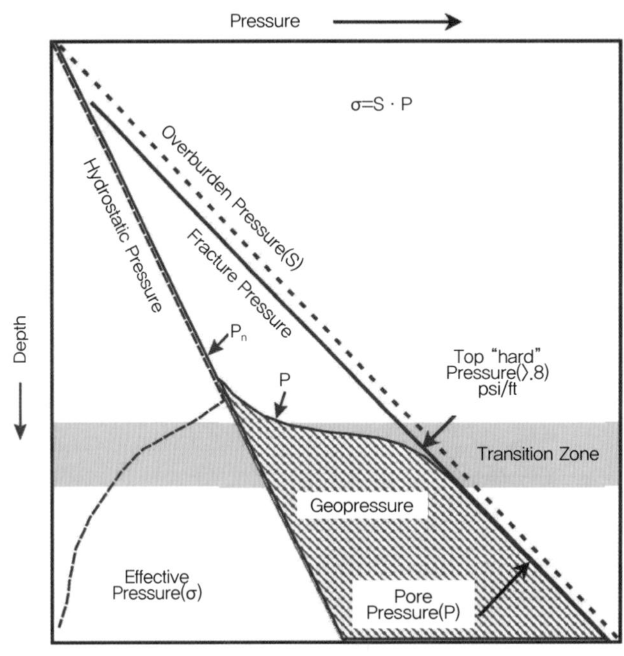

[그림 5-17] 지층의 압력 구배(Geoscience and Geophysics World)

각 셰일 생산 지역마다 셰일층의 특성이 다르고 지역마다 셰일층이 시추하는 동안 시추액 등에 녹거나 셰일층이 시추액에 있는 물과 반응하여 부풀어 오르는 현상(Swelling) 등, 다양한 탐사 및 운영상 고려할 사항들이 있다. 이런 이유로 초기 수압 파쇄 기법은 사암이나 치밀 가스층을 형성하는 실트스톤(Siltstone) 등에 적용되었다.

이 수압 파쇄 기법을 텍사스주의 바네트셰일층에 최초로 적용하였다. 처음에는 이 바네트 셰일에 적용된 기술을 다른 셰일층에도 적용하였으나 만족할 만한 결과를 얻는 지역도 있었고, 그렇지 못한 지역들도 많았다. 따라서 이러한 바네트 셰일 수압 파쇄기법은 기술적으로 과학적으로 각기 다른 셰일층에 적합하도록 변경(Adaptation)할 필요가 있음을 알게 되었고, 현재는 기술한 바와 같이 셰일층 자체의 지질학적 특성, 암석의 파쇄 강도, 지층 온도, 염도, 시추액와의 반응, 파쇄 깊이 및 파쇄 폭과 길이 등을 복합적으로 검토하여 최적의 수압 파쇄액, 유량, 압력지속 시간 등을 설계한다.

셰일가스층의 수압파쇄에 고려될 다른 사항은 셰일가스층의 두께이다. 일반적으로 셰일층이 두꺼울수록 더 좋은 수압파쇄 대상으로 분류된다. 그러나 Williston 유역에 있는 Bakken 셰일은 셰일층의 두께가 45m 정도 이내임에도 불구하고 수압 파쇄의 기술을 적용하여 경제적으로 가스를 생산하고 있다.[93]

셰일층의 파쇄에 크게 영향을 미치는 특성은 다음과 같다.

1) 단단한 미네랄의 존재 여부

2) 셰일층의 내부 압력

실리카와 같은 단단한 미네랄은 유리가 부서지는 특성과 같이 초기 파쇄를 유도한다. 이와 반대로 점토성분은 압력을 흡수하는 경향이 있고, 압력 하에서 부서기지 보다는 종종 구부러지는 특성을 보이는 경우가 많다. 그러므로 실리카 등이 많이 포함된 셰일층이 수압 파쇄를 하기가 용이하다. 해양 상태에서 생성된 저류층은 점토성분이 적고 석영이 많이 포함되어 있어서 취성이 강한 반면, 강물에 의한 퇴적으로 형성된 저류층인 경우 점토성분을 많이 함유하고 있어서 탄화수소의 투수율 제고를 위한 수압 파쇄 시 제어가 어렵다. 셰일층에서는 생성된 가스가 다른 층으로의 이동이 어렵기 때문에 점토 입자와 더불어 토압에 의해 공극 간의 간격이 좁아지는 간결화가 일어나면서 내부 압력이 올라가게 된다. 높은 내부 압력은 외부압력이 가해지면 쉽게 파쇄 압력에 도달하므로 파쇄 전파 속도가 빠르고 파쇄 길이가 길다.

수압 파쇄 시 가장 흔하게 접하게 되는 이슈는 셰일가스층의 다양성과 수압 파쇄의 예측 곤란성이다. 어떤 경우는 지질학적 이유로 수압 파쇄 기술을 적용하기 어려운 구간도 있고, 수압 파쇄 요구 압력은 같은 시추정이라도 파쇄 구간별로 상당히 다를 수 있다. 수압 파쇄 설계에 있어 현장 여건에 따라 즉각적인 변경이 가능하도록 실시간 틈새 지도(Fracture Map)를 활용한다. 틈새 지도는 천공전략 수립에도 이용되고 효과적인 촉진 볼륨(Stimulation

Volume)을 극대화하기 위한 재 촉진설계에 활용될 수 있다.[109, 110]

저류층 특성의 불확실성과 셰일층의 파쇄에 관계되는 인자들이 셰일가스 생산에 중요한 역할을 하기 때문에 경제적인 수압 파쇄를 설계하는 것은 상당히 다양하고 복잡한 과정이다. 각 과정 마다 상세 저류층 자료를 확보하는 것이 어렵기 때문에 수압 파쇄에 영향을 미치는 다양한 인자들의 불확실성 범위를 정확히 판단하는 것이 중요하고, 이 인자들의 가스정 생산에 미치는 영향을 평가할 필요가 있다.

따라서 지구물리학에 기초한 셰일층의 묘사(Characterization)가 더 중요하게 되었다. 어느 셰일층에 TOC로 추정되는 유기물의 포함 정도는 셰일층의 밀도, 이방성(異方性, Anisotropy) 뿐 아니라 압축강도와 파단 속도(Shear Velocity) 등을 결정하는 주요 인자이다. 따라서 지표면에서 지진파 응답의 변화에 따른 TOC변화를 판단하는 것 역시 셰일층의 묘사에 중요하다. 일반적으로 TOC>2%인 혈암층이 개발하기 적절하다. 이 TOC 뿐 아니라 셰일층도 지역마다 다르다. 셰일층의 성숙도, 가스포함량, 유체 투과도, 및 암반 취성도가 다르다. 셰일층은 기본적으로 전통 저류층보다 해석과 묘사에 더 많은 시간과 노력이 필요하고, 수압파쇄를 통한 생산 촉진설계에 전문 기술이 필요하다.

가장 경제적인 시나리오를 얻기 위한 수압파쇄 설계를 하기 위해서는 파쇄하고자 하는 셰일층과 유사한 특성을 갖는 지역으로부터 축적된 경험을 바탕으로 파쇄 간격, 파쇄 구간, 파쇄 볼륨, 파쇄액의 주입량을 결정해야 한다. 파쇄 시 자연상태에서 존재하는 틈새들의 존재와 외부 힘에 파쇄되는 약한 면들이 파쇄의 설계에 중요한 인자들이다. 가스정의 생산성을 결정짓는 파쇄 전도성 등과 같은 수압 파쇄 핵심 인자들의 최적화도 중요하다. 본격적인 수압 파쇄작업에 들어가기 전에 시험 파쇄를 수행한다. 유체추적(Fluid Tracer), 미세지진분석(Micro-Seismic Analysis) 또는 경사계 등을 이용하여 초기 몇 번의 수압 파쇄 결과를 분석해서 수압 파쇄 설계를 다시 조정하는 과정을 거치는 것이 일반적이다.[94&111]

처음 수압 파쇄 유체를 지하 암반으로 주입할 때는 인조모래 없이 유체만 가압하여 주입해서 셰일층을 다양한 방향으로 파쇄하고, 파괴된 틈새가 인조모래를 받아들일 정도의 크기가 되었다고 판단되면 곧바로 파쇄 유체에 인조모래를 섞어서 펌핑한다. 수압 파쇄에 의해 생성된 크랙 또는 틈새들은 시추정 근처는 약간 크지만 통상 2~3mm정도로 추정된다. 수압파쇄 유체를 가압해서 보내는 시간은 짧게는 20분에서 4시간 정도 소요된다.[94] 수압 파쇄는 짧은 시간에 많은 양의 파쇄유체를 조제하고 가압해서 연속적으로 지하 암반으로 고압으로 내보내야 하기 때문에 수많은 장비의 동원이 필요하다(그림 참조). 수압 파쇄를 설계하고 수행하기 위해서는 지질학적인 기초와 석유물리학 그리고 유체특성 등 다양한 경험과 기술자를 필요로 하기 때문에 수압파쇄는 기술 기반의 로지스틱스 비즈니스(Technology based Logistics Business)로 규정할 수 있다.

[그림 5-18] 수압 파쇄에 동원된 장비들(OilPro.com)

인조모래는 수압 파쇄 유체를 가압하는 펌프의 작동이 멈추고 지하 셰일층의 지질 압력에 의해 원상복구(Fracture Close) 되는 상황에서도 유체 통로를 확보(Prop Open)할 수 있도록 암반 층에 걸리는 압력에도 파괴되지 않을 정도의 강도가 필요하다. 지하 암반층에서 파쇄가 시작되면 수압 파쇄 유체를 지속적으로 가압 공급함으로써 틈새가 커지고 궁극적으로는 틈새 네트워크를 이룰 수 있다. 수압 파쇄는 그림처럼 유리가 파손되는 것과 같이 천공 주변의 셰일층은 짧게는 수 십 미터에서 백 미터 이내로 수많은 조각이 날 것으로 예측된다. 이런 조각난 틈새들이 상호 연결 되면서 가스가 흘러나올 수 있는 유체 투과네트워크를 형성한다.

[그림 5-19] 셰일층의 파쇄를 연상하는 유리창 파쇄 면(Verrie-Artiste.com)

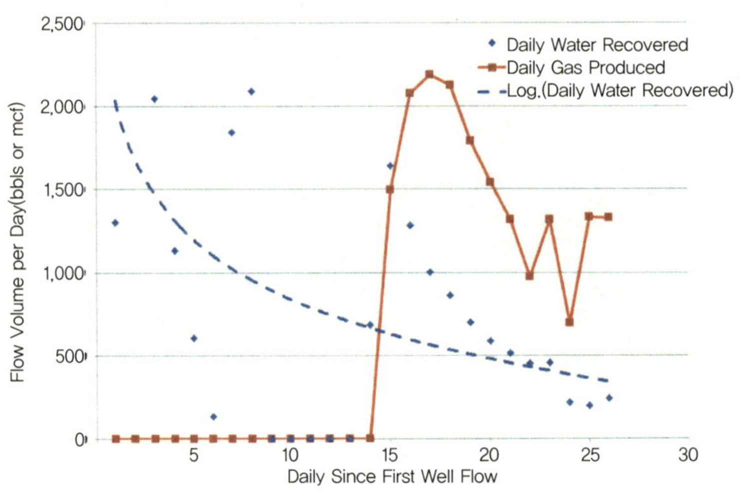

[그림 5-20] 수압파쇄후 환류 유량특성(SPE152596 그림 23 재인용)

수압을 제공하는 기간은 초기 수압파쇄 유체를 공급하는 시간부터 인조모래가 안착하는 시간까지 지속되며, 이후 서서히 감압하게 된다. 이때 급격히 감압하게 되면, 파쇄된 암반들 사이(Fissures)나 틈새에 안착된 인조모래들이 수압파쇄 유체가 빠져나가면서 같이 흘러나오게 되기 때문이다. 이 감압 과정에서 파쇄된 암반 층으로부터 수압 파쇄유체가 지상으로 흘러나오게 되는데 이를 수압파쇄유체의 환류라고 한다. 분당 약 0.5~1.0㎥의 환류가 몇 시간 동안 지속되고, 점차 줄어들어 약 24시간 후에는 약 0.1㎥/min으로 줄어 든다.[94] 수일 또는 약 2~3주 후엔 미미한 수준에 접어들게 된다([그림5-20] 참조).

통상 이 환류는 자연 틈새나 암반 특성에 따라 다르지만 수압파쇄를 위해 당초 공급된 유체의 약 10~40% 정도 회수가 된다. 아래 표는 북미 셰일가스 유역 별로 환류율을 보여 준다. Barnett 셰일의 경우 50% 정도 회수되지만 지역에 따라 다소 다르다.[94]

[표 5-7] 북미 셰일 분지별 환류 유량(Flowback Water) 비율[112]

Producting Area	Fraction of Hydraulic Fracturing Fluid Returned as Flowback, %	Produced Water Volumes
Bakken	15 to 40	High
Eagle Ford	〈15	Low
Permian Basin	20 to 40	High
Marcellus	10 to 40	Moderate
Denver-Julesburg	15 to 30	Low

수압 파쇄 유체 중 일부는 셰일층에 존재하는 자연 상태의 틈새를 따라 누설(Leak off)되기도 하므로 이를 제어할 필요가 있다. 셰일층은 불포화 수분 상태(Under Saturated)이므로 마치 마른 스펀지와 같아서 회수되지 않은 파쇄 유체는 미세한 공극이나 생성된 촘촘한 틈새들에 갇히게 되는데 일반적으로 정상 생산 상태에서는 지표면으로 회수되지 않는다.

수압 파쇄 설계 단계에서 수압 파쇄를 수행할 셰일층의 특성, 수압 파쇄 압력, 필요한 물의 량, 인조모래량, 기타 화학 첨가제 및 최적 생산을 위한 틈새 길이 등을 결정한다. 수압 파쇄 유체의 설계는 수압 파쇄를 수행할 셰일층의 특성과 파쇄 수행 길이에 따라 결정하지만 다음과 같은 상황을 검토 확인해야 한다.

1) 파쇄 유체와 셰일층과의 양립성(Compatibility)은 있는가?

2) 파쇄 유체의 셰일층 내의 유체와의 양립성은 있는가?

3) 유체가 파쇄되는 틈새를 계속 이동하면서 압력 강하를 최소화할 수 있는가?

4) 파쇄 작업 후 환류가 원활히 빠져나올 수 있도록 점도를 낮출 수 있는가?

5) 환류 유체의 환경적 이슈가 최소화되는 화학적 첨가제를 설계 했는가?

6) 환류 유체의 처리 또는 재사용 가능성을 고려했는가?

7) 수압 파쇄 유체의 전체적인 경제성은 확보되었는가?

수직정의 경우 생산정 운영자는 재차 수압 파쇄를 수행하는 경우도 있지만, 수평정의 경우 재차 수압파쇄를 하는 경우는 드물다. 전통 가스정의 경우 30년 이상 생산하는 경우도 있지만, 셰일가스층의 경우 생산 가능 시간이 그리 길지 않은 것도 하나의 이유이다.

파쇄작업의 평가

생성된 틈새들을 평가하고 사전 데이터 분석(Prefracture Analysis), 실시간 분석, 폐쇄 후 분석 등의 파쇄 진단 기법을 통해 수행된 파쇄 작업을 평가한다. 이 진단 기법은 일반적으로 다음 3가지 그룹으로 구성된다.

1) 직접 원거리(Far-Field) 진단 기법

2) 직접 근거리(Near-Wellbore)진단 기법

3) 간접 파쇄 기법

6. 셰일가스 생산 및 처리

수압 파쇄 압력 공급 펌프 가동을 멈추고, 가스정내의 압력을 서서히 제거하면 저류층내 가스압력에 의해 생성된 틈새로부터 수압파쇄 환류가 밀려 나오게 된다. 밀려 나온 환류는 시추정에서 케이싱을 통해 시추공 상부로 나오게 된다. 시간이 지남에 따라 수압 파쇄 환류는 점진적으로 줄어들고, 가스생산이 증가하며 대략 최종적으로 2~20일 정도 지나면 수압파쇄유체의 환류는 거의 없어지고 가스가 본격적으로 생산되게 된다.

셰일층으로 부터의 가스 생산은 대규모의 다양한 기계론적인(Multimechansim) 프로세스이다. 틈새들은 가스가 흐를 수 있는 투과도가 높지만 전체적인 저류층 내의 가스 저장에는 기여도가 적다. 공극 매트릭스는 유체 투과도가 극히 낮기 때문에 틈새 내의 가스 유동은 공극 간의 가스 유동 및 흐름과는 다른 패턴을 갖는다. 이러한 상이한 유동패턴 때문에 틈새들이 있는 셰일층에서의 생산 성능 예측을 위한 모델링은 전통 가스 저류층에서의 가스 유동 해석 모델보다 한층 복잡하고 이를 실제 가스생산 예측에 적용하기는 더 어려운 과제이다.

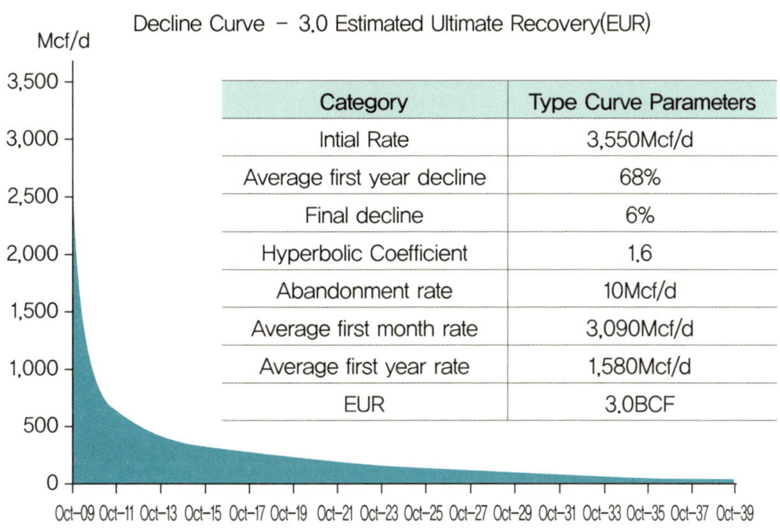

Category	Type Curve Parameters
Intial Rate	3,550Mcf/d
Average first year decline	68%
Final decline	6%
Hyperbolic Coefficient	1.6
Abandonment rate	10Mcf/d
Average first month rate	3,090Mcf/d
Average first year rate	1,580Mcf/d
EUR	3.0BCF

[그림 5-21] Marcellus 셰일 EUR(Seneca Resources)

최근의 셰일가스 성공에도 불구하고 높은 위험성과 불확실성 때문에 다른 셰일가스전의 생산성능과 경제성 평가를 예측한다는 것은 현실적으로 어렵다. 이러한 점들이 세일층에서의 생산 예측 모델의 신뢰성 제고, 경제적인 생산 및 생산 고갈 후 가스정 처리 최적화 등에 걸림돌로 작용한다. 따라서 셰일층 내에서 최적 생산 계획을 차질없이 수립하기 위해서는 지구화학, 역사 지질학, 다상유동특성(Multiphase Flow Characteristics), 틈새특질(Fracture Properties), 다양한 셰일층이나 지역별 생산 특성 등에 대해 포괄적인 이해가 필요하다. 공극수준의(Pore Level)의 물리학을 실제 대규모의 저류층 생산특성 예측이 가능하도록 하기 위한 역량이 필요하다. 정확한 회수 가능 가스양을 결정하기 위해 드릴 시편(Core) 분석 기술을 향상 시키는 노력 또한 필요하다.

셰일가스층의 생산 감소 속도는 전통 가스전과는 아주 다르다. 통상 생산 개시 1년 차에 50~75%의 생산이 이루어지고 생산 커브가 급격히 감소한다. 아래 예상 궁극회수량(EUR : Expected Ultimate Recovery)은 생산정의 히스토리컬 데이터를 통해서 궁극적으로 생산 가능량을 예측하는 타입커브(Type Curve)로 같은 지역이나 유사한 저류층 특성을 가지고 있는 경우 다른 생산정의 예상 생산량을 예측하는 자료로 활용된다.

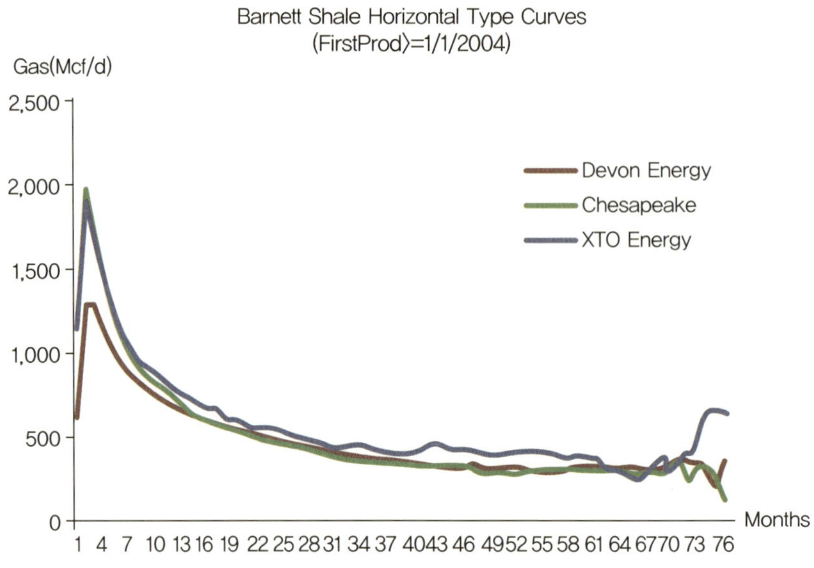

[그림 5-22] Barnett 셰일 수평정 타입 커브(Edga)

생산된 가스들은 지역에 있는 가스수집 배관(Gathering Pipe)을 통해 가스 프로세싱 유닛(Gas Processing Unit)으로 보내지고 파이프라인 회사별 가스규격(Gas Specification)에 맞도록 처리되는데 통상 물, 황(Sulfur), 이산화탄소 등이 주로 제거 된다. 미국의 대표적인 셰일 생산 지역별 가스 규격비교는 4장의 [표 4-1]에 명시하였다.

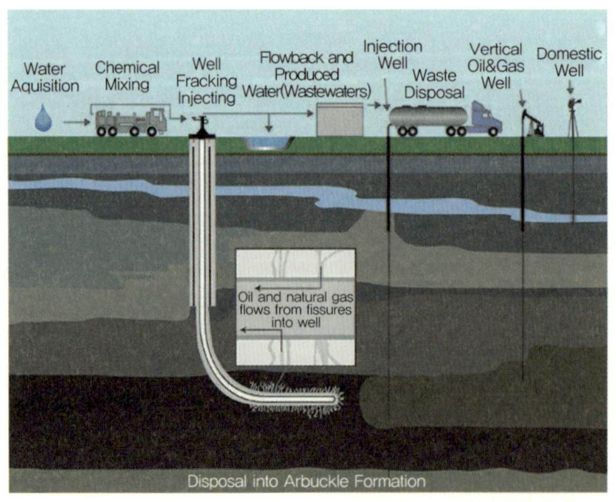

[그림 5-23] 수압 파쇄 과정에서의 물의 순환(EPA)

수압 파쇄 후 수압 파쇄 유체의 압력을 제거하게 되면 시추정을 통해 환류가 나오는데 셰일층에 남아 있는 물이나 다른 화학 반응으로 환류를 경제적으로 재사용하기 곤란할 경우는 환경 규정에 따라 수처리 후 처리한다. 미국 환경보호국에서 예시한 수압 파쇄 과정과 수처리에 대한 도식을 아래 [그림 5-23]에 예시하였다. 또한 [그림 5-24]는 수압 파쇄 시 회수되는 환류의 임시 저장 연못을 보여준다. 예전에는 모든 환류를 수처리 설비가 있

[그림 5-24] 수압 파쇄 유체의 임시 저장 Pond(Kahfan)

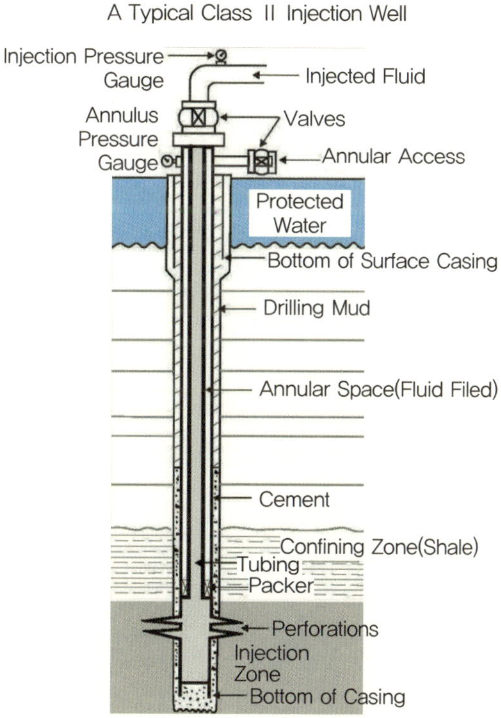

A Typical Class II Injection Well

Injection Pressure Gauge
Injected Fluid
Annulus Pressure Gauge
Valves
Annular Access
Protected Water
Bottom of Surface Casing
Drilling Mud
Annular Space(Fluid Filed)
Cement
Confining Zone(Shale)
Tubing
Packer
Perforations
Injection Zone
Bottom of Casing

[그림 5-25] 보편적인 Class II 주입정 단면도(Injection Partners.com)

는 곳으로 이송해서 처리한 경우도 있었지만, 최근에는 미국 환경보호청(US Environmantl Protection Agency)이 규정한 Class II 주입정에 주입 처리한다.[114]

이 주입 정에 주입된 환류는 지하 식수원과 철저히 격리된 지하 암반층에 주입해서 폐기한다. 상세 내용은 〈제6장 환경 영향〉에서 상술한다. [그림 5-25]는 보편적인 Class II 주입정이다. 주입하는 유체(Flow Back Water 및 생산 시 수반되는 물)가 식수층이나 대수층을 오염 시키지 않도록 철저히 차단된 주입정을 운영하도록 기준을 강화한 것이 특징이다.

7. 생산정 폐쇄 및 복구

셰일가스의 본격적 생산이 개시되면 각 생산정으로부터 지역 회수 배관을 통해 가스 처리 설비로 보내지게 된다. 생산과정에서는 각 생산정에서 가스뿐 아니라 적절한 처리를 통해 폐기되어야 할 물질(Waste Stream)도 나오게 된다. 각 생산정에는 생산과 제어를 위해 밸브 집합체(Chrsitmas Tree)만 설치되고 나머지 지역은 원상복구 된다.

만약 몇 년 후 가스 생산량이 더이상 경제적이지 않으면 생산정 상부 시설을 해체하고 생산정을 시멘트로 막는(Plugging) 생산정 폐쇄를 해야 한다. 생산정을 완전히 실링을 해서 비록 소량의 가스이지만 저류층의 가스가 공기 중으로 방출되거나 식수층으로 이동하는 것을 방지하고, 아울러 대기중의 물이나 공기 등이 생산정으로의 이입을 방지해야 한다.

생산정 상부는 개발 이전 상태로 돌리거나 토지소유자와 협의된 조건으로 원상 복구해야 한다. 가스 생산의 경제성이 없어질 때까지는 생산정의 폐쇄 및 복구과정이 필요치 않으나, 가스 생산과 관련된 정부나 감독 기관들은 실제 가스운영권자가 가스정의 폐쇄 및 복구과정을 수행할 수 있도록 제도적 장치 마련이 필요하다. 운영권자들 역시 생산정의 생산 가능 시기 이후에도 생산정의 폐쇄 및 복구가 가능한 관리 능력의 보유가 필요하다.

셰일가스 개발의 환경 영향

1. 주요 환경오염 경로 및 확산 시나리오
2. 주요 오염 물질
3. 셰일가스 개발의 환경적 이슈
4. 셰일가스 개발의 단계별 환경 기술

셰일가스 개발의 환경 영향

셰일가스는 수압파쇄 과정에서 투입되는 화학물질로 인한 수질오염, 다량의 용수사용, 개발 시 천연가스 방출로 인한 온실가스 증가 등과 같은 풀어야 하는 환경이슈를 안고 있다. 셰일가스 개발 확대를 위해서는 환경오염 등 사회적 리스크 완화 노력이 필수적이다. 본 장에서는 환경오염의 예상되는 경로를 분석해서, 우려되는 환경적 이슈가 무엇인지를 알아보고 환경 이슈를 최소화할 수 있는 개발 단계별 환경 기술을 다룬다.

1. 주요 환경오염 경로 및 확산 시나리오

셰일가스 개발과 운영 과정에서 예상되는 환경오염원들의 경로를 지상 및 대수층 주변과 대수층 이하의 지역으로 구분하여 설비나 시설들과 연계된 예상 오염원을 정리했다.

개발과정에서는 지상에 시추장비를 포함한 시추정 마감을 위한 제반 설비들과 수압파쇄 유체를 제조하고 가압하는 설비들이 있으며, 수압 파쇄액의 환류를 임시로 저장하는 연못(Impoundment Basin)이 있다. 운영단계의 지상에는 생산정, 가스 .유. 수분리기, 천연가스오일 저장, 물탱크 및 수송 장치 등이 있다. 대수층 주변에서는 케이싱이 있고, 대수층 이하에는 케이싱 및 생산 튜브 등이 있다.

[그림 6-1] 환류 저장 연못을 포함한 시추 패드(Marcellus.us)

많은 경우 이 환류 저장 연못에서의([그림 6-1]) 누설로 식수나 지하수가 오염되는 경우가 가끔 있다. 주요한 가스 누출은 시추과정과 환류와 함께 나오는 가스가 있다. 대수층 주변에서 케이싱과 지하 암반층과의 기밀을 유지하는 시멘팅 작업이 불량해서 케이싱벽을 타고 지하 암반층이 서로 교통(Communication)할 수 있다. 이 경우 지하 셰일가스층에서 나온 가스가 대수층으로 들어갈 수 있다. 또한 케이싱과 암반층 사이의 불완전한 시멘팅 작업으로 수압 파쇄 유체 역시 대수층을 오염시킬 수 있다. 이와 같은 셰일가스 개발 공정에 따른 오염원 발생 예측경로를 도식화하면 [그림 6-2]와 같이 예상할 수 있으며, 예측경로에 의한 오염원 확산 시나리오와 주요 오염물질은 셰일가스 환경 개론[101]의 자료를 준용하였다.

(1) 지상 저장 · 수송 · 생산 · 처리시설 등에서 오염원이 발생하는 경우를 살펴보면, 셰일가스의 생산정에서 셰일층에 갇혀있던 고농축의 메탄이 지상으로 확산될 가능성이 높고, 각 셰일가스 개발 · 생산 · 수송 · 저장시설 등의 관리 소홀에 의한 유류원 유출 사고, 수압파쇄수 회수 과정에서 수압 파쇄 회수수의 유출 등에 의한 오염 확산을 예상할 수 있다.

(2) 대수층 주변의 오염은 먼저, 지층으로 시추에 의한 오염원 발생 가능성, 대수층의 보호를 위한 시추관의 관리 소홀에 의한 셰일가스의 유류원이나 수압파쇄수 혹은 수압파쇄 회수원에 의한 유출, 지상의 지표 오염 시 지표수에 의한 대수층으로의 오염원 유입 및 확산, 수압파쇄 후 셰일층의 균열에 의한 오염원 대수층으로 거동 확산 등을 고려할 수 있다.

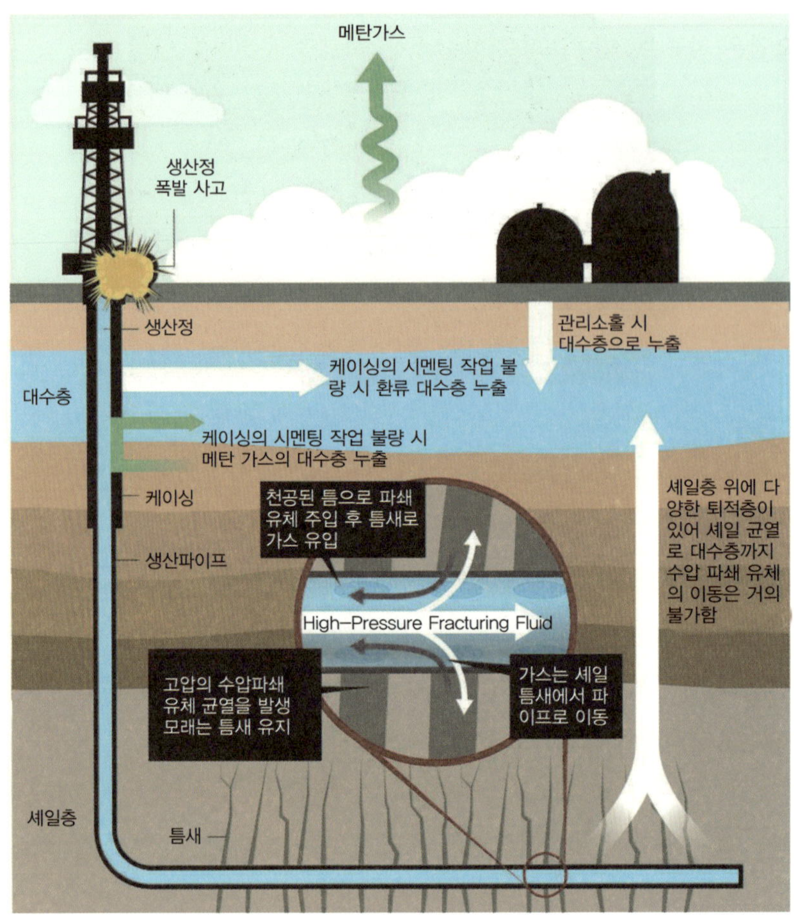

[그림 6-2] 셰일가스 개발에 따른 오염원 유입 경로

(3) 대수층 이하의 지하 오염은 시추에 의한 오염원 발생, 수압파쇄 시 수압파쇄에 의한 오염원 발생, 수압파쇄수의 미회수 및 셰일층 잔류, 수압파쇄 후 셰일층 균열에 의한 오염원 이동, 시추관의 관리 소홀에 의한 오염원 확산 등을 예상할 수 있다.

환경에서는 주요 자연 환경적인 오염에 대하여 수질, 대기, 토양, 기타 환경 분야로 크게 분류하여 관리 · 대책을 수립하고 있는데, 이를 셰일가스 개발의 환경적인 문제로 구분하여 셰일가스 공정과 발생할 수 있는 오염원을 나열해 보면 다음과 같다.

(1) 수질오염은 지표수, 대수층과 지하수 등의 오염을 구분하여 살펴볼 수 있는데, 지표수 오염은 수압 파쇄에 사용된 물 회수 시 파쇄 공정에 사용된 화학약품과 셰일층에 존재하였던 유류오염원, 파쇄된 암석 및 중금속, 천연 방사성 물질에 의한 지표수의 오염 가능성이 있고, 대수층과 지하수 오염은 셰일층 균열 유지에 따른 수압파쇄 오염 용액의 이동, 지표수의 파쇄 회수 오염 용액의 이동, 시추 및 시추관 균열에 의한 오염, 유류 오염원, 메탄, 화학물질, 중금속, 천연 방사성 물질이 발생할 수 있다.

(2) 토양오염은 지표면과 지층의 오염으로 구분하여 살펴볼 수 있는데, 지표면 오염은 지표수 오염원이 지표면으로의 직접적인 확산으로 유류원, 수압파쇄 회수수에 의한 화학물질, 천연 방사성 물질. 중금속 등이 유입될 수 있으며, 지층 오염에서는 대수층 지하수 오염원의 지층 내로의 확산과 시추관의 균열, 수압파쇄에 의한 오염으로 유류원 화학물질, 중금속, 천연 방사성 물질 등이 확산될 수 있다.

(3) 대기 오염은 생산정, 셰일가스 개발 및 저장 관련 시설과 기기 등에서의 고농축 메탄의 확산, 유류계 화합물 중 휘발성 유기화합물의 확산, 미세 분진과 먼지, 일산화탄소, 질산화합물(NOx), 황산화합물(SOx), 오존 등에 의한 오염이 예상된다.

(4) 기타 환경에서는 수자원 고갈, 소음 · 진동, 소규모 지진, 지반 침식, 폭발, 자연환경 파괴, 토지 훼손 등을 들 수 있다. 수평정 한 개를 시추하고 수압 파쇄를 하는 데는 약 20,000m^3(약 5백만 갤런 정도)의 물이 필요하지만, 수많은 시추공을 뚫고 또 수압파쇄를 할 경우 그 전체 필요량은 상당한 양에 이른다. 셰일가스를 개발하는데 소요되는 물은 그 지역의 다른 생산 시설의 운용이나 지역 주민들과 공동으로 사용해야 하는 관점에서 상당히 부담스러운 사항이다. 소음 진동은 시추작업 시 및 수압파쇄 등에 의해 발생 될 수 있으며, 소규모 지진은 수압파쇄에 의한 암석 충격 또는 수압 파쇄로 인한 지하 공동구 함몰 등으로 발생될 수 있다. 지반 침식은 셰일층 및 지층 파쇄와 균열에 의한 열악한 지반의 침식 현상이 발생될 수 있다.

2. 주요 오염 물질

셰일가스 개발 과정 중에 여러 환경오염원이 발생할 우려가 있는데, 개발된 가스와 그 부산물인 오일 및 가스액체물(NGL) 등은 그 자체가 환경오염원이기도 하다. 석유화합물의 화학적 특성에 의하여 직·간접적으로 토양, 지하수 대기 등의 환경 및 인간에 영향을 줄 수 있을 뿐 아니라, 시추 과정 중 암반 파쇄의 영향으로 인하여 석유화합물 외의 중금속, 천연 방사성 동위원소 등의 오염원이 발생할 수 있다.[101, 115]

1. 유류화합물 계열의 오염원

유류화합물은 고분자 화합물질이므로 생화학적인 자연 분해가 힘들고 비중과 휘발성으로 인해 토양 내외, 대기, 지하수에 오염되었을 경우 빠르게 주변지역으로 확산되기도 한다. 특유의 점착성으로 특정 조건에서 비극성탄화수소와 다른 거동을 한다. 대표적인 오염원으로는 휘발성 유기화합물(VOCS), BTEX, 석유계 총 탄화수소(TPH) 등이 있다.[115]

(1) 휘발성 유기화합물(VOCs: Volatile Organic Compounds)

휘발성을 띠고 있는 유기화합물의 총칭이다. VOC는 인체 및 동식물에 유해한 2차 오염물질인 광화학산화물을 형성하는 전구물질로서 오존 오염을 증가시켜 오존주의보 및 경보 발령의 원인이 되고 있다.[101] 미국 환경청(EPA)에 의하면 VOC는 대기 중에서 태양광선에 의해 질소산화물(NOx)과 광화학적 산화 반응을 일으켜 지표면의 오존농도를 증가시켜 스모그 현상을 일으키는 유기화합물질이라 정의하고 있다.

(2) BTEX

BTEX는 벤젠(Benzene), 톨루엔(Toluene), 에틸벤젠(Ethylbenzene), 크실렌(혹은 자일렌, Xylene)의 앞 글자를 딴 약어이다. 휘발성 유기오염 물질로서 발암의 위험성이 있다. BTEX는 대표적인 석유계 화합물로 다른 석유계 화합물보다 물에 대한 용해도가 높아서 일단 오염이 되면 지하수, 토양 내에서 오염지역으로부터 수천 미터 떨어진 지점까지 오염이 확산되는 특성이 있다.[114] 유독성이 강한 유기용제들로 피부에 묻으면 지방질을 통과해 체내에 흡수되며

대부분 중독성이 강해 뇌와 신경에 해를 끼치는 독성물질이다.[101]

(3) 석유계 총 탄화수소(TPH)

석유계 총 탄화수소(TPH: Total Petroleum Hydrocarbon)는 탄화수소 형태의 모든 결합물을 나타내며 주로 유류성분에 의한 대표적인 오염 원이다.[116] TPH는 알칸, 알켄, 사이클로 알켄 및 방향족 화합물 등 수많은 물질로 구성된 혼합물로서 단일 물질이 아니므로 TPH로부터 발생되는 위해성을 직접 평가하는 것은 매우 어렵다.

2. 천연 방사성 물질 및 중금속 · 염

(1) 천연 방사성 물질

천연 방사성 물질(NORM: Naturally Occurring Radioactive Materials)은 암석 파쇄에 의해 발생된다. 지구 생성 이후부터 생성된 물질 중 원자량이 높은 일부 원소들은 자연적으로 자신의 반감기에 따라 방사선을 방출하여 안정된 물질로 전환되는 방사성 붕괴를 거치게 된다. 방사성 붕괴를 거쳐서 안정화된 원소는 전혀 다른 원소나 중성자수, 혹은 양성자수가 다른 원소가 되며, 이를 딸핵종 혹은 자핵종이라 한다.[94]

계열핵종이 문제가 되는 것은 암석에 많이 분포하고 있고, 계열 붕괴로 다양한 방사성 딸핵종이 존재하게 된다. 지속적으로 방사선을 발생시키는 물질로 중간 과정에 가스상의 발암 물질인 라돈(Radon)을 생성한다. 라돈은 라륨(Ra-226)의 딸핵종으로 불 활성 가스 물질이며 냄새나 맛을 느끼거나 볼 수가 없고, 미국에서는 라돈을 중요한 폐암유발물질로 지정하였다.

(2) 중금속 · 염

셰일가스 개발에서 중금속의 주요 발생원은 토양 내 암석과 퇴적층의 시추로 발생될 가능성이 높다. 무엇보다 셰일층은 유기 퇴적층이 장시간 동안 거동이 멈춘 상태로 굳어져 있기 때문에 타 퇴적층보다 농축 함량이 높을 가능성이 많다. 또한 시추 과정에서 지표면으로 방출되는 시추액과 슬러지는 중금속과 토양의 수분 함량과 물리-화학적 특성상 지표면에서 수분 함량 증발에 따라 농축될 확률이 높으며,[101, 115] 셰일가스 개발에 따른 시설물 건축과 구조물 건조 등에 의해 오염 발생원을 확장시킬 수 있다.

최근 셰일가스 개발에 따른 중금속의 영향 중 스트론튬의 영향이 발생하고 있다. 스트론튬은 인간과 동물의 뼈를 구성하는 칼슘보다 생화학 적 거동이 더 활발하여 뼈로 축적될 확률이 높고, 칼슘 대신 타 물질로 대체됨에 따라 생화학적인 구성이 변경되어 건강에 치명적인 영향을 끼칠 확률이 높다. 셰일가스 개발 지역의 가축이 스트론튬 과대 노출로 뼈에 이상이 생기는 사례가 발생한 경우가 있다.[101, 116] 스트론튬은 토양이나 하수에만 머무는 것이 아니라 공기 중으로 확산될 가능성이 매우 높으며, 이에 따라서 호흡기 질환, 폐암과 같이 인체에 영향을 미칠 수 있다.

3. 화학물질

주요 수압파쇄 유체 구성 중 주요 화학물질은 식수원 오염과 인체 · 환경에 악영향을 미칠 수 있는 산, 윤활유, 계면활성제, 용매제 등으로 구성되어 있으므로 혼합 유체에 대한 환경적 검토가 반드시 필요하다. 수압파쇄 후 환류와 함께 지표면으로 나오거나, 가스 생산과 함께 중금속이나 중금속과 유사한 거동을 보이는 천연 방사성핵종이 셰일층에서 유출될 가능성이 높기 때문이다.

미국 환경청 EPA에서는 수압파쇄에 사용되는 화학물질이 750여 개 정도로 추정하고 있는데, 이중 발암성 물질, 준발암성 물질, 발암 유발 기능성 물질 등 위험성이 높은 화학물질도 수십 개가 포함된 것으로 판단하고 있다. 수압파쇄 화학물질 중에서 EPA 및 보건청에서 주의를 요구하고 있는 물질들은 BTEX, Formaldehyde, 4-Dioxane, HCl, Glyceraldehyde, Methanol 및 Methyl alcohol 계열, 2-Butoxyethanol, Bromine-based biocide, Acrylamide, Ammonium persulfate, Ethylene glycol, Formamid, Octyphenol, Nonylphenol, Propargyl alcohol, Tetramethy-anunon1um chloride 등이다.[101, 114]

이러한 물질들은 미량으로도 환경뿐만 아니라, 호흡, 피부 접촉, 섭취 등으로 신체와 접촉할 경우 치명적인 독성 작용, 발암 및 유전자 변이를 일으킬 수 있으므로 주의가 필요하다. 수압파쇄 유체 사용 및 수압파쇄 회수수에서도 관리해야 하고, 무엇보다 수압파쇄 유체의 제조 과정에서 관련 작업자의 보호를 위해서도 철저하게 관리할 필요가 있다.

3. 셰일가스 개발의 환경적 이슈

1. 토지 훼손

수직정을 통해 셰일층에 포함된 가스를 회수할 수 있는 면적보다 수평정을 통해 상대적으로 많은 지역의 가스를 회수할 수 있으나, 수압 파쇄를 한 다해도 극히 낮은 유체의 투과도로 인해서 회수율이 낮다. 적은 회수량을 올리기 위해서뿐 아니라 생산에 따른 감퇴 비율(Decline Rate)이 빠르기 때문에 많은 시추공이 필요하고 지속해서 생산정을 뚫어야 한다. 그 외에 시추 및 수압 파쇄 등에 필요한 장비, 폐수처리 등을 하기 위해 넓은 토지 사용이 필수적이다.

미국의 전통적인 시추정은 1개 시추당 약 1.8km^{2}의 면적이 있어야 하는 것으로 알려 졌다. 시추공을 위해서는 트럭 운송을 위한 기본 인프라 건설이 필요하고, 하수나 환류 등의 물을 저장 하고 처리하기 위한 장소가 필요하므로 시추정을 위한 부수적인 토지를 포함한다면 2배 정도의 면적이 필요할 것이다.[40] 넓은 지역에 분포하는 셰일가스의 개발을 전통가스 채굴 방법과 같이 수직정을 이용한다면 과도하게 토지를 사용하게 될 것이나, 현재와 같이 수평정 기술을 사용하므로 토지훼손에 대한 이슈는 많이 줄어들 것으로 본다. 특히 최근에는 하나의 시추점을 통해서 다수의 생산공을 시추하는 패드 설계를 기반으로 한 다공 시추를 수행 하기 때문에 토지 훼손이 많이 줄었다.

2. 개발 과정에서의 메탄가스 누출

천연가스는 온실가스인 이산화탄소를 많이 배출하는 석탄을 밀어내고 청정에너지의 이미지를 구축할 수 있었다. 발전에 사용되는 천연가스는 석탄발전보다 단위 전력 생산당 이산화탄소의 배출을 약 절반 정도로 줄일 수 있다. 미국의 경우 전체 메탄가스의 방출에 석탄 생산이 셰일가스 생산보다 약 30~200% 이상 방출 한다는 연구보고서가 있다. 그럼에도 불구하고 셰일가스 개발 과정에서 약 7% 정도의 메탄가스가 방출 되는데,[117] 이 방출되는 메탄가스는 이산화탄소 보다 약 21배 정도의 온실 효과를 갖는다.[118]

셰일가스 생산 중 발생하는 메탄가스 유출은 측정하기가 매우 어렵다. 미국 Cornell대학의 계산에 따르면 전체 셰일가스 생산량의 3.6~7.9%에 달하는 메탄가스가 대기로 유출된다고 한다.[119] 이는 전통가스 생산에서 발생하는 메탄가스의 두 배에 달하는 것이다. 하지만 미국의 EPA는 전통가스 생산에서 발생하는 것보다 조금 많은 수치인, 2.2%의 메탄가스만이 대기로 유출된다고 밝혔다. 유출 예측량에 오차가 기관마다 큰 차이를 나타내고 있지만, 시추 과정에서 메탄가스가 유출되는 것은 모두가 인정하고 있는 사항이다. 따라서 최근 셰일가스 개발 허가를 담당하는 공무원들과 환경론자들은 가스 시추과정과 수압파쇄액의 환류시 발생하는 천연가스의 누설에 깊은 관심이 있다.

셰일가스를 개발하는 과정에서 발생하는 이탈가스(Fugitive Emissions)를 처리하는 방법은 1) 대기 중으로 방출, 2) 방산(Flaring), 3) 회수 후 처리 등 3가지가 있다. 다양한 평가정을 시추 해야 하는 셰일가스의 초기 개발단계에서는 일부 대기 방출 또는 일부 방산 등이 주로 사용된다. 근접한 위치에 가스 처리 시설이 없을 경우는 단위 가스정 시추 및 완결 과정에서 환류와 함께 나오는 가스를 붙잡아 처리할 수 있는 설비를 갖추는 것은 현실적으로 곤란하다. 그러나 이동식 가스처리 장치를 이용해서 처리할 경우 받을 수 있는 환경적 인센티브제가 있어서 점차 늘어가고 있다. 또한 어느 지역이 부분개발되고 설비가 갖추어지면 수압파쇄 과정에서 나오는 이탈가스를 붙잡아 처리하는 것이 가능하다.

EPA가 2010년 텍사스, 오클라호마, 뉴멕시코, 와이오밍 등 4개 주를 대상으로 이탈가스 처리 현황을 조사한 결과 51%가 방산 되고 49%는 대기 중으로 방출되는 것으로 조사 됐다.[EPA 2010, 114] 그러나 2011년 미국 천연가스 동맹(ANGA: American Natural Gas Alliance)은 셰일가스를 활발히 개발하는 8개 회사를 상대로 1,578개의 시추정을 조사한 결과 93%의 시추정은 환류과정에서 나오는 가스를 회수하고 있고, 56개 시추정은 방산, 그리고 나머지 47개 시추정은 대기 방출하는 것으로 조사되었다. 이를 바탕으로 EPA와 이해관계자들이 초기 시추정 개발 과정 까지를 포함한 실질적인 필드 개발과정에서 예상되는 가스 방출 모델에 동의했다. 즉 개발과정에서 발생되는 이탈가스의 70% 정도는 가스 방출을 최소화하는 시추정 완결 방법(Reduced Emissions Completion), 15%는 방산, 그리고 15%는 방출하는 것으로 예측하기로 동의했다.[EPA, 2012b 114]

3. 천연가스의 지하수 오염

미국 전역으로 셰일가스 개발이 확장됨에 따라, 셰일가스 추출이 지하수를 오염시키는지 여부가 환경관점에서 주요한 이슈가 되고 있다. 환경론자들은 셰일가스 생산과 수압 파쇄 과정에서 수압 파쇄 유체가 지하 식수원의 오염 가능성이 있다고 끊임없이 주장하고 있다. 여기에 더해 언론 매체들의 지속적인 과장 보도 또한 수압 파쇄의 위험과 부정적인 여론 형성에 주요한 역할을 하고 있다. 이러한 부정적인 요인을 설명하는 것으로 펜실베이니아의 가스정 인근의 물에서 가스가 새어 나왔다는 점을 들고 있다.

우리가 음용수로 마시는 물은 지표면에서 약 300m(1,000ft) 이내에 있는 것으로, 이보다 더 깊은 물은 염도가 증가해서 식수로는 적합하지 않다. 지표면 근처의 하수, 유기물 등이 젖은 토양과 같이 퇴적되어 부패되면 자연스레 생물기원 메탄가스(Biogenic Methane Gas)를 형성하게 된다. 이와 반대로 지하 깊숙한 곳에서 열압력에 의해 수만 년 동안 탄화과정을 거쳐 형성된 가스는 탄화 메탄(Thermogenic Methane Gas)이라고 한다. 식수에는 어느 정도 메탄이 녹아 있지만, 이메탄이 지표면에서 생성된 것인지 아니면 수만 년 전에 열압력에 의해 탄화되어 생성된 메탄인지 여부는 탄소 동이원소법을 이용하면 알 수 있다. 열압력에 의해 생성된 메탄에는 C^{12}(C^{12}는 6개의 중성자가 있다)가 주로 있는 반면 탄화 메탄에는 C^{13}(C^{13}은 7개의 중성자가 있다)이 있기 때문에 녹아있는 메탄의 탄소 동위원소를 측정하면 그 근원을 쉽게 알 수 있다.[120]

2011년 미국의 듀크 대학과 텍사스 주립대학이 천연가스 개발이 활발한 지역의 68개 식수정을 공동 연구를 통해, 식수정들의 천연가스 농도를 조사하였다. 조사한 우물 약 85%(즉 60개의 식수정)의 천연가스 농도는 개발과는 관계성이 없음을 확인하였으나, 천연가스 생산정과 가까운 식수정에선 천연가스 농도가 그렇지 않은 식수정 보다 약 17배 높은 것을 발견했다.[98] 본 연구조사 분석결과를 토대로 예상되는 원인으로 아래 사항을 제시하였다.

• 가스 생산층에서 이동한 가스가 우물에 잔존할 가능성

• 가스 생산정 케이싱에서 누출된 가스가 암반에 고유하게 있었던 틈새를 타고 올라 왔을 가능성

• 셰일층 위의 암반에 고유하게 있었던 틈새들이 확장 또는 진행되어 가스가 상부로 이동하게 되었을 가능성

또 다른 조사 연구로는 노스캐롤라이나 주의 Duke대학 연구원들이 미국 동북부 음용수 분석을 통해 Marcellus 셰일층의 수압 파쇄와 인근 셰일가스 개발 인근 지역 주민들의 음용수에 메탄이 검출되는 것과의 상관관계를 연구했다. Duke's Central on Global Change의 이사이며 논문의 리드 저자인 Rob Jackson은 우리가 본 문제는 사람들이 인식하고 있는 것보다 더 통상적이라며, 오염은 수압 분쇄 자체보다는 아마도 불완전한 유정의 시멘팅에 기인하는 것이라고 강조하였다.[121, 122]

[그림 6-3] 식수원 천연가스 누출 사례(West Virginia Highland Voice)

Jackson 팀은 음용수에서 가끔 극히 미량의 메탄이 발견되지만, 이것이 건강에 해를 끼치는 수준은 아니라고 한다. 그러나 물이 나오는 수도꼭지에서 가스가 나와서 점화되는 경우가 보고 되었는데([그림 6-3]), 셰일가스 개발 인근에 거주하는 주민들에게는 위험한 요인이 될 수 있다고 한다. Jackson 팀은 141개의 음용수 우물을 샘플로 조사했는데, 이중 115곳에서 메탄을 발견하였다. 탄소 동위원소 법을 이용하여 셰일가스층으로부터 1km보다 더

위에 위치한 거주자가 사용하는 지하수는 Marcellus 셰일층의 가스로부터 오염되었을 것이라고 판단하였다.[120] 즉 셰일가스층에서 자연상태에서 존재하는 틈새를 통해 셰일층의 가스가 대수층으로 이동했을 가능성에 무게를 두었다. 식수원은 시추 활동이 없어도 자연상태에서 존재하는 틈새들을 통해 지하에서 열압력에 의해 형상된 메탄이 나올 수 있다. 그러나 팀은 수압파쇄에 사용된 화학 물질이 셰일층의 깊은 곳에서 대수층으로 이동했다는 증거는 발견하지 못했다.[120]

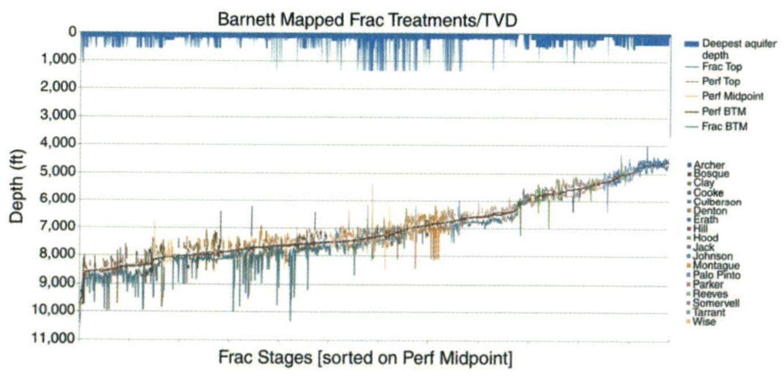

[그림 6-4] Barentt 셰일층의 Fracturing 지도(Pinnacle, A Halliburton Service)

[그림 6-4]는 Barnett 셰일층에 수압 파쇄를 한 후 마이크로 지진 모니터링을 통해 인공적으로 만들어진 파쇄 틈새의 위치와 대수층의 위치를 표로 만들었다. 이 조사를 통해 보면 어떤 경우든 인공틈새는 대수층 보다 수천 ft 아래에 있음을 알 수 있다.[123] 아래 표는 미국내 주요 셰일 분지의 분포 및 셰일층의 두께와 더불어 대수층 깊이를 나타낸다. 거의 모든 대수층은 대략 300m 이내(400~12ft)에 있음을 알 수 있다.

[표 6-1] 미국 내 주요 셰일가스 개발지구의 혈암층 및 대수층 깊이 비교(Feet)

셰일가스 개발지구	깊이	혈암층 두께	대수층 깊이
Barnett	6,500~8,500	100~600	~1,200
Marcellus	4,000~8,500	50~200	~850
Fayetteville	1,000~7,000	20~200	~500
Haynesville	10,500~13,500	200~300	~400

자료 : 미국에너지국(DOE, Department of Energy)

Halliburton의 Marcellus 셰일층의 조사 결과를 토대로 보면 인공 틈새의 상부와 대수층까지의 거리는 최소 2,800~7,000ft 정도임이 확인 되었다.[94] 따라서 수압 파쇄가 셰일층의 가스를 대수층으로 이동시키는 요인이 될 수 있다는 주장에 대해 그 가능성이 낮을 것이라는 실마리를 제공한다고 볼 수 있다.

4. 수압파쇄 유체에 의한 오염

시추정의 불완전성(Disintegrated Wellbore)과 케이싱과 시추정 사이를 메우는 시멘트 작업이 완전치 못할 경우 가스나 파쇄 유체의 누출로 오염 가능성이 있다고 주장한다. 케이싱 작업이 불완전하여 케이싱과 셰일층 간에 틈새가 있을 경우 이 틈새를 통해 수압 파쇄 유체가 타고 올라갈 가서 대수층을 오염시킬 수 있다. 또한 이 틈새를 통해 셰일층의 가스가 타고 올라가 가서 대수층을 오염하거나 아니면 어느 위치에서 자연적으로 존재하는 틈새로 가스가 이동해서 대수층으로 갈 가능성을 배제할 수는 없다.[124]

시멘트 작업의 불완전성에 기인해서 파쇄 작업할 암반층과 다른 층 또는 그 위의 층들과의 유체 커뮤니케이션이 일어나면 시멘트 본드 로그(Cement Bond Log)나 음파 로그(Sonic Tool)로 문제를 감지할 수 있고, 반드시 개선책을 세우는 것이 원칙이다.[124, 125] 시멘팅 작업층 안에 조그만 채널이 있을 수 있는데, 그 길이가 길지 않다. 오히려 파이프와 시멘트 간의 아주 미세한 환형 크랙(Annulus micro-crack)을 통해 암반층의 가스가 이동하는 것이 문제이다.[126] 수압 파쇄 유체가 이 틈새를 통해 유출되거나 이동하는 것은 지금까지 케이싱의 시멘트 작업 신뢰성과 완전성을 고려해 볼 경우, 이러한 현상이 일어날 가능성은 거의 없다.[94] 그러

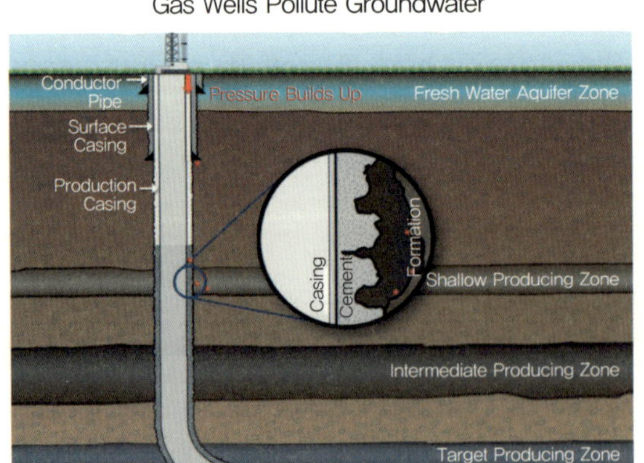

[그림 6-5] 가스 케이싱과 셰일층의 시멘팅 작업 부실예(frackingway.us)

나 시추정 케이싱의 시멘트 작업의 신뢰성이 무엇보다 중요하므로 완벽한 시공을 통해 수압 파쇄의 유체가 누출 되어 지하수를 오염 시키지 않도록 주의를 기울여야 한다.

개발 옹호론자들은 실제 파쇄작업은 지하수면(Water Table) 보다 훨씬 깊은 곳에서 진행되기 때문에 수압 파쇄가 세일 층 위의 수천 미터 정도 위의 다양한 층(Strata)까지 진행되는 것은 불가능하다고 본다. 물론 수압 파쇄를 설계할 때 감지하지 못한 자연 틈새가 파쇄 압력을 받아 파쇄가 급격히 이루어져서 상당한 길이의 틈새를 만드는 것은 가능하나, 수백 또는 수천 미터 상부에 있는 지하수층까지 도달하는 것은 실질적으로 곤란하다.

5. 환경차원의 쟁점

셰일가스의 개발이 활성화된 미국에서도 관련된 환경 문제에 대해서 시추 금지, 수압파쇄 금지 등의 환경 문제에 대한 집단 시위와 개발을 금하는 집회 규모가 커지고 있다. 일부 주에서는 관련 규정과 법으로 셰일가스 개발의 환경오염 방지와 셰일가스 개발의 환경, 보건적 문제에 대하여 개선과 보호를 강화하고 있다. 이러한 주요 환경 논쟁에 대해서 IEA를 비롯한 셰일가스 개발 관련사들은 일반 산업, 혹은 타 에너지 자원개발과 비교하여 아래 표와 같이 평가하고 있다.[101]

일반적인 오일 가스전 개발에 비해 셰일가스의 개발과 관련한 이상의 논란 사항을 요약하

[표 6-2] 셰일가스 개발 관련 주요 환경 쟁점[101]

구분	논란	IEA 평가
식수원 오염	•식수원 대수층으로의 메탄가스 침투 가능성 •2010년 불완전한 케이싱으로 인해 누출된 가스로 식수정 폭발 및 식수 오염 발생	•불완전한 케이싱 사고는 과거 부실 기업들의 난개발에 의한 사고 •대수층에서 발생하는 메탄가스 누출은 과거부터 존재하였던 자연적 발생 현상 •식수에 포함된 가스는 대부분 염기성 분해에 따른 생물학적인 메탄가스로 유·가스전 개발로 인한 경우는 희박
지하수 오염	•수압파쇄 화학물질의 대수층 침투로 인한 지하수 오염 •수압파쇄 유체 중 0.5% 미만인 화학물질 미공개, 화학물질이 기업의 중요한 기술력이 경우에는 일부 주에서 공개 의무 없음 •2009년 화학물질 유출로 소년 사망	•공개가 의무화된 화학물질은 대량 희석 시 인체에 무해한 수준까지 희석이 가능함 •대수층보다 가스층의 심도가 훨씬 깊고, 대수층과 가스층의 경계층은 불투수층으로 화학물질들의 침투가 어려움 •대수층 구간의 두꺼운 케이싱으로 침투 방지 기능

구분	논란	IEA 평가
지표수 오염	•불충분한 하수 처리로 인한 지표면 수질 오염 •셰일가스 수압파쇄에 사용된 물의 일부만 회수되고, 나머지 물은 생산과정에서 지속적으로 발생 •2010년 펜실베이니아, 35,000갤런의 하수 유출	•일반적인 산업용수 하수 처리와 큰 차이가 없음 •적절한 수 처리 시설을 통해 수질오염 예방이 가능 •일반 산업과 마찬가지로, 관리 소홀에 의한 수질오염 사고일 뿐, 셰일가스에 국한된 수질오염 사례는 없음
수자원 고갈	•대량의 수압파쇄 용수 사용으로 인한 수자원 고갈 •셰일가스정 당 1~5백만 갤런의 용수 사용	•다른 산업에 비해 적은 용수 사용, 셰일가스 개발에 사용되는 용수는 공공수도의 1/25, 열량 대비 타 발전 산업의 1/100에 불과 •재활용을 통한 용수 절감 가능
대기 오염	•메탄가스 방출 및 누출로 인한 온실가스 발생 •전통가스 개발보다 많은 가스정 시추로 메탄가스 발생량 증가 •가스정 완결과정에서 추가적인 메탄가스 방출	•IEA는 셰일가스의 전과정 온실가스 배출량이 전통가스 평균 대비 3.5~12% 수준에 불과 •메탄가스 연수 시설 의무화로 온실가스 발생 최소화 •천연가스는 석탄 발전 대비 50% 적게 온실가스 배출
일반 환경	•셰일가스 개발 기반 조성을 위한 다량의 부지 및 자연 훼손 •소음, 진동, 지진, 부지 및 산림 훼손, 교통 혼잡 등의 환경문제 •셰일가스 개발 기간의 정기화에 따른 문제	•수평정 시추기 발달로 가스 매장 면적의 1% 정도의 지표면 부지만 필요 •셰일가스 개발에 의한 소음, 교통 문제 등은 타 산업에 발생, 지진 발생은 수압파쇄 공정이 아닌 생산수들의 지층 저장시에 발생하는 현상 •여타 에너지원 개발에 비해 비교적 자연훼손이 적음

('셰일가스 개발 환경 개론' 재 인용)

면 크게 네 가지로 요약된다. 1) 메탄가스가 식수원을 오염시킨다는 점, 2) 수압 파쇄 유체의 침투로 인한 지하수 오염과 불완전한 처리로 지표수 오염, 3) 대기 오염 4) 일반 환경오염 등으로 나눌 수 있다. 전 장에서 논의한 것처럼 이 이슈들이 미국이나 다른 나라들의 셰일 자원의 개발 속도를 늦추거나 의미 있는 개발이 될 때 까지는 시간이 오래 걸리 수 있다고 보는 견해의 배경들이다.

지하 수천 ft 아래에 있는 가스층의 가스가 지하수나 지표수에 스며 나와 녹아든 것은 셰일가스의 개발과는 상관관계가 극히 낮음을 몇몇 연구결과들[97, 102, 122]이 실증하고 있고 있다. 지하수원은 대부분 지표면에서 약 300m(1,000ft) 내에 위치하고, 수압 파쇄로 생성된 인공적인 틈새의 높이는 약 90m(300ft)이므로[94], 지하 600m(2,000ft) 이상 깊은 곳에서 수압 파쇄를 할 경우 수압파쇄 유체에 의해 사용된 유체가 지하수에까지 도달하는 일은 현실적으로 불가능하다. 단 전장에서 설명한 것처럼 케이싱과 지하 암반층의 시멘팅이 완벽하지 못

[그림 6-6] 셰일층에 있는 자연 틈새(CSE Grecorder.com)

할 경우 수압파쇄 유체가 틈새를 타고 지하수 올라가거나 틈새를 타고 올라온 수압파쇄 유체가 자연틈새([그림 6-6] 참조)를 통해 지하수까지 올라갈 가능성은 있다.

실제 우리가 가스를 회수하는 셰일층은 분지마다 깊이가 다르지만 대략 1.0km ~2.5km(3,000~8,000ft)의 깊이에 있기 때문에 이곳에서 수행하는 수압 파쇄 유체가 지표 근처로 뚫고 올라오기 위해서는 [그림 6-7]에서 보는 바와 같이 다양한 암반층을 뚫고 와야 하는데 현실적으로 가능성은 거의 없다.

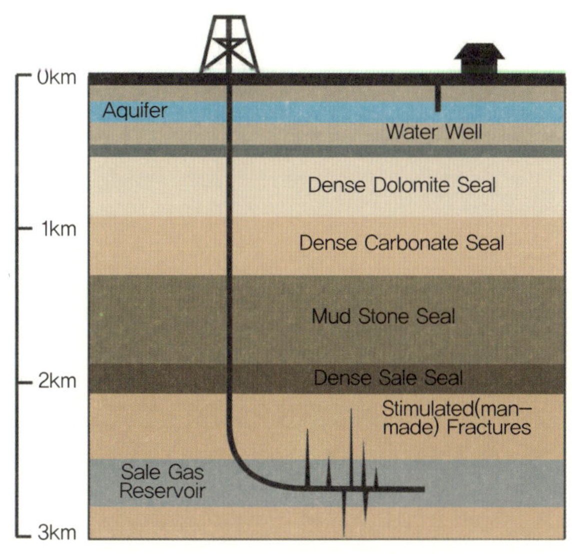

[그림 6-7] 셰일 암반층과 지하수원까지의 암반층(Non-Scaled)

IEA와 셰일가스 개발자들의 환경 논란에 대한 안전상평가와 환경오염 사례가 없다는 주장에도 불구하고 앞으로도 지속적으로 지역 주민을 포함한 환경단체들에 개발과 안전성에 대한 이슈가 끊임없이 제기될 것으로 보인다. IEA에서는 추가적인 환경 비용을 개발 비용의 7%로 추정하고 있으나, 이는 모니터링과 환경적인 오염원 방지, 수압파쇄 회수원의 정화에 대한 운영과 관리에 대한 비용일 뿐, 자연재해에 의한 대대적인 사고가 발생하거나 무분별한 개발에 대한 대책 부재와 환경 관리에 소홀해서 대규모 환경 정화 비용 및 소송 비용이 발생할 수 있다.[101]

셰일가스 개발에 있어 점검해야 할 환경/안전 관련 주요 이슈들을 OECD/IEA의 최근 "Golden Rules for a Golden Age of Gas"[34]의 리포트에서 제안된 사항을 기초로 정리했다.

1) 개발과 관련한 모든 데이터는 정확히 측정하고, 이해 관계자들을 참여시키며, 자료는 상세히 공개하라

2) 생태계의 영향이 최소화될 수 있는 장소를 선택해서 시추하라

3) 유정에 대한 기준 및 유출 방지조치를 공고히 하라

- 유정의 설계, 건설, 시멘팅 등에 대한 강력한 기준 제정
- 수압 파쇄에 대한 적절하고 최소한의 심도 기준 고려
- 지표에서 또는 유정으로부터의 오염물질 유출 방지

4) 적절한 물 관리 및 처리를 하라

- 운영효율을 증대해서 물 사용량을 관리
- 염수 및 폐수의 안전한 저장 및 처분
- 화학 물질 사용의 최소화 및 친환경적 물질 사용

5) 천연가스의 배출 및 소각을 최소화하라

6) 고차원적 사고를 통한 환경 보호에 앞장서라

- 규모의 경제, 공동 개발을 통한 환경 발생 최소화
- 대규모 굴착, 생산, 수송에 따른 대기오염 도로교통 소음 등의 누적적인 효과를 감안

7) 지속적으로 높은 수준의 환경 기준을 지킬 것을 보장하라

- 혁신과 기술발달을 통해 규범적 규제와 실행적 규제 사이의 적절한 조화

- 응급조치 계획 수립
- 독립적인 평가와 환경 기준 준수에 대한 검증

4. 셰일가스 개발의 단계별 환경 기술

우리나라에는 셰일가스 개발의 환경 및 기술기준은 없지만, 향후 국내 기업이 셰일가스 개발과 관련한 사업에 참여할 경우 이에 대한 참고 자료로써 셰일가스 개발이 가장 먼저 시작되었고 가장 앞선 미국을 참고로 "셰일가스 개발 환경개론(나경원)"[101]을 준용하여 개발 단계에서 필요한 기술 기준을 설명한다.

미국의 셰일가스 개발은 대부분 각 주(State)안에서 이루어지고 특히 수압 파쇄가 다른 주에 영향을 미치는 경우는 거의 없기 때문에 연방 정부 차원에서의 구체적인 기준이나 통합 규정은 현재까지는 없으며, 주 정부 차원에서 개발 사업을 승인하고 있다. 셰일가스 개발에 매우 소극적이고 섬세한 주의를 기울이고 있는 뉴욕 주 같은 경우는 수압 파쇄의 환경 위험과 예상되는 영향에 대한 심층 연구 조사결과가 나올 때까지는 수압파쇄를 제한하고 있는 반면, 텍사스나 뉴올리언스 주 같은 경우는 오히려 장려하고 있다.

그러나 연방 정부 차원의 환경보호청(EPA), 연방 에너지부(Department of Energy), 연방 에너지 위원회(Federal Energy Regulation Committee)와 연방 수송부(Department of Transport) 등을 통해 개발이 진행되고 있는 주들 간의 관계, 에너지 정책, 에너지 수송 및 환경에 관한 사항을 자세히 검토 승인하고 있는데, 셰일가스 개발과 관련된 환경 규제는 Clean Air Act & Clean Water Act가 큰 영향을 미치고 있다. 연방 정부도 환경보호청(EPA)을 통해 다양한 연구 조사를 수행하고 있기 때문에 추가적인 혹은 통합된 연방 규정이 나올 수 있다.[127]

셰일가스 사업 개발에 있어서 주요단계별로 인허가와 관계된 다양한 절차와 환경적인 관리 기술을 요하고 있다. [그림 6-8]은 셰일가스 개발 준비단계부터 셰일가스의 경제적인 회수가 끝난 다음 폐정까지의 각각 주요 단계별로 필요한 환경 관리 기술들을 보여준다.

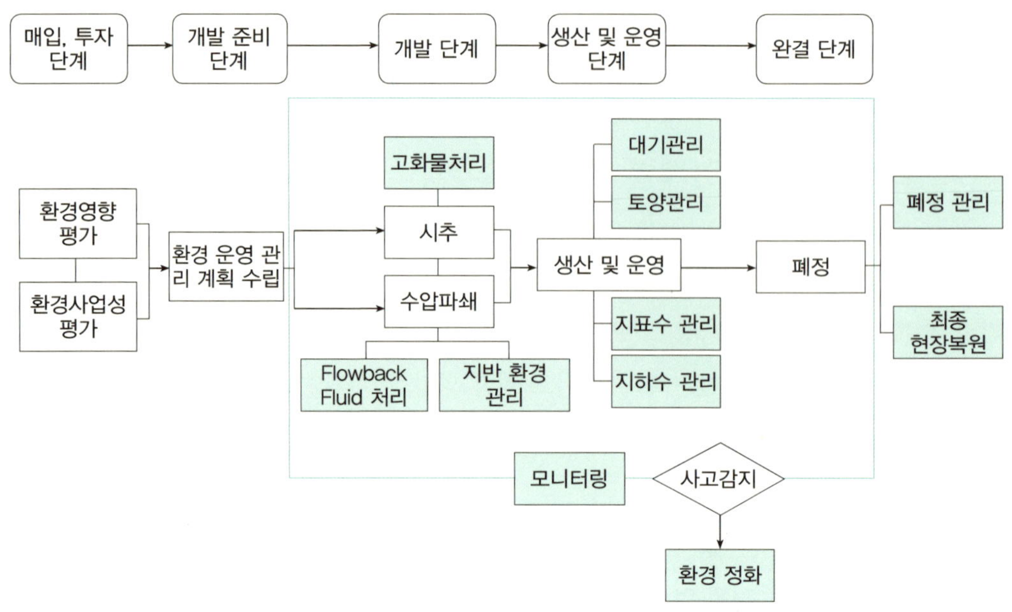

[그림 6-8] 셰일가스 개발 단계별 환경 관리 기술(나경원, Collins, EPA)

셰일가스 개발의 준비단계에서의 환경 관리 기술은 셰일가스 개발 · 생산 및 운영에 의한 환경적인 영향을 사전에 평가하는 기술로써 개발 예정 지역 주변이나 개발 지역에 있는 기존 셰일가스전의 환경오염원의 노출 이력 조사, 환경오염 위험성 및 주변 영향, 실제 운영 시의 필요한 환경적인 절차 등을 사전에 확인해야 한다. 관련 세부 기술은 셰일가스의 개발 · 생산 · 운영 등에 의한 셰일가스전 주변 환경적인 영향을 평가하여 안전한 개발 – 생산 · 운영방법 등을 수립하는 기술이다. 이는 셰일가스 개발 부지환경조사(ESA: Environmental Site Assessment) 방법 및 환경영향평가 기술, 셰일가스 환경실사(EDD: Environmental Due Diligence) 절차 및 평가 기술로 분류할 수 있다.

1. 매입 투자 단계

매입 투자 단계에서 가장 중요하게 준비할 사항은 매입 또는 투자하려고 하는 자산의 환경영향 평가와 환경 사업성 평가이다.

환경 영향 평가

미국에서 토지 환경평가(ESA)는 미국시험재료협회(ASTM: American Society for Testing and Materials)의 시험 방법을 적용하고, E1527, E1528, E1689, E1903이 일반적으로 적용된다. 이들 기준은 토지환경평가의 진행 과정에서부터 부지 거래 시 검토 과정, 오염 부지에 대한 개념적 토지 모델의 개발을 위한 지침을 제공하고 있다. 또한 본 규격은 두 단계의 진행 과정으로 구성되어 있다. 토지조사와 초기 평가단계인 Phase I ESA와 토질 특성화 조사단계인 Phase II ESA를 포함한다.

Phase I ESA는 규격 E1527에 따라 기록 검토, 현장답사, 인터뷰, 보고서로 구성되어 있다. 첫 번째 기록검토 과정은 대상 토지의 연혁, 토지 이용, 자료 출처 및 관련 환경정보에 관해 검토하는 단계이다. 두 번째 부지 현장답사에서는 일반적인 부지입지에 대한 조사와 과거와 현재의 토지 이용 및 시설물의 내 · 외부 조사가 진행된다. 세 번째 인터뷰 과정은 소유자와 점유자, 지방공무원을 대상으로 하며 환경 관련 문서와 기록에 대해서도 질문하게 된다. 마지막으로 추천된 보고서 양식과 내용을 통해 토지환경평가서(Phase I ESA Report)를 작성하는 과정이다. Phase I ESA에서는 현장샘플링이 필요하지 않으며, 평가의 유효한 효력은 180일이다.[128]

Phase II ESA는 규격 E1903에 따라 수행되며 일차적으로 부지에 관한 공식적인 사업 의사 결정을 지원할 목적으로 오염의 존재 여부에 대한 충분한 정보를 제공하기 위해 Phase I ESA 또는 거래 심사 과정에서 지적된 현장 환경 여건을 평가하는 것이다. Phase II ESA는 Phase I ESA 보고서를 바탕으로 오염원의 유무 확인 단계다. Phase I ESA 보고서에서 환경적인 의심이 있을 경우, 또는 Phase I ESA의 보고서가 실제로 문제가 없다는 것을 실험적으로 증명함으로써 부지 거래의 안전성을 확인 · 제공하는 데 있다. 부지의 토양, 토질, 지하수 등의 시료를 채취하여 분석하고, 분석 자료를 토대로 환경오염물질의 존재 여부에 대하여 보고서를 작성한다. 또한 환경전문가에 의해 평가된 현장 환경 여건에 대해 유해물질이 토지에 매립되거나 배출되지 않았다는 전문가 의견 제시를 통해 무고한 구매자가 CERCLA에 의해 보호받을 수 있는 충분한 정보를 제공하는 것이다. 의뢰인과 환경 전문가 간에 자율적인 계약을 통한 Phase II ESA의 업무 범위는 현장 토질 또는 지하수 샘플링이 포함된다. 실험실 분석 자료를 토대로 결론을 내리고 환경오염물질의 존재 여부에 대한 보고서 작성 등으로 구성된다.

만약 Phase II ESA에서 환경오염이 확인될 경우에는 환경 정화 단계인 Phase III 단계로 진행된다. 각각의 환경오염원의 종류 및 농도 등의 특성 파악과 환경오염원의 위해성 평가를 통하여 환경 복원 및 정화 계획을 설정하고, 복원 및 정화 작업을 실행하고 이를 평가하도록 한다.

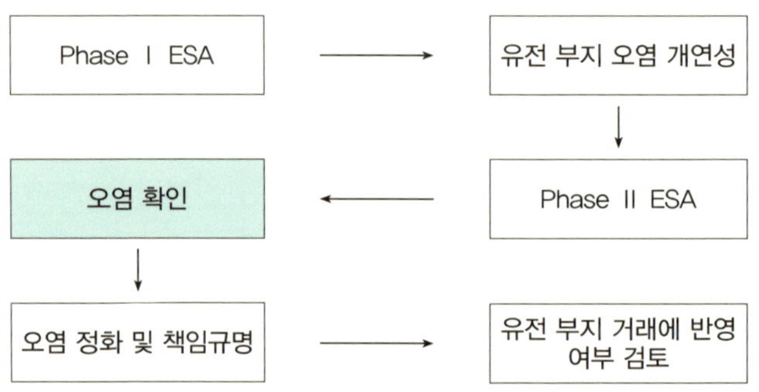

[그림 6-9] ESA Phase I 과 Phase II 의 절차 과정[105]

환경 사업성 평가

셰일가스의 개발생산 · 운영 중 셰일가스 전에서 발생할 수 있는 환경오염원의 위험성을 사전에 파악하여 환경관리 비용, 환경 정화 비용, 사회적인 비용 등을 산출하여 셰일가스의 환경적인 사업성을 평가하는 기술이다. 셰일가스의 개발은 지역을 막론하고 물과 토지 사용에 아주 민감하기 때문에 계획 단계에서 환경운용관리계획 준비 도서를 규제기관에 제출해야 한다. 통상 필드개발 계획 승인 전에 환경 평가 및 용수 계획 등을 포함한 국가 환경정책법(NEPA: National Environmental Policy Act)에 명시된 도서를 제출해야 한다. 특히 개발 과정에서 수반되는 물의 처리는 개발자뿐 아니라 규제 기관 역시 중대한 관심사이므로 반드시 체계적으로 준비하여야 한다. 이 문서에는 개발 프로젝트의 물관리 준비에서부터 취수 비용절감(Lifting Costs), 모니터링, 분석, 생산된 물의 이용과 이용 후의 물처리 방안 등을 포함해야 한다.

2. 개발 준비단계

매입 투자 단계에서 확인된 여러 사항을 기준으로 규제 기관과 다른 이해 당사자들 특히 환경 단체들과의 열린 의견 수렴 과정을 거치기 위해 환경 운영관리 계획을 수립해야 한다. 이는 셰일가스의 환경학적인 요소를 감안하여, 해당 셰일가스전의 특성 및 셰일가스 주요 공정에 필요한 주요 공정별 환경 안전운영 절차, 주요 공정별 환경 사고처리 절차, 주요 공정별 환경오염원 처리 기준 등을 포함해야 한다.

환경오염원의 위험 인자 산출 방식에는 여러 방법이 있다. 여러 매개변수가 불확실하고 상관관계가 명확하지 않은 상황에서 단계별 확률을 고려하여 분석할 수 있는 확률기반분석(PBA: Probability Bounds Analysis) 방법이 주로 환경오염원 위험도 분석에 사용된다. PBA 방식으로 셰일가스 개발과 운영에서 수질오염 위험도 분석을 적용할 경우 수질오염원이 발생 할 수 있는 확률적 요소들을 고려해야 한다. PBA는 Monte Carlo Simulation과 같이 여러 매개 변수가 불확실하고 상관관계가 명확하지 않은 상황에서 단계별 확률을 고려하여 위험도를 평가할 수 있는 대표적인 방법으로, Ecological Risk Assessment, ASTM의 Risk-Based Corrective Action의 오염원 노출 시나리오 등과 같이 환경오염원 평가 모델 구축에 이용되고 있다.[101]

셰일가스 개발과 운영 시 수질오염의 위해성을 PBA로 평가하기 위해서는 PBA에 필요한 인자들을 산정해야 한다. 셰일가스 개발과 운영에 따른 수질오염 시나리오 분석과 각 시나리오 위험 요소의 조사를 바탕으로 PBA 인자들을 산정해야 한다. 수질오염 발생 시나리오를 분석한 후 시나리오별 위험 요소를 분석하고, 위험 요소별 주요 인자 구성, 인자별 영향인자를 산정하여 환경오염 평가, 환경오염 정화 비용 산정 등으로 활용할 수 있는 위험성 평가 기본 모델을 구축하여 PBA에 반영한다.

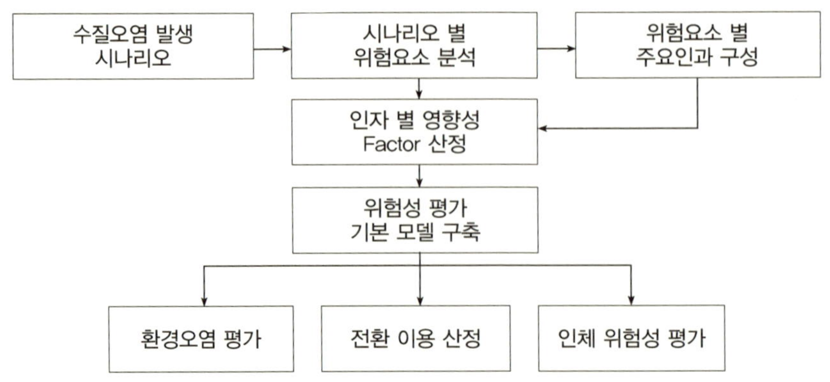

[그림 6-10] PBA 반영 절차 및 활용[105]

셰일가스 개발과 운영단계에서 수질오염의 주요 경로는 수압파쇄 유체를 주입하기 위한 셰일가스전으로 이동, 시추 및 수압파쇄 공정에서 누출이 1차 오염 경로이다. 또한 수압파쇄 주입수의 환류 및 시추공 완결 과정에서 환류와 가스와 동시에 회수된 물들을 오염원 처리 시설로 이동 및 수질오염원의 처리 공정으로 볼 수 있다. 시추 및 수압파쇄 공정에서는 시추공 환경오염 방지 케이싱의 부식이나 불량, 수압파쇄에 의한 오염원 이동 등으로 세분화 할 수 있으며, 수압파쇄수의 회수 및 현장 운영 단계에서는 각 저장시설의 누출, 처리 공정에서는 재사용, 지표수 누출 등을 주요 경로로 구분할 수 있다. 각 시나리오 별 위험 요소들은 [그림 6-11]과 같이 나타낼 수 있다.

수압파쇄수 이동

- 수압파쇄수 이동수단의 수
- 이동수단의 교통사고 발생 건수
- 교통사고에 의한 위해물 누수 확률
- 이동사고 외 위해물 누수 확률

수압파쇄 및 생산

- Well 당 사용되는 수압파쇄 수의 양
- 수압파쇄 시 위험물 누수 확률
- Well Casing 실패 확률
- Well Casing 실패에 의한 누수 확률
- 회수 중 누수 확률

Flowback Fluid 저장

- Well 당 회수되는 Flowback Fluids의 양
- Well 당 회수되는 Flowback Fluids의 저장량
- Flowback Fluids의 누수 사고 횟수
- Flowback Fluids의 사고당 누수량

처분 시설 이송

- Flowback Fluids의 이송량
- Flowback Fluids의 이송 횟수
- Flowback Fluids의이송 사고
- 이송 사고 시 Flowback Fluids 누수량

수처리

- 수처리 후 최종 방출되는 양
- 수처리 오염원 제거 효율
- 미처리 오염수의 방출량
- 미처리 오염수의 방출 확률

[그림 6-11] PBA 수질오염 평가 위해성 시나리오 별 위험 요소[105]

이 주요 오염 경로 시나리오에서 다시 각 공정별로 연간 사고 빈도, 오염원의 종류, 수질오염원의 오염도, 시추 및 수압파쇄 횟수, 누출 사고 확률, 셰일가스전의 면적 등 세부적인 데이터와 분석 자료, 기존 통계 자료들을 활용하여 PBA에 필요한 인자들을 산정하여 PBA 기반의 환경 위험성 기초 평가 모델이 구축된다.

이 기초 평가 모델에 지하수, 함수층의 오염 평가 모델인 Darcy 법칙에 의한 오염원 확산 모델을 추가로 적용할 경우 지하 및 함수층의 환경 위해성 모델로 연계가 가능하고 캘리포니아 EPA에서 개발된 대표적인 토양 위해성 평가 모델인 CalTOX 적용 시에는 셰일가스 환경오염에 의한 토양오염과 토양오염에 의한 위해성 평가를 산출할 수 있으며, 인체의 흡수량, 노출 시간 등을 고려할 경우에는 셰일가스 개발과 운영에 관여하는 인체 위험성 평가가 가능하다. 주요 오염원의 종류, 농도와 관련한 정화 비용 연계 시에는 셰일가스 개발에 따른 환경 경제성 평가로 연계할 수 있다.[101]

3. 셰일가스 생산 및 운영단계

셰일가스의 개발 단계에서 필요한 환경적인 이슈와 사항들에 대해선 전 장에서 기술하였으므로 본 장에서는 생산 및 운영 단계를 기술한다. 셰일가스전의 운영 단계에서는 대기, 수질, 토양 등에 중금속, 유류오염원, 천연 방사성핵종, 유기물, 메탄 등 다양한 환경오염원이 발생될 가능성이 높으므로 환경오염원의 발생을 사전에 방지하고, 발생 시에는 오염원이 셰일가스 주변으로 확산되기 이전에 관리 · 정화할 수 있는 기술력 확보가 필요하다. 이를 위해 대기 관리, 토양관리 및 지표수 및 지하수관리, 그리고 생산정 관리 기술이 필요하다. 다음 관련 기술의 정의는 셰일가스 개발 환경개론을 준용 하였다.[101]

1) 대기 관리 기술 : 셰일가스 생산 및 운영 시에는 셰일층에 존재하는 고농도의 메탄이 누출될 수 있으므로 고농도 메탄 방출을 최소화 할 절차와 기술이 필요하다. 또한 유류원은 휘발성이 높은 물질로 구성되어 있으므로 저장 · 생산 시설 등에서 지속적인 관리 기술과 정화 기술 등을 필요로 한다. 이를 위해 가스 생산정 고농도 메탄 방출 저감 기술과 대기오염원 모니터링 기술, 셰일가스의 전반적인 생산 및 운영에 필요한 대기오염 사고에 대비한

정화 기술들이 세부적으로 필요하다.

2) 토양 관리 기술 : 셰일가스의 생산정이나 저장시설 등에서 누출이 발생할 경우 지표면 토양이 오염되므로 이를 관리하고 정화하는 기술이 필요하다. 토양오염은 장기적으로 오염원이 지속되고, 지표면의 토양 공극에 의해 오염원이 지하층으로 유입되어 대수층으로 확산될 우려가 있으므로 가스 생산정, 토양 중금속, 유기물, 방사성핵종 등의 오염원 모니터링 기술이 필요하다.

3) 수질 관리 기술 : 셰일가스 생산과정에서 분리된 지하수는 높은 염도를 갖고 있고 다양한 환경오염 물질을 내포하고 있으므로, 지속적으로 발생하는 지층수의 처리 혹은 저장시설의 누수 시 지표면 누출로 대수층 및 지하수 오염 발생 가능성이 높으므로 이를 관리하고 처리하는 기술이 필요하다. 가스 생산정 케이싱에서 오염원을 모니터링하는 기술과 셰일가스의 전반적인 생산 및 운영에 필요한 수질오염 사고에 대비하는 정화기술이 필요하다.

4) 생산정 관리 기술 : 생산정 케이싱이 부식될 경우에는 여러 오염원이 대수층의 오염으로 확산되기 때문에 부식방지와 지속적으로 부식을 관리하는 기술이 필요하다. 생산정은 지표에서 지하까지 연결되어 있으므로 셰일가스의 생산 및 운영이 모두 중단될 경우에는 셰일가스 생산정을 안전하게 폐정(Abandonment)해야 한다. 또한 셰일가스 개발 · 생산 및 운영에 의해 셰일가스전 주변의 환경오염원, 환경 위험 요소 등을 셰일가스 개발 이전 단계 수준으로 복원해야 환경법적인 책임에 대하여 변호할 수 있으므로 폐정 환경 관리 기술과 최종 현장 환경 복원(Restoration and Reclamation) 기술 등이 필요하다.

세일가스가 산업에 미치는 영향

1. 가치사슬(Value Chain) 분석
2. 에너지 업계에 미치는 영향
3. 화학산업 영향
4. 플랜트 산업의 영향
5. 철강. 기계. 자동차 및 LNG 벙커링
6. 조선 및 해양 산업

셰일가스가 산업에 미치는 영향

1. 가치사슬(Value Chain) 분석

미국 Barnett 분지에서 2005년 셰일가스의 대량 생산에 성공한 이후 본격적인 비전통 가스 생산량이 늘어나게 되었고, 2008년 이후부터는 비전통가스의 증산에 기인하여 그동안 오일 가격과 연동되던 북미 천연가스 가격이 오일 가격과 유리(Decoupling)되면서 천연가스 가격은 하향 안정적으로 유지 되고 있다. 그러나 낮은 천연가스 가격으로 인한 채산성 하락에도 불구하고 가스생산 시 부수적으로 생산되는 천연가스오일(Condensate), 천연가스액체(NGL) 및 채굴 생산성의 향상 등에 힘입어 앞으로도 셰일가스 생산은 증가할 것으로 전망된다.

미국의 셰일가스 개발 및 투자 확대는 새로운 에너지원의 발굴이라는 측면을 넘어 미국 내 고용창출, 부가가치, 설비투자, GDP 증가 등 다양한 측면에서 경제적 효과를 거두게 될 것으로 보여 장기간 침체된 미국경기의 돌파구가 될 것으로 기대되고 있다. IHS의 비전통 오일과 가스생산이 미국의 경제에 주는 효과라는 연구결과[129]에 따르면 각 가정의 가처분 직접 소득은 2012년 1,200달러가 증가했으며(2025년에는 $3,500로 증가 예상), 2020년까지 제조업 일자리는 460,000개가 늘어날 것으로 예측하고 있다. 그 경제적 효과를 표로 정리했다.

[표 7-1] 미국내 셰일가스 생산확대에 따른 경제적 효과[129] (단위 : 억 달러)

년	고용(천명)	부가가치	재정수입	설비투자
2010	601	769	186	333
2015	870	1,182	286	487
2035	1,660	2,311	573	1,266

주) 고용과 부가가치는 셰일가스와 관련된 직.간접 부문과 국민 경제차원에서의 유발효과를 모두 포함함(JPI 포럼)

미국 내의 천연가스 혁명은 최근까지는 미국 안에서의 일로써 글로벌 천연가스와 석유시장에서의 영향은 비교적 제한적이었으나, 미국이 셰일가스를 기반으로 한 액화 천연가스의 수출 프로젝트들을 승인했고(추가로 수출 프로젝트들의 승인 프로세스를 밟고 있음), 그동안 자국의 에너지 안보상의 이유로 수출 통제되었던 오일도 조만간 수출이 가능하게 될 것으로 보여서 향후 세계에너지 시장에서 직 · 간접적인 영향이 나타날 것으로 보인다. 또한 셰일가스 개발 기술혁신의 속도가 빨라지고 있고 각국의 에너지 안보 강화 노력, 원유 매장량의 한계 등으로 셰일가스 개발은 타 국가들로 확산할 것이다. 셰일가스 개발에 있어서 불확성 인자들인 기술적 회수가능량 정도(Accuracy), 개발 기술 및 환경적 요인 등을 극복한다면, 장기적으로는 셰일가스는 글로벌 에너지 공급의 중요한 한 축이 될 것이다.[61]

국제에너지기구(IEA)는 2035년까지 셰일가스를 비롯한 비전통 가스 생산 확산 여부에 따라 두 가지 시나리오(개발 확산 또는 개발 제한)를 구성 하였다.[130] 개발 확산의 경우는 북미뿐 아니라 중국, 호주 등 북미 외 지역으로 비전통 가스 생산이 지속적으로 확산되어 2035년까지 전체 가스 공급 증가분의 약 65%를 비전통 가스가 차지하는 경우를 상정하고, 개발 제한의 경우는 환경파괴 요인 등 제약요인으로 인해 비전통 가스의 생산 확산이 제한되어 2035년 비전통가스 생산량이 2010년 수준을 소폭으로 웃도는 수준에 그칠 것으로 보는 두 가지 경우이다.

2013년 IEA의 보고서 'Golden Rules for a Golden Age of Gas'는 세계 가스시장의 경우 세계 2위의 가스수입국인 미국이 수출국으로 전환하면서 세계 가스시장은 공급과잉으로 인해 판매자 중심에서 구매자 중심의 시장으로 재편될 것으로 전망하였다. 그리고 저렴한 가스의 대량공급이 기존 화석연료인 석유와 석탄의 소비와 의존도를 낮추는 '가스혁명(Gas

Revolution)'이 도래할 것으로 주장하였다.[131] 또한 International Energy Outlook 2013의 보고서는 값싼 셰일가스의 대량생산과 공급으로 2040년까지 가스수요는 40% 이상 상승하고 세계 에너지 소비의 구성에서 약 24%를 담당할 것으로 전망하였다. 반면에, 석유와 석탄은 각각 2010년 세계 에너지 구성의 34%와 28%로 1위와 2위를 차지하였으나, 점차 가스로 대체되어 2040년에는 28%와 27%로 비중이 하락할 것으로 예상 했다(그림참조).

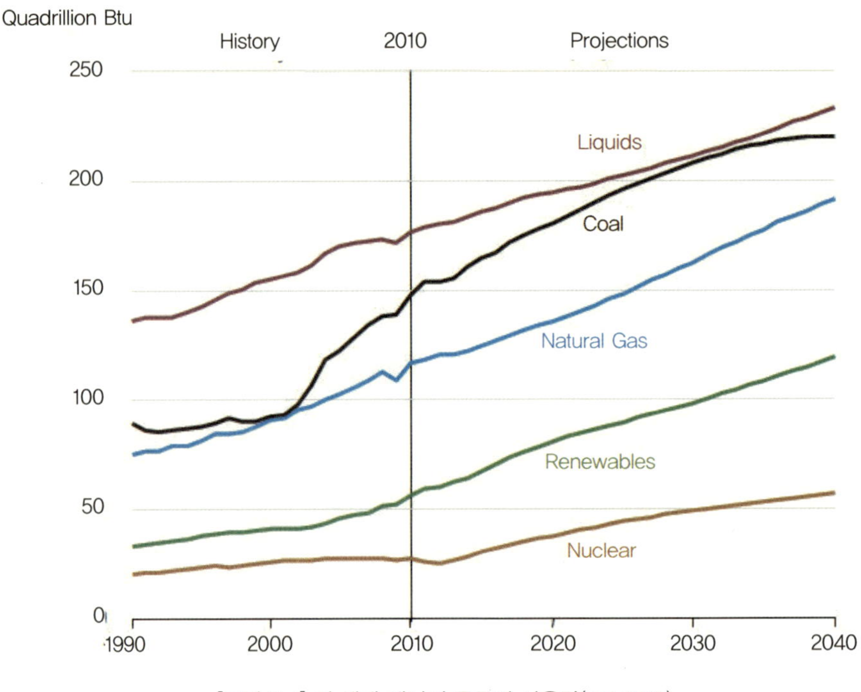

[그림 7-1] 전 세계 에너지 종류별 사용량(IEO 2013)

전 세계적으로 셰일가스 개발 및 생산이 본격화되 면 공급물량의 증가와 가격 인하로 인해 '가스의 황금시대(Golden Age of Gas)' 가 도래할 것으로 예측되고 있다.[37] 천연가스의 황금시대란 중국의 가스 수요 확대 방침, 비전통 천연가스의 공급 증가 및 가격 인하, 일본 후쿠시마 원전사고의 영향에 따른 원전 설비 증가세 둔화 등의 요인에 따라 향후 글로벌 에너지 구성(Energy Mix) 차원에서 천연가스의 역할이 더 확대되는 것을 의미한다.

이러한 비전통 셰일가스의 개발에 따른 경제적 효과를 분석하기 위해 먼저 경제 주체에 미치는 Value Chain 영향분석을 수행했다. 경제적인 파급효과(Ripple Effect)는 아래 그림과 같이 크게 세 가지 종류로 나누어진다. 직접적인 효과는 셰일가스가 탐사-채굴-생산-수송부문에서 핵심적인 역할을 담당하는 자원개발(Exploration and Production Industry, E&P) 산업에 미치는 영향이다. 간접적인 효과(Indirect Effect)는 E&P 산업의 경제적 활동이 공급사슬에 위치한 전후방 관련 산업에 미치는 영향이다. 마지막으로 유발효과(Induced Effect)는 셰일가스 개발에 따른 직간접적인 효과가 셰일가스의 Value Chain과 관련이 없는산업과 경제에 미치는 다양한 파급효과이다.[131] 그러나 셰일가스의 간접적인 효과와 파급효과는 분석의 대상과 범위에 따라 지나치게 확대되므로 본서에서는 제외하였다.

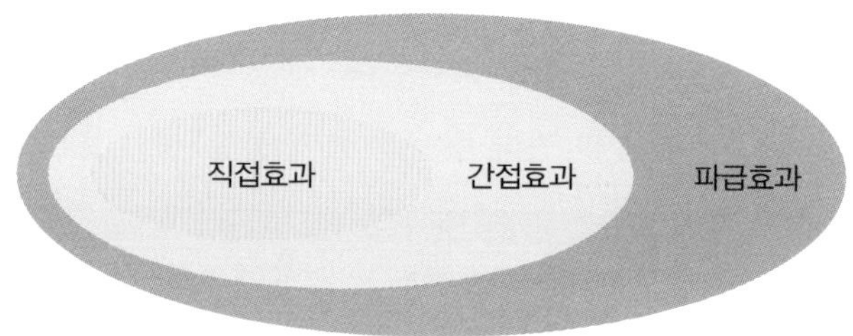

[그림 7-2] 경제적 파급 효과 종류[132]

셰일가스 산업은 중후 장대한 장치 사업의 복합체이므로 전후방의 산업과 그 경제효과를 정확히 정의하기 위해 셰일가스의 배송 물류체계 섹터 별로 상류-중류-하류로 구분해서 분석할 필요가 있다. 세부적인 생태계를 분류하면 상류 부문(Upstream)은 탐사 및 생산(E&P) 활동이 주류를 이루는 섹터이고, 생산된 가스를 정제하고 파이프라인을 통해 수송해서 판매하는 단계인 중류 부문(Mid Stream), 가스의 저장 및 최종 소비자의 요구조건에 맞는 천연가스를 판매하는 과정이 하류 부문(Down Stream)으로 정의 된다. 특히 해상 운송을 목적으로 천연가스를 액화화는 과정과 이를 위한 가스의 전처리 과정은 모두 하류 부문에 속한다.

먼저 상류 부문은 잠재적인 셰일가스 매장량을 탐사하고 확인하는 과정을 포함해서 가스를 생산하는 단계를 포함한다. 따라서 접근 도로 및 필요 인프라 건설, 패드 설치, 발전기 설치, 시추기 조립, 시추작업, 용수공급을 위한 저수조 건설, 가스정 완결 작업(Well

Completion), 수압 파쇄 작업, 파쇄 후 환류수 처리, 가스정 밸브 집합체(Well Head) 설치, 물 처리 설비 설치, 가스 집합관 설치 등이 직접적인 사업으로 분류된다. 특히 셰일가스 상류 부문은 전통가스 생산과는 달리 수평정과 수압파쇄 공법이 사용되기 때문에 기존의 석유 가스 산업의 상류부문과 다를 수 있다(전통 가스정에서도 수평정과 수압파쇄를 사용하는 경우도 있음). 가스정의 생산이 완료되거나 경제적인 생산능력 이하인 경우 가스정을 폐쇄하고 복구하는 작업(Plugging & Abandonment)이 필요하다. 실제 E&P를 담당하는 서비스 회사는 높은 기술력과 경험을 요구하는 특수 분야이므로 Value Chain의 영향성 평가에서는 제외한다.

중류 부문은 생산된 가스를 전처리하는 과정(Pre-Gas Processing), 가스저장(Gas Storage), 수송 파이프라인(Transmission Pipeline) 등을 포함한다. 생산된 가스에는 지층수, 천연가스오일, 황화수소물(Sulfur), NO_2, CO_2 및 기타 방향족 등이 포함되어 있다. 가스를 배관을 통해서 하류 부문으로 이송하기 위해서는 가스 배관회사에서 허용하는 가스품질로 맞추기 위해서 가스 처리설비를 설치하고 생산된 가스를 전처리 해야 한다. 이 과정에서 분리된 물의 물처리, 생산된 천연가스 오일과 프로판 등이 주성분인 천연가스액체 등의 분리가 수행되고 이들을 처리하는 과정이 필요하다. 전처리된 가스의 수송을 위해서는 가스파이프라인을 주로 이용하는데 압력 손실을 보정하기 위해 가스 압축기와 가스 압력을 낮출 경우 온도저하에 따라 하이드레이트나 배관이 얼어붙는 것을(배관의 재료상 허용 온도 이하로 가는 것) 방지하기 위한 가스 히터 등이 필요한 유관산업으로 분류된다. 셰일가스의 개발로 생산과 소비가 늘어나면서 기존의 중류 부문 인프라가 부족하므로 셰일가스의 가격과 수급을 조절하기 위해 중류 부문에 대한 시설 투자가 많이 필요하게 된다(222페이지 〈5. 철강, 기계, 자동차 및 LNG 벙커링〉 참조).

하류 부문은 셰일가스를 최종 소비자에게 판매하기 위한 섹터로 가스의 계량, 가스품질 확인(주로 Gas Chromatograph 이용), 가스 전처리를 통해서 가스 구매자의 품질을 맞추거나 액화설비 공급할 수 있는 가스 품질로 바꾸는 공정, 액화설비 등이 있다. 셰일가스의 수출과 관련해서 해상 수송을 해야 하는 경우는 액화 설비를 건설해야 하므로 이에 따른 대규모 유관산업이 필요할 것으로 예측된다.

이상은 섹터별로 공정에 기반을 둔 직접 산업들을 검토해보았으며, 다음은 섹터별로 관련 산업에 대해 기술하고자 한다. 이들 관련 산업을 아래 그림에 도식화했다.

셰일가스 상류 부문의 관련 사업 중에는 토지소유주와 개발회사 간에 이익 배분 계약을 체결하고, 개발에 관련된 각종 인허가를 얻는 법률, 엔지니어링, 컨설팅, 금융서비스들이 있다(이들 서비스는 중류와 하류 부문에도 필요한 서비스들임). 상류 부문에 소요되는 장비를 제작하는 산업과 이를 지원하는 후방 산업 즉 철강, 기계공업, 이를 설치하는 플랜트 산업 등이 있다. 유관 산업 중에는 셰일 가스에 직간접적으로 영향을 받는 에너지 산업과 신재생에너지 등이 있다.

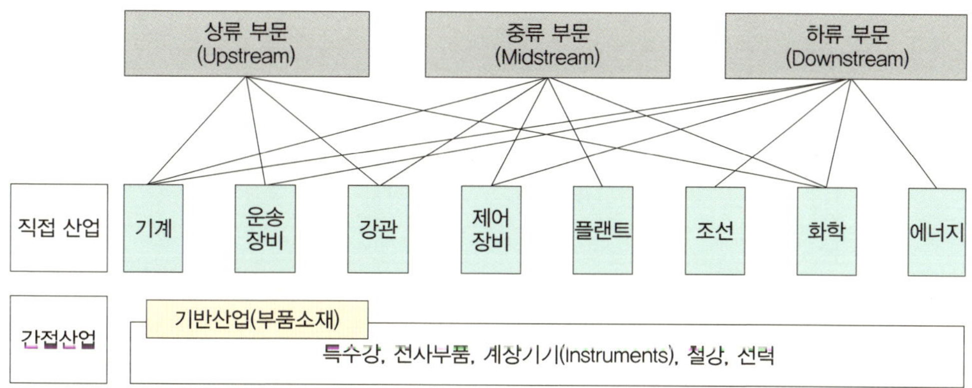

[그림 7-3] 셰일가스 산업의 생태계 및 산업별 영향성

중류 부문은 비교적 간단하지만 철강, 기계공업, 압축기 및 파이프라인 시공(EPC : Engineering Procurement Construction) 등이 유관 산업으로 분류된다. 셰일가스를 정제하는 가스전처리 설비와 저장소 건설이 필요하기 때문에 기계와 운송용 장비도 필요하다. 또한 다양한 계측기류와 고압 밸브류 및 원격측정 및 통제 장비, Supervisory Control and Data Acquisition(SCADA) Systems 등이 포함된다.

하류 부문의 연관 산업은 가스전처리(Acid Gas Removal Unit), 화학 산업, 플랜트 산업, LNG

수송, 기계공업, LNG 저장탱크와 같은 EPC, 초저온 밸브류, 보냉제(Cold Insulation), 가스 계측기 등이 있다. 그리고 셰일가스의 산업생태계 전반에 관련된 전력산업과 기반산업으로 철강, 특수강, 계장기기 및 전자부품산업이 있다. 메탄이 주성분인 파이프라인 가스는 정제과정을 거쳐서 합성가스공정을 거쳐서 메탄올과 암모니아 등을 생산하는 화학 산업에 원료로 사용될 수 있다. 천연가스액(NGL)은 주로 에탄, 프로판 및 부탄으로 구성되어 있으므로 화학적 공정처리를 통해 다양한 화학제품을 생산할 수 있는 화학 산업이 포함된다.

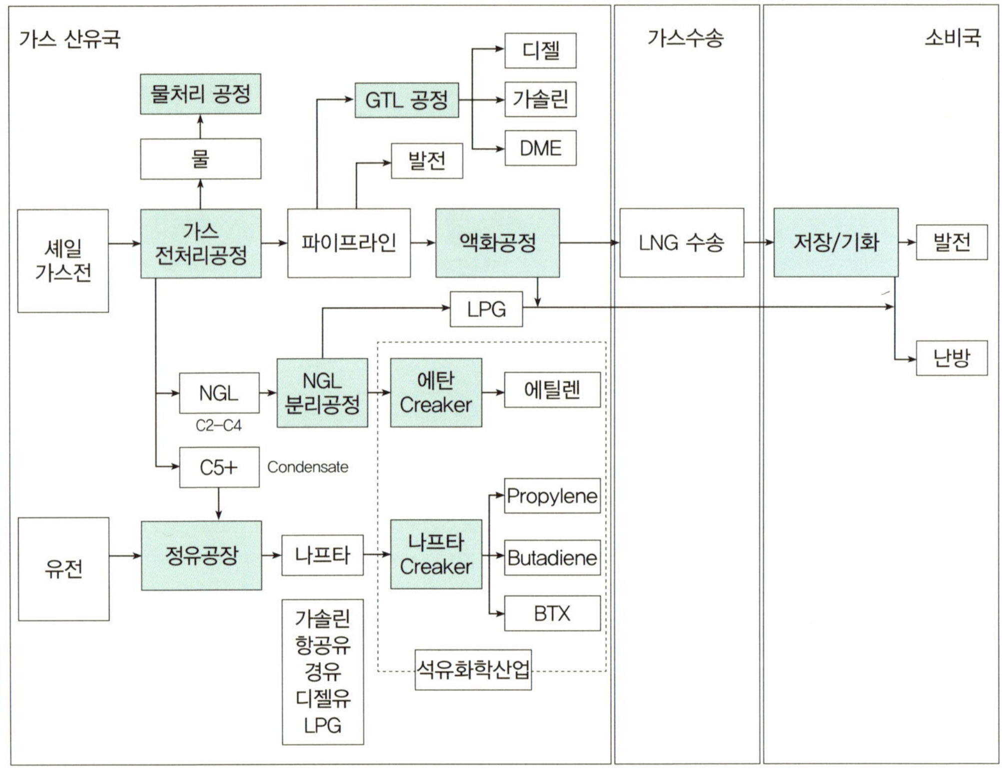

[그림 7-4] 셰일가스 산업의 Value Chain 연계 유관 산업

셰일가스 개발붐이 전 세계 매장지역으로 확산하면 가스 관련 프로젝트의 수요가 증가하여 직간접적인 경제적 파급효과를 발생시킬 것이다. [그림 7-4]에서 도식적으로 표현한 것과 같이 가스 생산 국가는 셰일가스의 산업생태 계를 조성하기 위해 상류-중류-하류 부문의 인프라 투자를 늘리고 해외 수출을 위해 LNG 관련 시설투자도 확대할 전망이다. 가스 수

입국에서는 수입된 액화가스를 저장하고 기화하는 시설을 확충하기 위해 관련 인프라와 플랜트에 투자가 늘어날 것으로 기대된다.

가장 선진화된 셰일가스 산업생태계를 가진 북미지역은 셰일가스 개발붐에 따라 가스 관련 프로젝트가 증가하면서 시장규모도 급속히 확대되고 있다. 컨설팅업체 Wood McKinsey(2012)에 따르면 셰일가스 개발이 지속 가능한 성장을 하기 위해서 북미지역의 셰일가스 상류 부문에 연간 1,500억 달러의 투자가 필요하고, 중류 부문은 2020년까지 1,600억 달러 이상의 투자가 요구된다고 한다. 또 다른 컨설팅업체인 Accenture(2013)는 하류 부문에 2020년까지 760억 달러의 투자가 이루어질 것으로 전망했다.[131]

셰일가스 개발의 확산으로 세계 에너지믹스가 가스 중심으로 변화함에 따라 세계 가스시장의 글로벌화가 진행될 전망이다. 가스의 국제 거래가 확대될 경우 가스 관련 프로젝트 발주가 증가할 것으로 기대된다. 따라서 다음 장부터는 산업별로 셰일가스 개발의 영향을 거시적인 입장에서 분석하고 그 바탕 위에 국내 산업의 영향을 기술한다.

[표 7-2] 북미 셰일가스산업의 부문별 투자소요 예상액(2012~2020) (단위 : 달러)

	상류 부문	중류 부문	하류 부문
주요 산업	셰일가스 개발	수송 및 저장	화학 및 액화플랜트
예상 투자액	1조 2,000억	1,600억	760억
총계	1조 4,360억		

위 표는 산업연구원 자료 재인용

2. 에너지 업계에 미치는 영향

1. 셰일가스 낙관론

2012년 IEA의 특별보고서인 '가스 황금시대를 열기 위한 황금율(Golden Rules for a Golden Age of Gas)'에는 크게 아래의 두 가지 전망을 기초로 하고 있다. 하나는 셰일가스 개발에 따른 환경오염에 대한 사회적 합의로 개발이 적극적으로 이루어지는 '셰일가스 개발 낙관론

(Golden Rules Case)'과 다른 하나는 환경오염 등에 관한 이슈로 사회적 합의가 이루어지지 않아 셰일가스 개발이 정체될 경우의 '셰일가스 개발 비관론(Low Unconventional Case)'이다. 2012년 11월에 발표된 이 특별보고서는 IEO 2012(International Energy Outlook)를 기초로 작성 되었으므로 2년이 경과한 시점에서 동일한 기관에서 발행한 예측 자료를 비교해보면, 세계 1차 에너지 구성에서 천연가스와 석탄이 차지하는 비중과 경향이 2014년 EIA의 IEO 2014에 의해 상당 부분 수정되었다. 그러나 전체적으로 셰일가스 개발과 생산에 대한 예측 기조는 타당하다고 보기 때문에 본서에서는 셰일가스 개발 낙관론을 기조로 기술한다.

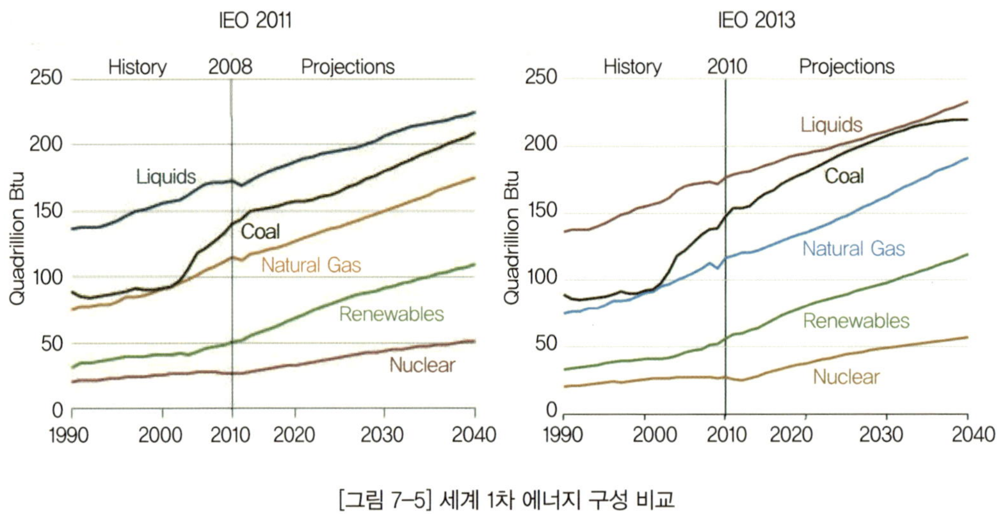

[그림 7-5] 세계 1차 에너지 구성 비교

그러나 셰일가스 개발의 낙관론을 전제로 아래 세 가지 측면의 고찰이 필요하다.

1) 셰일가스 개발이 환경적 이슈를 딛고 사회적으로 합의될 수 있는가?
2) 가스수요가 지속적으로 늘면서 경쟁력을 가질 수 있는가?
3) 셰일가스 개발이 타 국가에도 전파되면서 가스 황금시대를 열 수 있는가?

물론 각각의 내용에 대해선 전장에서 상세히 설명되었지만 간단히 다음과 같이 정리하였다.

사회적 합의

어떤 상황에 대한 사회적 합의 또는 사회적으로 받아들일 수 있는가 하는 사항은 행위(셰일가스 개발)의 필요성과 사회적 비용(환경적 이슈들)이 감내할 만한 수준인지가 중요한 관건으로 본다. 비록 전통가스 개발보다 생산 역사가 짧은 초기 단계이지만 셰일가스 개발과 관련된 환경적인 이슈들은 기술적으로 해결하고 있으므로, 필자는 사회적 합의가 이루어 질 것으로 본다. 그러나 100% 완벽을 기해야 하고, 조그만 실수가 환경에 심각한 영향을 미치는 특성을 고려해서 환경적인 관심을 가지고 추진해야 할 것이다.

가스수요

가스수요측면에서 2011년 후쿠시마 원전사고를 계기로 많은 나라에서 원전의 위험성에 대해 깊게 인식하는 계기가 되었고, 그 결과 상당히 많은 원자력 발전소들이 가스 발전소로 대체 되었고 앞으로도 그러한 경향은 당분간 유지될 것으로 본다. 또한 가스 가격의 하락으로 신규 원자력 발전 건설이 지연되고 대부분 가스 발전소로 건설되는 것은 가스 수요에 대한 추진력으로 본다. 독일의 2002년 4월에 발효된 원자력법은 후쿠시마원전 사고를 계기로 본격적으로 추진하게 되었는데 원전의 신규건설을 금지하는 것은 물론 2021년까지 현재 가동 중인 19개의 원전을 완전히 폐쇄하는 것을 목표로 하고 있으며,[133] 5개 원전의 폐쇄로 가스발전소에서 LNG 약 4백만 톤의 추가 수요가 발생하였다.

가을부터 시작되는 중국 스모그의 근본 원인은 중국 난방 수요 70%를 차지하는 석탄으로부터 뿜어져 나오는 오염물질과 자동차 배기가스이다. 2012년 쓰촨성에서 최초의 셰일가스정인 양(陽)-101정의 생산에 성공한 이래 2013년에는 약 2억m^3의 셰일가스를 생산하였다. 2014년에는 15억m^3의 가스를 생산할 계획이지만[134], 달성하기에는 여러 가지 난관이 많을 것이다. 중국정부는 에너지 안보와 동시에 스모그를 해결해야 하는 것이 중요한 정책과제 중의 하나이기 때문에 에너지 안보는 국가전략차원에서 접근하고 있고 셰일가스 개발을 국가의 주요한 과제로 삼을 뿐 아니라 '에너지 혁명'으로 추진 중에 있다.[134] 중국 정부의 경제성장을 위한 저렴한 가격의 원료가스공급과 스모그 대처방안의 목적으로 추진 중인 연료의 가스화는 우리가 생각하는 그 이상의 가스 수요를 창출할 것으로 예측된다.
가스 가격이 낮아지면 가스수요가 느는 것은 간단한 시장원리이다. 극동아시아 지역의 가스 수요 경직성이 높은 지역에서 그동안 오일과 연계된 높은 가스 가격체계가 점차 미국의 셰일가스 기반의 LNG와 경쟁함으로써 전반적인 가격하락이 오히려 LNG 수요를 증진할 것으로 본다. 그러나 가스 가격이 내려가면 석탄 가격도 내리게 되고, 석탄 가격이 내리면 오히려 석탄 발전이 증가하는 시장의 디아믹스가 있다. 바로 이점이 IEO 2011과 IEO 2013의 천연가스와 석탄의 1차 에너지에서 차지하는 비율에서 근본적인 차이를 일으키는 요인 중의 하나이다([그림 7-5] 참조).

셰일가스 개발 전파 가능성

셰일가스 개발에 필요한 거미줄 같은 가스용 배관 인프라가 잘 갖추어져 있고 수압파쇄에 대한 오랜 경험과 기술을 보유한 미국 이외의 국가에서 수압파쇄를 성공적으로 할 수 있는가에 대해 많은 의견이 분분하다. 미국 이외의 국가에서 셰일가스 개발을 성공적으로 하기 위해서는 용수 확보 여부, 인프라 구축 여부, 필요한 기술 보유 여부가 관건이다. 특히 가장 많은 비전통가스 매장량을 가지고 있는 중국의 경우 파이프 인프라가 잘 구비 되지 않았지만 셰일가스 개발이 본격적으로 수행될 수 있는 조건이 충족된다면 인프라 구축은 어려운 문제가 아닐 것이다. 결국 시간과 자금의 문제로 보인다.

셰일층 특성상 동일한 지질학적인 특성을 갖는 경우는 거의 없어서 다양한 셰일가스 개발로 축적된 경험을 소유한 수많은 회사를 통해 직 · 간접으로 기술전수 또는 직접적인 M&A를 통해 필요한 기술을 받을 수 있을 뿐 아니라 지금까지 중국이 해온 것처럼 외국계 메이저 회사와의 협업으로 생산을 증대할 수 있을 것으로 본다. 물론 셰일층의 매장 깊이가 다르고 다른 지질학적인 특성이 더 복잡한 점 때문에 개발 사업이 지연되고 있어도 기술적으로 불가능할 것으로 보지는 않는다. 또한 IEA 특별보고서의 중국의 셰일가스 생산은 물론 몇 가지 전제조건이 있지만 2020년을 넘으면 급격히 증가해서 미국의 셰일가스 생산을 추월할 것으로 예측한다.[34]

중국의 셰일층은 사막지대가 대부분인 신장과 용수가 부족한 북동부와 인구 밀집 지역인 쓰촨성에 넓게 퍼져 있다. 쓰촨성 지역을 제외하고는 용수가 부족하지만, WRI(World

Resources Institute) 평가에 의하면 쓰촨성 역시 농업용수 사용이 우선이라고 한다.[55] 수압파쇄에 필요한 용수에 대해서도 용수 사용이 극히 적은 다른 대안들을 개발하고 있으나 거품 사용, 질소 사용, LPG 사용 등은 물을 기반으로 한 파쇄유체보다 파쇄 길이의 제어와 취급 위험도 등에서 아직 개선해야 할 점이 많기는 하지만, 더 보완하거나 다른 기술적인 대안들이 개발될 경우 셰일가스 개발은 더 활기를 띨 것으로 본다.

2. 천연가스 시장의 영향

지금까지 전술한 부분은 앞으로 가스수요를 충족시킬 수 있을 비전통가스 생산이 가능하며 이에 따라 가스수요가 늘게 될 것이라는 셰일가스 개발 낙관론의 기저부분을 고찰하였다. 이러한 비전통가스 특히 셰일가스 개발 및 생산이 가스시장과 오일시장에 미치는 영향을 완전하게 구분하기는 곤란하지만 가능한 독자들이 이해하기 쉽게 분리해서 설명하고자 한다.

셰일가스의 개발과 생산에 따른 천연가스 시장의 영향성을 분석하기 전에 각국의 셰일가스 생산비용과 전통 가스 생산비용을 알아본다. 미국의 셰일가스 생산비용은 이미 전술한 [그림 4-10] 미국 주요 셰일가스 생산지 별 한계 생산비용 비교에 나와 있듯이 셰일가스의 조성에 따라 $2.5~15.6/MMBtu의 다양한 분포를 보이고 있다. 하지만 IEA의 보고서에 의하면 미국의 전통천연가스 생산이나 비전통 셰일가스 생산 비용은 거의 같은 수준으로 평가하고 있다. 아래 표는 각국의 천연가스와 셰일가스의 생산비용을 정리하였다.

[표 7-3] 국가별 천연가스와 셰일가스의 생산 비용 (단위 : $/MMBtu)

	천연가스	셰일가스
미국	3~7	3~7
유럽	5~9	5~10
중국	4~10	4~8
러시아	0~2	
카타르	0~2	

Source : IEA(2012) : Golden Rules for a Golden Age of Gas

그러나 각국의 천연가스 가격은 아주 다양하다. 미국의 천연가스 가격은 2008년 셰일가스의 생산이 본격적으로 늘어난 이후 기존의 오일과의 가격에 많이 연동되던 가격체계가 무너지고 독립적으로 움직이는 양태를 보이고 있다. 그 가격도 [그림 4-9]에서 나오는 것처럼 2012년 여름 $2.00/MMBtu 미만으로 내려갔지만 지금은 $4.00 이하에서 움직이고 있고, 뉴욕 현물시장에서 5년 선물(Future Trading), 10년 선물 가격도 각각 $4.28 및 $4.77/MMBtu(2014. 11.14기준 Nymix)를 보이고 있다. 따라서 당분간 미국의 천연가스 가격은 안정세를 유지할 것으로 보인다. 또한 EIA의 장기적인 천연가스 가격예측을 보면 미국이 천연가스를 수출하기 시작해도 가격은 애초의 예상을 깨고 많이 증가하지 않을 전망이다. 가격이 조금만 올라도 그동안 한계 생산비용 미만으로 생산하지 못했던 대기 물량이 많아지면서 자정가격 시스템이 구동할 것으로 예측된다. 아래 그림은 EIA에서 발표한 AEO 2014의 표준참고 경우(Reference Case)의 평균 가스 가격 예측치로서 2040년 $7.50/MMBtu로 예측하고 있다.

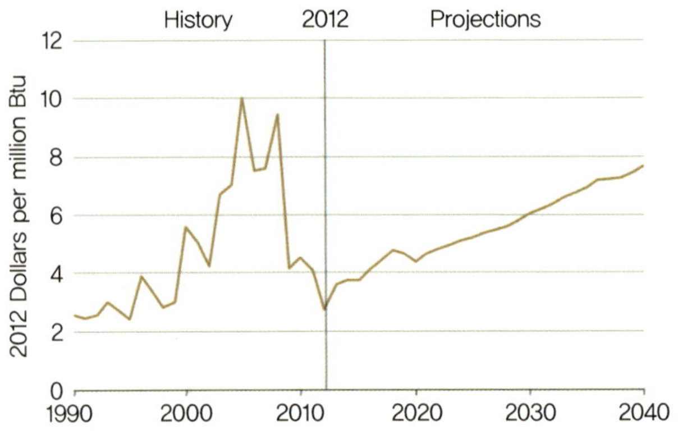

[그림 7-6] 미국의 평균 가스 가격과 추정(EIA AEO 2014)

세계 주요한 가스시장들의 지금까지의 가격 추이와 미국 가격과의 추이를 검토할 필요가 있다. 특히 천연가스의 부존이 거의 없어서 LNG 형태로 수입하고 있는 한국, 일본, 타이완 등의 거래 가격인 JKM Price(Japan Korean Market)와 유럽의 가스 거래 가격인 NBP(National Balancing Point)의 전통적인 가격 추이를 살펴 보면 이들 가격은 전통적으로 오일 가격에 상당히 많은 영향을 받고 있고, 특히 JKM 가격은 대부분이 오일 가격과 연동되어 있는 JCC(Japanese Cocktail Price : 일본원유수입 평균 가격)에 일정한 슬로프 형태로 계약이 되어 있기 때문에 오일 가격에 직접적으로 연동 되어 있다(그림 참조).

그러나 가장 큰 LNG 수입 시장인 일본정부의 강력한 의지와 세계에서 가장 큰 수입자인 한국가스공사 등에서 오일 가격에 연동하는 대신 미국의 HHP(Henry Hub Price)를 기준으로 가스 가격을 책정하려는 움직임을 보이고 있다. 아직은 미국에서 수출 예정인 LNG 이외에는 그런 구체적인 계약이 성사되고 있지는 않지만, 최근의 아프리카에서 대규모 LNG 개발을 추진하고 있는 다국적 기업들은 아시아 구매자에게 HHP와 오일 가격을 연동하는 혼합하는 방안을 제시하고 있고 상호 긍정적으로 검토하고 있다. 그동안 LNG 도입계약들이 장기간의 계약이므로 급격히 오일 가격과의 연동이 없어질 것으로 보이지 않지만, 앞으로 극동 지역의 가스 가격은 점진적으로 오일 가격의 영향이 점차 줄어들 것이고, 미국 LNG가 본격적으로 수출을 시작하게 되면 아시아에 도착하는 가격과 JCC에 바탕을 둔 JKM가격이 경쟁을 하게 될 것으로 보인다.

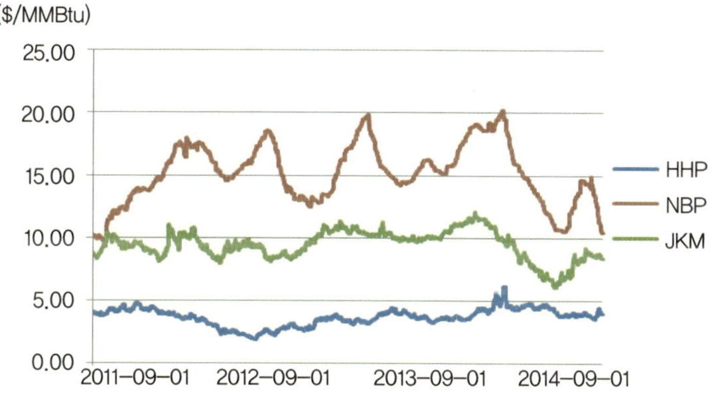

[그림 7-7] 권역별 천연가스 가격 비교

미국 LNG 수입 가격은 크게 두 가지로 나뉜다. 가스공사가 Sabine Pass 프로젝트를 통해서 수입하는 LNG는 액화 플랜트를 운영하는 회사에서 천연가스를 구입해 플랜트까지 수송하고, 이것을 액화한 후 FOB(Free on Board)기준으로 도입하는 것이다. 다른 하나는 SK E&S가 Freeport에서 도입하는 LNG로 SK E&S가 자체적으로 액화용 가스를 구입하거나 생산해서 액화기지로 수송을 하고 단지 액화 과정에 소요되는 비용만을 부담하는 Tolling Base이다. 양자 간에 계약에 의한 차이가 있고 원가 구성면에서 약간의 차이는 있지만 전체적으로 보면 도입 단가 구성은 [표 7-4]와 같다. 가스 비용과 수송 비용에 따라 다소간의 차이가 있지만 대략적으로 $11/MMBtu 수준으로 예측되고 있다.

[표 7-4] 미국의 HHP 가격 변화에 따른 LNG 도입 가격[44]

Henry Hub 가격($MMBtu)	5.00	6.00	7.00
FOB 가격($MMBtu)	8.75	9.90	11.05
수송비($MMBtu)	3.00	3.00	3.00
도착도 가격($MMBtu)	11~12	12.90	14.05
아시아 시장 대표 가격공식(예 : 14.58% JCC + $0.75)과의 비교			
JCC @0.1485 Slope($/BBL)	74.07	81.82	89.56

수입되고 있는 JCC기반의 JKM 가격은 $14~$16 정도를 보이고 있다. [그림 7-8]은 일본, 한국 그리고 중국과 타이완의 LNG도입 가격 비교 표이다.

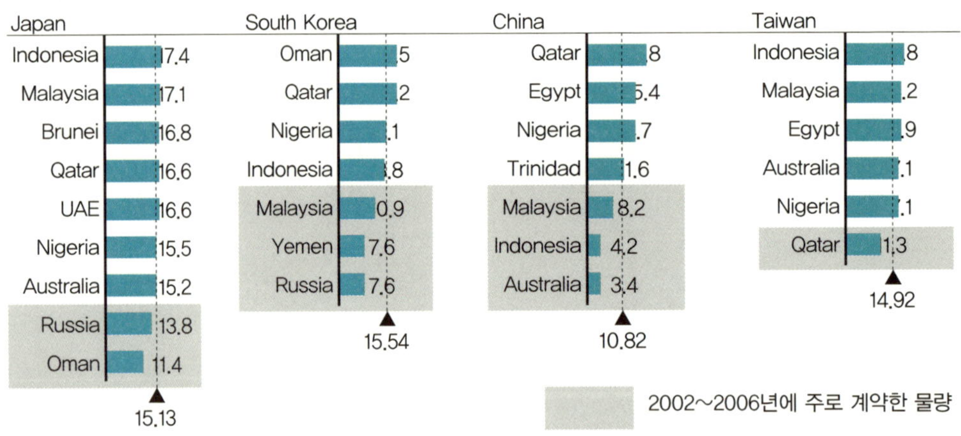

[그림 7-8] 아시아 각국의 LNG 평균 도입가(JCC $110/bbl in 2012; Mckinsey&Co.)

따라서 아시아 LNG 가격은 미국의 셰일가스 기반의 LNG가 본격적으로 도입되기 시작하는 2017년부터는 하향 압력을 거세게 받을 것이다. 오일 가격은 회복 되겠지만 현재 국제유가가 하락하는 추세이다. 궁극적으로 오일 가격에 연동되는 LNG 가격은 다시 올라갈 가능성이 있고 그 가격은 셰일가스 기반의 LNG와 가격 경쟁이 불가피할 것이다.

캐나다 역시 최대 가스 수출국인 미국의 수입량이 20% 정도 줄어들면서[52] 판매처 확대가 필요할 것이므로 아시아에 셰일가스를 본격적으로 수출하려고 프로젝트를 서두르고 있다. 프로젝트 개발이 완료되어 LNG를 수출하는 시점이 미국보다 늦겠지만 몇몇 프로젝트들은 성공적으로 아시아 시장에 수출할 것으로 보인다. 수송비에서 미국보다 약 $1.0~1.5/MMBtu 정도의 이점을 살려서 파이프라인 인프라 건설에 따른 단점을 만회할 수 있을 것으로 예측하고는 있지만, 세금관계와 많은 북미 원주민과의 이해관계로 파이프라인 건설이 늦어져 상당한 사회적 비용이 프로젝트의 전체적인 경제성을 해칠 가능성이 높고, 미국 대비 경쟁력을 상실할 우려가 크다. 궁극적으로는 미국과 캐나다의 북미 LNG가 호주, 아프리카 프로젝트들과 경쟁을 하게 되어 장기적으로는 가격이 낮아 질 것이고, 지금처럼 높은 LNG 생산비용을 갖게 되는 호주의 LNG는 당분간 어려움에 부닥칠 것으로 보이고 향후 신규 LNG 프로젝트 개발에도 경쟁력을 확보하기 쉽지 않으리라고 전망된다.

미국 LNG 가격책정은 기본적으로 HHP 가격에 비용을 추가하는 원가적산(Cost Plus) 개념이므로 국제 LNG 시황에 상대적으로 영향을 적게 받게 되고, 셰일가스 도입은 기존의 천연가스뿐 아니라 석유, 석탄 등 타 천연자원에 대한 수입선 다변화를 유도할 수 있기 때문에 수요자 중심의 가격 교섭력 향상이 가능해질 것이다.[135] HHP 가격이 안정 하향세를 유지하게 되면, 가스공사와 SK E&S가 수입하는 국내 도입가 역시 하향되어 국가적으로 에너지 수입 비용의 절감은 물론 궁극적으로는 발전단가를 낮추게 되어 국민 경제에 도움이 될 것으로 본다. 또한 천연가스 발전 사용량이 증가하며 산업부문 발전연료나 연료전지의 설치 활성화가 예상된다. 기존 첨두부하용인 가스 발전의 경제성 증가로 가스발전 운영이 증가하며 저탄소 연료의 안정적 공급으로 중장기적으로 석탄발전을 대체할 것이다.[40]

유럽 시장 가격은 자체적으로 생산되는 가스, 러시아에서 공급되는 파이프라인 천연가스와 부족분은 LNG로 채우는 공급 사슬을 갖추고 있기 때문에 이러한 세 가지 천연가스 주요 공급축 간에 이루어지는 시장 역학(Market Dynamics)이 가스 가격을 결정하고, 유럽에 수입되는 LNG 가격이 결정된다. 가스거래 가격의 참고 기준이 되는 영국의 NBP의 가격은 [그림 7-7]에서 보는 바와 같이 JKM 가격보다는 전통적으로 약 $4.0/MMBtu 낮았다. 미국 셰일가스 기반의 LNG가 수출되면 이론적으로는 가격 영향을 받지 않는 것으로 보이지만,

아시아 시장에서 일부 LNG 가격이 NBP 가격과 유사하게 되고, 따라서 현물 시장에서의 가격이 낮게 형성될 가능성이 있기 때문에 장기적으로는 하향 압력을 받게 될 것이다. 미국의 셰일가스 기반의 유럽 수출 LNG 가격은 아시아의 경우 대비 수송비 측면에서 $1.5/MMBtu정도의 이점을 갖게된다. 아시아 시장이 포화하여 애초 아시아 시장으로 향하게 될 것으로 생각되었던 LNG가 유럽으로 가게 되는 최악의 경우는 액화 시설 고정비(사용 여부에 관계없이 지급) 분을 고려하지 않고 수출할 수 있을 것이기 때문에 물론 그 가능성은 낮겠지만 유럽에 수출되는 가격은 아시아 도착도 가격보다 훨씬 낮은 가격에도 거래가 성사될 수 있다.

유럽에서는 이러한 셰일가스의 개발과 공급확대에 대해 개발에 대한 기술적 문제, 국민들의 인식, 상업적 잠재력, 공급에서의 안정성 문제 등을 고려하고 있다. 유럽에서 추정되는 셰일가스 생산비는 $5~10/MMBtu로 예상하고 있으며, 유럽에 있어서 셰일가스는 미국과는 달리 큰 영향을 미치지는 않으리라고 예상하고 있지만, 미치는 영향은 나라마다 다를 것으로 예상하고 있다. 독일이나 영국의 경우 수입 의존도에 별로 영향을 미치지 않으나 프랑스나 폴란드는 영향을 받을 것으로 전망하고 있다.[40] 그러나 아직은 프랑스는 수압파쇄를 금지하고 있고 가장 큰 셰일분지가 인구가 많은 파리 지역에 퍼져 있는 점도 개발을 어렵게 하고 있는 요인 중의 하나이다.

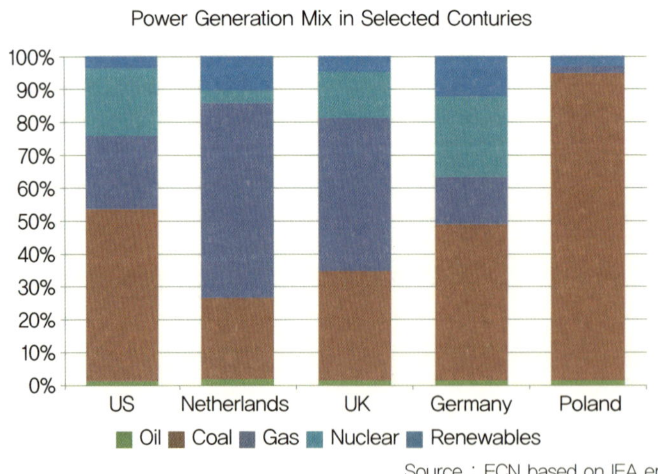

Source : ECN based on IEA energy statistics(2010)

[그림 7-9] 각국의 발전용 에너지 구성[136]

현재의 발전용에서의 에너지 믹스는 [그림 7-9]과 같이 나라마다 다른데 셰일가스는 이러한 에너지믹스에 여러 가지로 영향을 미칠 것으로 예상하고 있다. 중장기적으로 봤을 때에는 천연가스와 석탄의 가격 경쟁과 탄소배출의 벌칙금에 따라 셰일가스로 인한 에너지믹스에 영향이 달라질 것으로 전망하고 있다.[40, 136]

2. 오일 시장의 영향

전 세계적으로 매장되어 있는 오일의 확인 매장량은 캐나다와 베네수엘라의 오일샌드를 포함해서 약 1조 6,400억 배럴이다.[137] 2014년 일일 생산되는 오일은 평균적으로 약 9,038만 배럴이다. 아래는 매년 평균한 일일 오일 생산량이고 이에는 비석유계 오일(Biofuel, Coal-to-Liquid, Gas-to-Liquid)과 가스생산 시 취출하는 NGL도 포함되어 있다. 미국의 생산량은 2012년 11.1백만 bpd(barrel per day)에서 2019년 14.6백만 bpd를 생산하여 정점에 이른 다음 2040년까지는 2012년 생산보다는 높은 12.7백만 bpd를 생산할 것으로 예측하고 있다.[138]

[표 7-5] 세계 주요 국가별 오일 생산량(IEA Statistics) (단위 : 1,000bpd)

	2009	2010	2011	2012	2013
Worldwide	84,951	87,579	87,870	89,750	90,109
USA	9,130	9,695	10,129	11,119	12,343
Canada	3,319	3,442	3,597	3,856	4,074
China	4,068	4,363	4,347	4,372	4,459
Japan	138	142	136	136	135
Korea	55	59	60	61	60
OPEC	34,086	35,319	35,532	36,980	35,982

[표 7-6] 세계 주요 국가별 오일 수요량(IEA Statistics) (단위 : 1,000bpd)

	2009	2010	2011	2012	2013
Worldwide	84,849	87,473	88,435	89,128	90,376
USA	18,771	19,180	18,882	18,490	18,961
Canada	2,184	2,283	2,310	2,351	2,424
China	8,540	9,330	9,504	9,875	10,117
Japan	4,363	4,429	4,442	4,695	4,531
Korea	2,189	2,269	2,259	2,321	2,324

미국은 2009년부터 2013년까지 20만 bpd의 수요 증가에 그쳤지만, 같은 기간 동안 생산량 증가는 3.2백만 bpd에 달했고, 캐나다 역시 같은 기간 동안 76만 bpd가 증가해서 북미에서만 같은 기간 동안 4백만 배럴이 증가했다. 미국의 수요량 대비 수입량을 살펴보면 생산량이 늘면서 지속적으로 수입량이 줄어서 같은 기간 동안 약 3백만 bpd가 줄었다.

타이트오일은 셰일가스가 매장되어 있는 셰일층에 존재하는 원유로 수평시추, 수압파쇄 등의 셰일가스 생산 기술에 힘입어 셰일오일(전장에서 설명한 것처럼 오일셰일과 구별하기 위해 셰일오일과 타이트 층에서 생산되는 타이트오일을 합하여 타이트오일로 칭함)의 생산단가가 배럴당 50~80달러 수준으로 하락하며 생산량이 급증하고 있다.[23] 미국의 오일 생산량 증가는 거의 셰일가스 생산 증산과 관련이 있다. 셰일가스 생산이 늘면서 가스에서 취출하는 천연가스 액체(NGL)가 늘고 가스와 같이 생산되는 타이트오일 양이 늘기 때문이다. 이에 따라 미국의 원유 생산량은 약 40년 만에 증가세로 돌아서고 원유 수입량은 점차 줄어들지만 2019년을 기점으로 다시 수입이 다소 증가할 것으로 예측하고 있다.

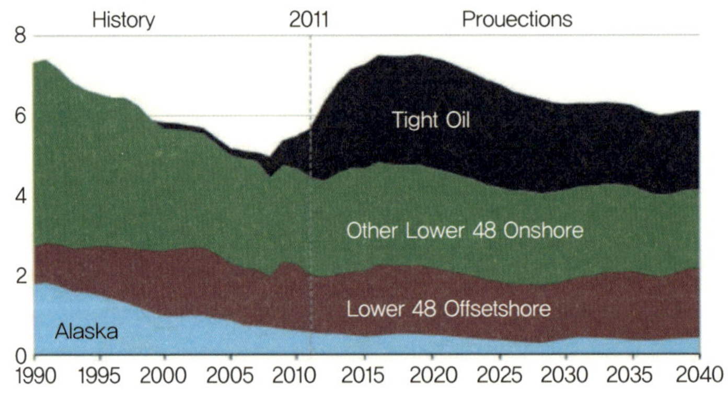

[그림 7-10] 미국 내 오일 생산량[139]

[그림 7-10]에서 보는 것처럼 타이트오일이 차지하는 비중이 미국의 오일 생산량에 차지하는 분량이 급격히 증가하고 있는데 이러한 증가는 당분간 이어져서 2020년경에 정점을 이루고 줄어들 것으로 예측한다.[138] 오일 생산량에는 NGL과 비석유계 오일 생산량은 제외된 것으로 순수한 생산정에서 생산된 것의 총합으로 앞의 표에 나온 것과는 차이가 있다. 타이트오일의 생산은 주로 텍사스에 위치한 Eagle Ford와 북 데이코다 주에 위치한

Bakken 분지에서 주로 생산되고 있다. CERA 및 하버드 케네디 스쿨 등은 미국의 타이트 오일 생산량이 2020년까지는 2012년 생산량보다 2배에 이를 것으로 전망한다.[23] 이러한 타이트오일 생산 증가에 힘입어 미국이 2020년경에는 세계 1위의 석유 생산국이 될 것으로 예상하고 있다.

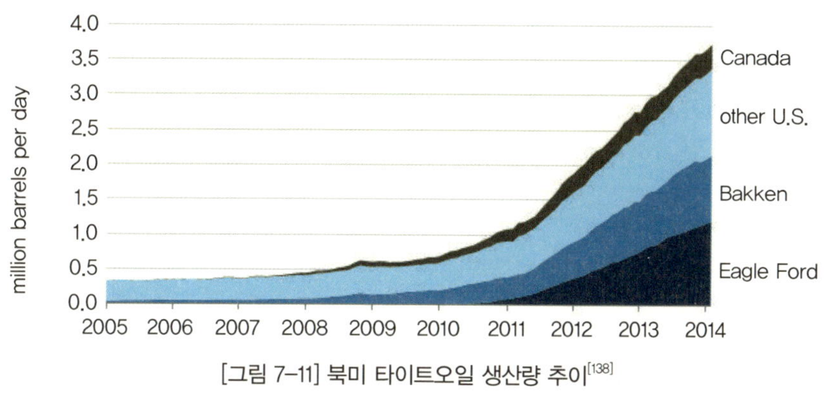

[그림 7-11] 북미 타이트오일 생산량 추이[138]

북미의 타이트오일 생산량은 2013년 한 해 동안 약 1.6만 bpd가 늘어난 반면 세계적으로 오일의 수요 증가는 매년 80~100만 bpd 정도 증가한다. 그러므로 북미에서 셰일가스 생산과 함께 생산되는 타이트오일양만으로도 전 세계 수요 증가분을 상쇄하고 남는다. 이외에도 셰일가스 생산 시 추가로 늘어나는 NGL 증가분을 합치면 상당량이 세계의 수요 증가분을 상쇄한다는 것은 전체적으로 오일 가격이 낮아지는 데 영향을 줄 것이다.

국제에너지기구(IEA)는 생산 가능한 타이트오일 매장량 추정치는 불확실성이 높지만, 2,400억 배럴로 추정하고 있으며, 현재의 생산 수준(약 200만 b/d)을 유지할 경우 약 330년간 생산이 가능할 정도로 타이트오일 생산은 장기적으로 지속될 전망이며 세계 원유 공급 확대 요인으로 작용할 것이다. 타이트오일 생산 비중은 2012년 세계 총 원유 생산의 2% 미만에서 2020년 4.2% 이상으로 확대될 전망이며 이는 2020년까지 세계석유 생산 증가분의 36%를 차지하는 수준이다. 각국의 타이트오일 개발이 활발해질 것으로 예상하면서 총 원유 생산 중 타이트오일이 차지하는 비중이 점차 확대될 전망이다.[140]

PwC는 셰일가스의 개발이 미국을 넘어 중국과 아르헨티나 및 유럽 일부 국가로 확산 될 경우 2035년 타이트오일의 생산량이 세계원유 생산량의 12%에 해당하는 1,400만 bpd가 될 것으로 보고 있고 중장기 유가가 현재 대비 낮아질 가능성이 높다고 보고 있다. 따라서 셰일가스 개발이 미국 이외의 지역으로 퍼져 가는 정도뿐 아니라 개발이 제한적인가 아니면 빠른 속도로 진행되는가에 따라 IEA나 EIA가 예측한 유가 보다 낮아질 가능성이 높다.[23]

현재 미국은 수출관리법(Export Administration Act of 1979)에 따라 캐나다 및 멕시코를 제외한 해외로 원유수출을 허용하지 않고 있으나 타이트오일 생산 확대에 따라 미국의 에너지 자립도가 높아지고, 경상수지 적자 규모를 축소하면서 경제 회복을 이끌어낼 수 있다고 판단되면 원유를 해외로 수출할 가능성이 있다. 2차 세계 석유 파동 당시 OPEC가 차지하는 세계 석유 생산량은 60%가 넘었지만 2014년 현재 OPEC의 석유 생산량은 약 40% 미만으로 예전과 같은 원유가격 통제 및 조정하는 기능이 상대적으로 많이 감소한 시점에서 미국이 원유 수출을 허용한다면 세계 원유 공급 증가에 따라 브렌트유 및 두바이유 등 국제유가 하락 압력은 한층 높아질 가능성이 높다.[140]

3. 화학산업 영향

생산된 셰일가스를 수집 배관(Gathering Pipeline)을 통해서 지역 가스프로세싱 센터로 보내게 되면, 물과 셰일오일을 분리한 후에 잔여 가스에서 간단한 CO_2와 N_2를 제거하게 된다. 불순물이 제거된 가스를 이송 파이프라인에서 요구하는 가스 품질에 맞추도록 천연가스액체(NGL)를 추출한 후 천연가스는 파이프라인을 통해 소비처로 이송되게 된다. 여기서 추출된 천연가스액체는 에탄, 프로판과 부탄으로 다시 분리 과정을 거치게 된다. 셰일가스를 포함한 비전통가스의 생산이 늘면서 타이트오일의 생산량도 늘지만 천연가스액체의 생산도 꾸준히 늘고 있다. 천연가스액체는 천연가스보다는 이송이 유리하고 천연가스보다 단위 열량당 가격이 높을 뿐 아니라 다양한 화학 공정의 원료로 사용된다.

천연가스의 주성분인 메탄가스를 이용한 프로필렌제품을(Methanol-to-Propylene) 만들거나 올레핀과 같은 방향족 제품을 만드는 공정(Methanol-to-Olefin)이 상업화되어 있으므로 이러한 제품이 양산될 경우 기존 시장에 미치는 파급효과는 상당할 것이다. 또한 메탄가스를 이용해서 합성가스를 만들고 별도의 복잡한 공정을 통해서 디젤, 나프타, 가솔린 등의 합성 석유제품을 생산할 수 있는 가스화액체공정(Gas-to-Liquid)이 중동 등 가스가 풍부하고 가격이 저렴한 지역에서 건설 · 운용 되고 있다. 대표적으로 셸사가 카타르에서 2012년부터 생산에 들어간 Pearl GTL(120,000 bpd)과 쉐브론이 나이지리아에서 2014년 3월부터 운영에 들어간 Escravos GTL(33,000 bpd) 등이 있지만, 모두 애초 판단했던 건설비용보다 많이 초과하고 건설기간도 3~9년씩 더 소요되는 과정을 겪었다.[141] 그러나 최근 기술개발과 플랜트건설비용 하락으로 셰일가스전에서도 소형 GTL 플랜트를 설치 운영할 수 있게 되었지만 아직 경제성이 상대적으로 낮고, 설비 용량도 크지 않기 때문에 본서에서는 구체적으로 다루지 않는다.

가격 경쟁력 측면에서 미국의 저렴한 셰일가스를 원료로 이용한 화학 산업의 경쟁력 제고와 향후 중국의 셰일가스 개발이 본격화될 경우 낮은 원료 가스로 화학 산업이 경쟁력을 가질 경우 우리의 산업에 미치는 영향을 살펴보았다.

1. 미국의 영향

우리나라를 비롯하여 대부분 지역에서 원유 정제 과정에서 나오는 나프타를 원료로 하여 나프타 크래커 공정(NCC: Naphtha Cracking Center)을 통해 석유화학제품을 생산하지만, 중동, 북미, 아프리카 등 주요 천연가스 생산지역에서는 천연가스 성분 중의 하나인 에탄 가스를 열분해(ECC: Ethane Cracking Center)하여 에틸렌을 생산하고 있다. 나프타와 에탄 외에 화학제품에 사용되는 기타 원료로는 석탄, 바이오 등이 있으며 2010년 기준 화학 산업 전체 원료 중 약 1.4% 차지하고 있다. 원료에 의한 석유 화학 산업의 도식화 된 체계를 [그림 7-4]에서 볼 수 있다. 에탄을 이용하여 에탄올을 생산하는 에탄 크래커 센터(ECC)의 경우는 거의 에틸렌을 얻지만 나프타를 분해해서 얻는 제품은 프로필렌, 뷰타다이엔, 벤젠, 톨루엔 등을 얻을 수 있어서 부가 가치를 높일 수 있는 좋은 점이 있다. 그러나 ECC의 경우는 아로마틱 제품을 생산하기 어려운 단점에도 불구하고 석유화학제품 수요의 60%를 차지하는 에틸렌을 나프타 대비 40%~50%의 비용으로 생산할 수 있는 강점이 있다.

세계 에틸렌 생산 능력은 2013년 기준 약 1억 5,600만 톤 정도이며 이중 일본과 중국을 포함한 아시아 국가에 1/3 정도의 생산 능력을 갖추고 있으나 전 세계적으로 에틸렌 수요가 부족한 곳은 주로 중국을 포함한 아시아 국가들이다. 아래 표는 에틸렌 생산설비 능력과 연도별 수요와 2014년 이후는 일본 경제산업성의 예측자료를 다시 편집한 것이다.

[표 7-7] 전세계 에틸렌 생산 및 수요 (단위 : 천 톤)

		2010	2011	2012	2013	2014	2015	2016
생산 능력	아시아	39,898	48,533	53,273	54,353	57,273	61,573	63,293
	중동	26,124	26,124	27,424	27,604	29,104	29,104	29,104
	북미	31,870	32,301	32,301	32,859	33,596	34,953	35,103
	기타	46,962	40,376	11,261	41,261	41,611	42,811	45,704
	총생산량	144,854	147,334	124,259	156,077	161,584	168,441	173,204
	증가량(%)		1.7	−15.7	25.6	3.5	4.2	2.8
환산 수요	아시아	52,091	55,497	58,988	62,128	65,529	69,078	72,978
	중동	18,807	20,503	22,431	23,482	24,230	25,299	25,807
	북미	27,447	27,834	27,488	28,048	28,945	30,010	30,810
	기타	24,424	22,757	24,649	25,112	25,472	26,095	24,194
	총수요량	122,769	126,591	133,556	138,770	144,176	150,482	153,789
	증가량(%)		3.1	5.5	3.9	3.9	4.4	2.2

(일본 경제산업성)

세계 에틸렌 소비 증가량은 2014년 540만 톤(3.9%)이 예상되며, 2015년에는 유럽 등 선진국, 개도국 경제 성장 둔화 등으로 애초 예상하고 있는 630만 톤 보다 적을 것으로 예상한다. 지역별로는 중국을 포함한 아시아지역에서 340만 톤 수요 증가가 예상되며, 북미 지역은 미국 경기 회복에 힘입어 90만 톤 정도 수요 증가가 예상된다. 반면, 유럽은 경기 부진 영향으로 2년 연속 소폭 감소가 예상된다.

중동 석유화학산업은 기존 NCC 대비 25%밖에 되지 않는 원료비용을 무기로 2010년 이후 중국시장을 잠식해 들어가는 데 성공하였다. 특히 사우디의 Aramco는 국영 석유화학 업체 Sabic에 원료 에탄가스를 $0.75/MMBtu로 공급하고 있어 막강한 원가경쟁력을 유지하고 있다. 그러나 저가의 천연가스가 매장된 지역이 중동, 러시아 등 일부 지역에 국한되어 있어 파급효과는 제한적이었다.[142]

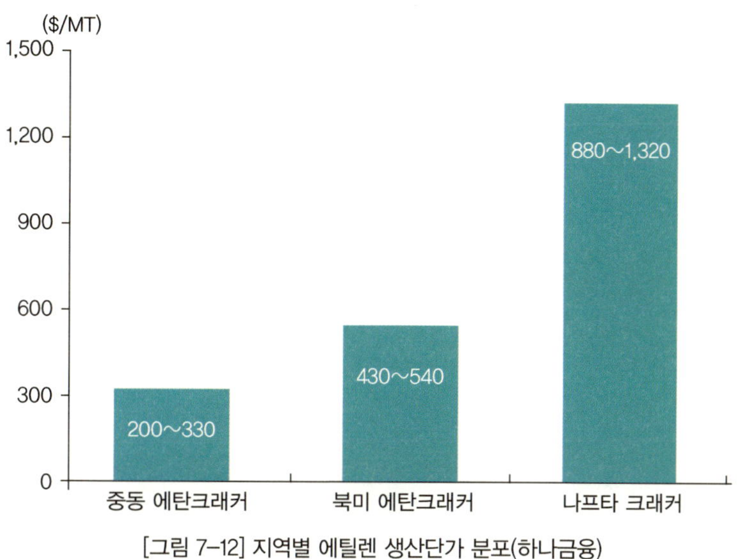

[그림 7-12] 지역별 에틸렌 생산단가 분포(하나금융)

미국의 경우 셰일가스 생산 증가로 가스화학의 주원료인 에틸렌 가격은 톤당 430~540달러이지만 원료 가스의 가격이 저렴한 중동 지역에선 톤당 200~330달러로 아주 낮다. 반면에 나프타를 원료로하는 극동 지방의 에틸엔 가격은 톤당 880~1,320달러로 높은 편이다.[143] 생산된 천연가스(셰일가스 포함)로부터 NGL을 분리하고 난 후 프로판과 부탄 등은 별도로 팔지만, 에탄가스는 적당한 수요처를 찾지 못해서 다시 주입하는 경향이 있어 가격이 낮게 형성되어 있다. 미국의 천연가스 공급과잉이 지속되어 $4/MMBtu의 낮은 천연가스 가격이 유지될 전망이고, 에탄 크래커가 본격적으로 가동을 시작하는 2017년까지 에탄가스 가격이 낮게 지속될 것으로 보여 당분간 미국의 에탄크래커의 원가 경쟁력은 높게 유지될 것으로 보인다.

북미지역을 중심으로 셰일가스를 원료로 사용하는 가스화학 플랜트 발주가 점차 늘어나고 있다. 셰일가스 개발 이전에는 높은 국제 가스 가격으로 인해 나프타를 기반으로 하는 석유화학이 가스화학과의 원가경쟁에서 우위를 차지하고 있었다. 그러나 셰일가스 개발로 북미지역의 가스 가격이 하락하면서 주요 석유화학 회사들이 가스화학 플랜트 건설을 위해 직간접적인 투자를 확대하고 있다. 또한 해외로 공장을 이전했던 미국의 석유화학 기업들은 저렴한 가스를 기반으로 가격경쟁력을 확보하기 위해 본국으로 귀환하고 있다.[143] [표 7-8]은 그동안 발표된 북미의 에틸렌 신증설 계획이다.[44]

[표 7-8] 북미 에틸렌 증설 계획

회사	위치	증설규모(milt/y)
Chevron Phillips	Baytown, TX	1.5
Exxon Mobil	Baytown, TX	1.5
Sasol	Lake Charles, LA	1.4
Dow	Freeport, TX	1.4
Shell	Beaver Co, PA	1.3
Formosa	Point Comfort, TX	0.8
Occidental / Mexichem	Ingleside, TX	0.5
Dow	St. Charles, LA	0.4
Lyondell Basell	Laporte, TX	0.4
Aither Chemicals	Kanawha, WV	0.3
Williams / Sabic JV	Geismar, LA	0.2
Ineos	Alvin, TX	0.2
Westlake	Lake Charles, LA	0.2
Williams / Sabic JV	Geismar, LA	0.1
Total		**10.1**

Source : AEO 2014

이러한 원료 가격의 이점을 경쟁력확보의 지렛대로 삼기 위해 미국 메이저 화학 회사들은 에탄 크래커 증설 계획에 공격적이고, Chevron Philips, Dow Chemical, ExxonMobil 등은 2020년까지 약 1,010만 톤 규모의 에탄 크래커를 증설할 계획이다.[138] 그러나 2013년 기준 수요 대비 전 세계 설비용량은 약 1,700만 톤 정도이므로, 실제 설비 투자가 이루어져 얼마의 증설이 이루어질 것인가는 좀 더 지켜볼 필요가 있고, 가격 경쟁력 차원에서 기존의 나프타 기반의 에틸렌크래커 설비는 폐쇄하고 에탄 기반의 크래커로 대체하는 설비들이 있기 때문에, 세계 생산에서 북미의 비중은 현재의 약 20%대 수준에 그칠 전망된다.[44] 따라서 2020년 북미지역 에틸렌 추가 생산은 2010년 대비 약 500~800만 톤 증대될 것이다.

중동은 과거 월등한 원가경쟁력이 있는 에탄 크래커 중심이었던데 반해 앞으로는 에탄 가스 부족으로 인해 나프타 크래커 위주로 건설을 해야 하는 경우에는 유럽, 아시아 대비 원가 경쟁력이 높지 않으므로 수익성이 담보되지 않으면 투자 결정이 지연될 가능성이 높다. 또한 미국 에탄 크래커 투자 발표 이후 나프타 기반의 아시아 지역 설비 투자가 지연되는 경향을 보이고 있는 점도 앞으로 미국의 에탄 기반 크래커에서 생산되는 에틸렌 및 그 파생상품들이 시장에서 상당한 영향력을 가질 것으로 예상하는 기초이다.

미국의 기존 에틸렌 주요 수출국은 남미 국가와 유럽이 대부분 이었으나, 에탄가스 기반 에틸렌 생산단가가 극동지역의 나프타 기반 에틸렌 가격보다 가격 경쟁력이 있는 것으로 보아 신증설의 주요 타깃의 대부분은 중국 등 아시아시장 수출을 목적으로 추진할 것으로 보인다. 그동안 미국은 주로 중남미나 유럽에 수출을 해왔지만, 상당한 물량이 중국을 포함한 아시아 국가로 향하게 될 경우 이 지역의 에틸렌 생산자들이 가격 압박을 받을 것으로 예상한다. 또한 이를 수송할 많은 수송선박이 필요할 것으로 예상한다(상세 사항은 〈7.3 조선산업의 영향〉 참조).

과거 중동이 원유 및 에탄가스 생산을 무기로 석유화학 시장의 패권을 장악하였을 때는 저가 범용 석유화학제품을 주로 생산하여 석유화학 시장에 미치는 영향이 제한적이었다. 또한 운용 및 인력 관리 등이 제대로 이루어지지 않아 빈번한 문제 발생과 생산 지연 등으로 거래신뢰도가 높지 못하였다. 국내 업체의 경우 고부가 및 기술집약적 제품생산이 가능하여 중동산 범용제품의 저가공세에 대응할 수 있었으며, 가까운 거리에서 납기 준수와 단기간 내 다품종 대량제품 공급 등을 통해 거래관계를 유지할 수 있었다. 앞으로 저가형 범용제품부터 고부가 및 기술집약형 첨단제품까지 생산할 수 있는 경험과 기술을 보유하고 있는 미국이 에탄 기반의 크래커 설비를 증설하게 되고, 가격을 무기로 수출에 나설 경우 세계 석유화학 시장의 경쟁판도를 흔들 수 있는 위협이 될 수 있을 것으로 보인다.[142]

프로판이나 부탄은 정제 과정에서 생성되는 액화 석유 가스(Liquefied Petroleum Gas)로 상온에서 낮은 압력으로도 액화 상태를 유지 할 수 있는 장점이 있어서 주로 연료용으로 많이 사용됐으나, 셰일가스의 생산증가와 더불어 생산이 증가하고 있는 프로판이나 부탄 역시 화학산업의 원료(Feedstock)가 될 수 있다. 셰일가스 공급확대로 인한 LPG 가격의 하락은 프로필렌 직접생산설비(On-Purpose 프로필렌 생산설비)의 경제성을 가져왔다. 프로필렌 직접생산설비로는 PDH(Propane Dehydration), MTP(Methanol to Propylene) 등이 있으며 프로판가스나 메탄올로부터 프로필렌을 직접 생산할 수 있다. 2012년 기준으로 NCC에서 57%, 정유설비에서 31%, 프로필렌 직접생산설비에서 12%가 생산되고 있으며 점진적으로 PDH로부터 생산되는 비중이 증가할 전망이다.[23, 142]

미국의 나프타 소비감소 및 일본과 유럽의 나프타 설비 감축은 국내 업체의 나프타 수입환경을 개선 시킬 수 있고, 에틸렌크랙카 설비의 방향이 점차 에탄을 위주로 한 원료 방식으로 전환되게 되면 부산물로 나오는 프로필렌, 뷰타다이엔 및 BTX 등의 생산이 나프타 기반보다는 적으므로 이들의 수급상 가격이 올라갈 수 있으므로 국내 나프타 기반 설비의 에틸렌 이외의 기초 석유화학 제품의 수익률이 올라갈 수 있다. 그러나 최근 SK가스에서 추진 중인 것처럼 근본적인 경쟁력 제고를 위해 셰일가스 생산으로 부생 되는 LPG 등을 이용한 프로필렌 등을 생산하는 것도 전체적인 시장 흐름에서 반사이익을 누릴 수 있다. 더 근원적으로는 에틸렌을 이용해서 고부가 올레핀 및 방향족 제조를 고려해볼 수 있다. 셰일가스 생산 시 추출되는 천연가스 액체 중에서 에탄은 처리하지 못해 다시 파이프로 주입하는 일이 많아지므로, 이를 수입해서 LNG의 열량을 올리면 LPG를 이용하는 것보다 경제적으로 천연가스의 열량 증열의 필요를 충족시킬 수 있다.

2. 중국의 영향

중국정부의 셰일가스 개발은 에너지원을 확보하려는 것도 있지만, 궁극적인 목적 중의 하나는 미세먼지를 줄이려는 것으로 보인다. 중국의 1차 에너지 구성에서 석탄이 차지하는 비중은 전 세계 평균 24%를 훨씬 뛰어넘는 약 70%에 육박하고 있고, 이 때문에 도시마다 살인적인 미세 먼지에 시달리고 있다. 따라서 증산되는 셰일가스는 먼저 1차 에너지믹스에서 석탄을 대체하는데 주안점을 둘 것으로 보인다. 그러나 일부 가스는 기존의 나프타를 원료로 하는 에탄 크래커를 대체하고 가스원료의 에탄크래커를 가동하는데 사용 될 것이다. 실례로 중국 시노펙은 2013년 6월 중국정부에 셰일가스를 원료로 하는 에틸렌 플랜트를 칭다오에 건설하는 방안을 중국정부에 건의했다.[144] 따라서 셰일가스가 반드시 미세먼지를 잡기 위해 1차 에너지의 믹스를 개선하는 데만 쓰일 것이라고는 보지 않는다.

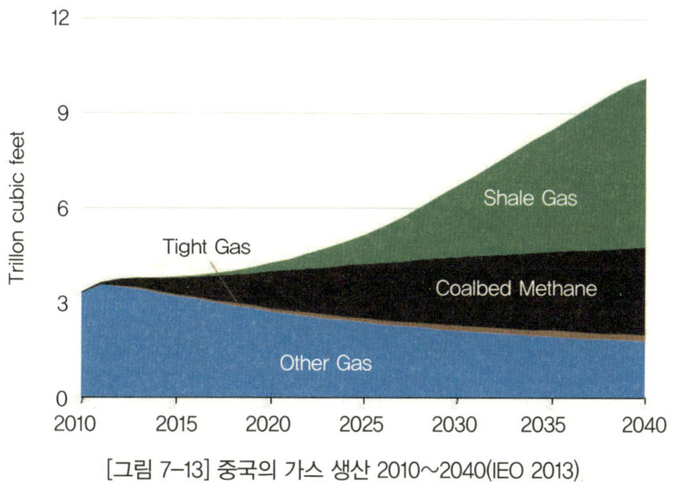

[그림 7-13] 중국의 가스 생산 2010~2040(IEO 2013)

중국의 셰일가스 개발과 현황에 대해 간단히 요약 정리하면 중국의 셰일가스 개발이 단기적으로는 중국정부의 기대치에 부응하기 어려울 것으로 전망된다. 그러나 장기적으로 해결되어야 할 여러 선결 문제들 특히, 환경적인 이슈, 용수문제, 인프라 문제, 그리고 관련 기술 개발 등에 대한 이슈를 성공적으로 해결할 경우 상당한 셰일가스 생산이 이루어질 것이다. 미국의 IEA는 2013년 이후 셰일가스 생산이 급격히 증가하는 것으로 예측했다. 중국의 셰일가스 생산에 대해선 전술한 〈4.4항 주요국가의 셰일가스 개발 현황〉을 참조 바란다.

중국정부에서 보조금을 지불하면서 증산을 권장하고 있는 비전통 천연가스의 생산은 우선 당분간 석탄층가스(CBM: Coal Bed Methane)가 증산되고, 셰일가스는 전술한 기술적 사항들이 해결되면 2020년 이후 급격히 증산될 것이다. 이러한 증산되는 비전통가스 중에서 CBM은 특성상 고탄화수소가 거의 없는 메탄이 주성분이다. 셰일가스는 셰일층에 따라 그 성분이 다양하지만 일부는 고탄화수소를 포함하고 있을 것으로 예측되므로 셰일가스를 포함한 천연가스에서 추출한 천연가스액체(NGL)는 화학 산업의 원료가스가 될 수 있다.

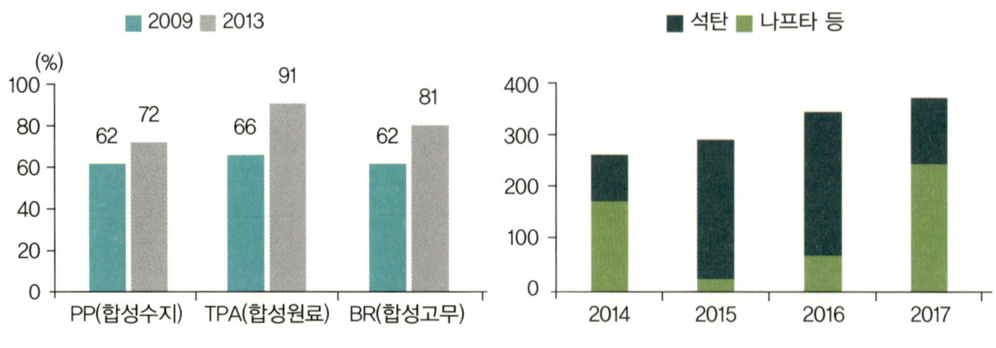

[그림 7-14] 중국의 주요 제품 자급률과 에틸렌 증설 계획(산업은행 재인용)

중국을 포함한 아시아 역내의 2013년 부족한 에틸렌은 약 1,057만 톤이다. 중국의 에틸렌 생산능력은 2005년 752만 톤에서 11차 5개년(06~10년) 계획을 통해 1,551만 톤으로 성장하였다. 이는 세계 에틸렌 생산능력의 약 9%에 해당하는 수치이다. 이처럼 중국이 에틸렌 설비 증설에 공격적인 이유는 연간 2,000만 톤이 넘는 에틸렌 환산 수요 대비 에틸렌 계열 제품의 자급률은 약 60%에 불과하기 때문이다. 중국은 11차 5개년을 통해 약 800만 톤 규모의 에틸렌 설비가 완공되었지만, 증가하는 내수를 충족하기 위해 계속해서 설비 증설을 계획하고 있다. 실제 12차 5개년(11~15년) 계획에서 Petrochina, Sinopec, CNPC 등은 에틸렌 생산능력을 최대 3,000만 톤으로 확대할 계획이며 이 때문에 중국의 화학제품 자급률은 약 75%로 상승이 예상된다.[145] 한국석유화학협회(2014. 3)에서 제공한 중국의 주요 제품의 자급률 추이와 지속적으로 부족한 에틸렌 설비 증설을 통해 2017년 까지 약 1,270만 톤을 증설할 계획이다.

중국의 석유화학제품 자급률은 11차 경제 계획과 12차 경제 계획을 통해 점차 자급률이 높아지고 있으나 원료 중 80% 이상이 나프타로 천연가스 기반인 미국, 중동 등에 비해 원가 경쟁력이 취약하다.[131] 이를 만회하기 위해 중국정부는 자급률 제고 차원에서 2014~2017년 에틸렌 신증설 중 60%를 석탄화학을 통해 생산하려고 계획하고 있다. 석탄화학은 석탄 처리 공정을 통해 화학제품을 생산하는 것으로 상업화 시도가 된 지는 오래되었으나 대규모 투자비와 다량의 용수가 요구되고, 환경오염문제로 그동안 경제성 부족으로 주목을 받지 못했다. 그러나 중국은 풍부한 석탄 매장량(세계 3위)을 바탕으로 석탄으로 화학제품을 만드는 공정의 상업화에 심혈을 기울여 왔으며 2000년대 후반 이후 고유가 지속 및 석탄 가격의 하락으로 석탄 화학의 경제성이 대폭 개선되어, 석탄화학이 재조명되고 있다.[23]

CTO(Coal-to-Olefins)는 석탄을 가스화하여 합성가스를 생산한 후 메탄올을 합성하여 올레핀 기초유분을 얻는 공정이다. 이를 통해 에틸렌, 프로필렌, PE(Polyethylene), PP(Polypropylene) 및 아세틸 제품을 생산할 수 있다. CTO 공정은 이미 2011년에 도입되어 상업생산이 개시되었다. 중국 정부는 12차 5개년 계획 기간(2011~2015) 동안 올레핀 생산의 20% 이상(950만 톤)을 석탄으로 대체한다는 목표를 가지고 있다.[23] 현재 가동하고 있는 석탄화학 설비 규모는 180만 톤으로 향후 770만 톤이 추가되어야 한다. 특히 석탄을 공기와 차단하고 가열분해 하여 카본블랙(Carbon Black 고무제품 보강제 등의 원료)이나 PVC를 생산하는 건류 공법은 이미 상용화되었으며 최근에는 CTO, CTL(Coal-to-Liquid)기술을 적용하여 시험생산공장을 구축하고 있는 것으로 조사되었다. 중국 내에서 생산되는 메탄올의 74%, PVC의 84%가 이미 석탄화학공정을 통해 생산되는 것으로 조사되었다.[142]

중국정부는 에탄 설비 중심의 투자로 인해 공급 부족이 예상되는 BTX 제품을 석탄 기반으로 생산하는 기술의 상용화 노력을 진행하고 있으므로 장기적으로 BTX 제품도 양산할 가능성이 있다. 이미 중국에서는 두 개의 석탄기반 BTX 시범 설비(각각 1만 톤과 20만 톤 규모) 가동을 개시하여 상용화 기술을 검증 중에 있다.[23]

광산지역의 석탄 거래가격이 톤당 30~40달러로 유지된다면 유가가 80달러 이상에서 원가 경쟁력이 있는 것으로 알려졌으며, 중국의 서북부지역개발 정책과도 맥을 같이 하고 있어 지속해서 추진 될 가능성이 높다.[142] 한국 석유화학산업은 나프타를 원료로 사용하여 대부분 중국에 수출하는 구조인데 중국의 석유화학제품 원료 중 나프타가 차지하는 비중은 우리와 비슷하게 90% 이상을 차지하고 있으나(한국은 95% 정도), 석탄화학에 의해 올레핀을 생산할 경우 국내 기업의 원가 경쟁력 및 수익성 하락이 예상된다. 향후 투자 계획을 고려하면 석탄 화학을 이용한 관련 제품 생산이 더욱 확대될 전망이고 중국 내 다양한 석탄화학 제품군이 양산될 경우 국내 석유화학 기업들에 또 하나의 큰 위협 요인으로 작용할 가능성

이 존재한다.[23]

석탄과 가스의 기초에너지 간의 역학이 복잡하게 작용할 소지가 있다. 즉 미국 셰일가스 생산 증가 및 가스 가격 하락으로 인해 미국 석탄수출이 확대되고, 세계 석탄 가격이 하락하면서([그림 7-15] 참조) 중장기적으로 중국 석탄화학이 급부상할 가능성이 있다. 또한 그동안 고유가 지속 및 석탄 가격의 하락으로 석탄화학의 경제성이 대폭 개선되었고, 석탄화학 공정을 통해 생산되는 제품은 에틸렌 계열뿐 아니라 비 에틸렌 계열 제품까지 다양하므로 2020년 이후 중국 셰일가스 생산이 본격화될 경우 석탄화학 제품과 함께 가스 기반의 제품이 양산되어 다양한 원료를 바탕으로 한 중국 석유화학산업의 경쟁력이 급증할 전망이다.[23]

[그림 7-15] 국제 석탄 가격 추이

HDPE, PP 등 중동산 제품의 수입 시장 점유율은 각각 2010년 39%와 19%에서 2012년 55%와 29%로 확대된 반면, 역내 국가들의 시장점유율은 일제히 하락한 것을 보면 PE/PP 수입 시장의 외형 성장 수혜는 원가 경쟁력을 갖춘 중동산 제품으로 제한된 모습이다. 한국, 일본, 타이완 등 아시아 국가의 시장 점유율은 중동산 제품의 가격 경쟁력에 밀려 하락세를 보이고 있다.[145]

중국 자체에서 생산되는 화학제품의 원가절감에 따른 우리 제품의 경쟁력감퇴라는 복병도 있지만, 미국의 에틸렌 계열 원가경쟁력 향상으로 시장을 잠식할 가능성이 있다. 미국에서 생산되는 PE 및 PVC 대부분 유럽과 남미로 수출되고 있고, 중국 내 시장 점유율은 2011년까지 약 10% 내외로 단기간의 급격한 시장 변동은 없을 것으로 판단되지만, 우리 석유화학 수출의 48%를 차지하는 중국시장에서 장기적으로는 미국 제품과의 경쟁이 치열해질 것으로 예상된다.[44]

중국의 미국산 PVC 수입량은 2008년 6만 2천 톤(중국 전체 수입량의 7.7%)에서 2011년 36만 4천 톤(중국 전체 수입량의 35%)으로 급증하였는데, 에탄크래커 설비들이 가동을 시작하는 2017년 이후 증가세가 가속화될 전망이다. 수출입은행에서 예측한 자료에 의하면 2018년 미국의 PE 수출량은 중국 수입량 수준에 달할 것으로 전망되는 등 에틸렌 계열 제품의 경우 한국기업의 주요 수출시장인 중국시장이 축소될 우려가 크고, 2010년대 후반 이후 2020년까지 에틸렌을 주원료로 사용하여 생산되는 PE, PVC 등의 제품군은 미국의 낮은 원가 제품의 수출 확대로 인한 경쟁 심화로 수익성 악화가 예상된다.[23]

4. 플랜트 산업의 영향

IEA의 분석결과에 따르면 2035년까지 100만 개 이상의 새로운 시추가 실시되어 가스개발 플랜트의 발주가 증대될 것으로 전망된다. 셰일가스 개발 및 확산이 플랜트산업에 미치는 영향은 다양하게 나타날 수 있는데 셰일가스의 Value Chain에 직접 관련된 사업들과 간접 관련 사업들이 있을 수 있다. 직접 관련되는 사업은 〈7.1항 Value Chain 분석〉에서 언급한 것처럼 상류 부문의 가스개발 및 생산 등을 들 수 있고, 중류 부문에서는 수처리, 가스처리 설비, 배관수송 및 가스저장 설비 등이 있다. 하류 부분에는 액화설비가 대표적이다.

[표 7-9] 북미 셰일가스 플랜트 시장규모 전망(2012~2020) (단위 : 십억 달러)

구분	금액	비중(%)
가스처리	10.0	13
가스발전	14.5	19
LNG	12.5	16
크래킹	3.0	4
가스화학	36.0	48
총계	76.0	100

자료 : Accenture(2013.12), "셰일가스 및 관련 산업 전망/분석과 사업화전략

이와는 별도로 간접 관련 사업으로는 수입 LNG 터미널, 전력 설비, 그리고 가스화학 플랜트 등이 있다. Accenture(2013. 12)의 분석에 따른 북미 셰일가스 및 관련 산업 전망과 분석에 의하면 2012년~2020년까지의 플랜트 시장 규모는 약 760억 달러에 이른다.

또한 우리 플랜트 업체들의 해외 수주는 중동 및 아시아 국가에 집중되어 있어 북미 경험이 부족하고 선진국 대비 기술 수준이 낮다. [그림 7-16]은 그동안 국내 플랜트 업계에서 수주한 지역별 수주 비중을 보여준다.

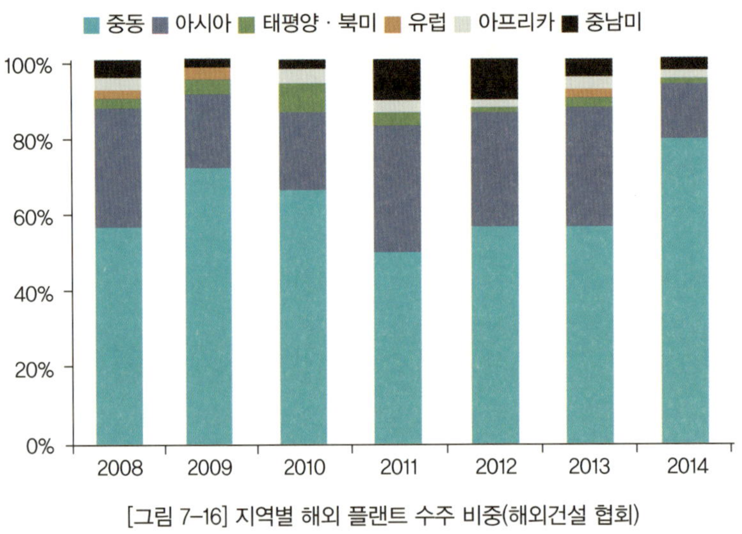

[그림 7-16] 지역별 해외 플랜트 수주 비중(해외건설 협회)

플랜트 사업의 영향성을 논하기 위해서는 우리의 기술 수준과 우리 플랜트 업계의 핵심 역량이 어디에 있는지, 그리고 사업을 추진하기 위해 요구되는 사항과 우리의 현주소 사이의 격차가 무엇인지를 먼저 검토해야 한다.

가스개발 및 생산

셰일가스를 생산하는 가스정의 특성상 한 개의 가스정에서 회수 가능한 가스가 많지 않고, 가스생산량 감소가 급격하기 때문에 많은 가스정을 계속해서 시추해야 한다. 상류 부문의 개발에 우리 기업들의 참여가 점점 늘어가는 것은 사실이지만, 플랜트 업계가 상류 부문에서 할 수 있는 일과 그러한 행위를 통해서 다른 분야나 유관분야와의 시너지가 있는지 그리고 그런 기술을 확보할 수 있는지 또는 운영역량은 있는지 검토가 필요하다. 플랜트 업계가 그동안 추진해온 가스처리설비, 화학플랜트, 발전소 등에서는 충분한 역량을 갖추고 있지만, 상류 부문의 시추나 시추정 완결 및 수압 파쇄업무는 역무의 성격상 우리 플랜트 업계가 그동안 해온 일과는 다른 분야로서 채굴 기술 확보 및 관련 기술을 확보하기 위해 관련 회사와 M&A를 한다든지 제휴를 해야 한다는 주장은 설득력이 없다. 오히려 상류 부문을 개발하는 회사는 이러한 상류 부문의 서비스를 제공하는 경험 있는 회사들을 관리할 수 있는 역량확보가 필요하다고 본다.

수처리

앞장 〈5.4장 물 소요량 및 물처리〉에서 설명한 것처럼 수처리는 크게 두 단계로 나누어 볼 수 있다. 하나는 수평정 시추단계에서 나오는 시추수를 처리하는 것과 수압파쇄 단계에서 나오는 환류수이다. 다른 하나는 생산과정에서 나오는 지층수 처리 등이다. 수압 파쇄 후 환류수 양은 세일 층의 특성, 사용한 파쇄 유체 등에 따라 많이 달라진다. 환경적인 관심들이 날로 높아지고, 가스정 개발과 관련된 물 처리의 기준은 주마다 혹은 국가마다 다르지만 수압파쇄의 환류수가 가장 높은 환경오염의 위협성을 가진다

셰일가스 개반을 위해 사용되는 물의 관리와 처리 방법은 크게 세 가지로 구분할 수 있다. 첫 번째 대안은 심정 주입(Deep Well Injection)이다. 지하 깊숙이 환류수를 암반층에 다시 주입하는 방법은 셰일가스 개발 초기부터 계속 이용되던 방법이다. 두 번째 방안은 수처리 후 다른 수압파쇄에 재이용 방법이다. 이는 박테리아, Oil/Grease 등과 시추공을 막을 위험성이 있는 바륨, 칼슘, 철, 마그네슘 등의 경수 미네랄들을 제거하는 일반적인 수처리 공법들을 조합해 적용한다. 세 번째 방안은 고도 수처리 방법이다. 심각히 오염된 환류수와 가스 생산 시 같이 나오는 지층수를 국가 수질 기준을 만족할 수 있는 우수한 수질로 처리하여 인근 지역 수원에 방류할 수 있도록 해야 한다는 요구 조건이 거세지면서 고려되는 방법이다.

일반적으로 셰일가스 수처리 설비는 보통 하루에 약 1,500m^3 이상의 처리 용량 혹은 4일 동안 8,000m^3의 처리 용량에 TDS 99% 이상의 처리 효율과 규제 당국에서 제시한 최종

적인 하수 방출 기준을 유지해야 한다. 환류수의 특성이 지역에 따라 다양하고, 높은 TDS와 오일 등 다양한 종류의 물질들이 녹아 있어 기존의 단순공정으로는 수처리가 쉽지 않기 때문에, 셰일가스 수처리 기술은 새로운 복합 처리 공정을 요구한다. 생산과정에서 발생하는 지층수는 처리할 양이 그리 많지 않기 때문에 패키지형 또는 모듈형 여과(Multi-stage Modular Filtration), 마이크로 여과삼투압(Micro filter-Osmosis), 역전전기투석법(Electrodialysis Reversal) 등 다양한 고도처리기술이 연구되고 있다.

심정주입은 몇몇 주에서 사용하고 있으나 앞으로 갈수록 환경적인 요구사항이 높아지면서 모든 수압파쇄수나 셰일가스 생산 시 나오는 지층수의 처리를 하수방출 기준에 맞추는 것이 필요할 것으로 보인다. 이를 위한 가능한 기술들은 아래와 같다. 환류수 및 지층수의 오염정도 및 허용 방류기준에 따라 사용할 기술을 선정하거나 또는 몇 가지 기술을 조합하여 가장 경제적인 기술을 선정하면 된다. [자세한 내용은 〈5.4장 물소요량 및 물처리〉 참조]

- 유류분리공정(Separation of Oil/Grease)
- 증발(Evaporation)
- 증류(Distillation)
- 결정(Crystallization)
- 역삼투압(Reverse Osmosis)
- 이온교환(Ion Exchange)

수처리는 셰일가스 관련 산업 중 아직 경쟁이 치열하지 않은 분야이지만, Lux Research에서는 2020년에 셰일가스 개발과 관련한 수처리 산업의 크기가 약 90억 달러 정도가 될 것으로 전망한다.[106] 국내는 아직 셰일가스 수처리 산업이 정착되지 않았지만, 우리 플랜트 업계가 중동을 포함한 다른 국가들에 이런 유사한 수처리 설비들을 설계 제작 및 설치를 해본 경험이 많은 분야로 우리에게 많은 기회가 있을 것이다.

가스처리설비

셰일가스 처리설비는 가스생산정에서 나온 가스 중에 포함된 물, 셰일오일과 가스를 일차적으로 분리하고 난 후 셰일가스 중에 있는 산성가스 들(H$_2$S 및 CO$_2$)을 제거한다. 가스를 파이프라인에 수송하기 위해서는 가스파이프라인 회사에서 요구하는 가스품질을 만족시켜야 하고, 일반적으로 천연가스액체(NGL)의 가격이 가스 가격보다 높기 때문에 NGL을 추출한 후에 가스배관을 통해 수송한다. 이러한 불순물제거 및 NGL 추출 등의 일련의 과정이 바로 가스처리설비(Gas Processing Plant)이다. [그림 7-17]은 가스처리 플랜트의 간단한 프로세스의 블록다이어그램이다. 가스정에서 나온 가스가 파이프라인을 통해 수송할 수 있기까지의 과정과 천연가스액체의 추출단계를 간단히 보여준다.

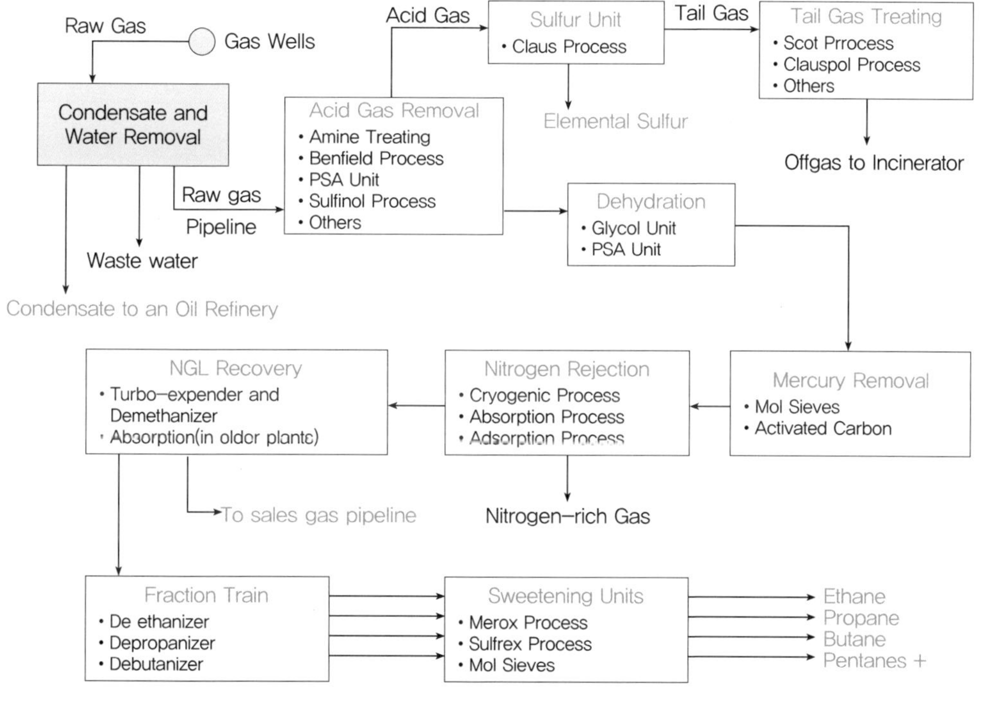

[그림 7-17] 셰일가스 처리프로세스 블록다이어그램

2016년 초부터 점진적으로 미국의 액화 기지에서 가스 수출이 시작되면, 가스 가격이 어느 정도 영향을 받게 되고 가스거래가 활발해질 것으로 예상한다. 그동안 지역적으로 분리되었던 가스시장의 세계화가 진행되면서 가스처리 시설의 발주 증가로 이어질 가능성이 높다. Accenture의 조사에 따르면 2012~2020년까지 북미 셰일가스의 가스처리설비 시장

규모는 약 100억 달러에 이른다.[146] 가스처리 시설은 우리가 그동안 태국과 중동 국가 등에서 수행해왔던 가스처리 시설과 거의 같으므로 우리나라의 플랜트 업계가 경험과 가격 경쟁력을 가지고 있는 분야이다. 북미 지역에 진출한 경험이 많지 않으므로 현지 업체와의 컨소시엄 형태로 진입하는 것도 위험을 분산하고 현지관리의 안전성과 효율성을 올리면서 효과적으로 사업진출할 수 있는 방안이 될 것으로 본다.

배관 수송 및 가스저장 설비

미국의 가스배관 인프라는 전 세계에서 가장 잘 발달 되어 있지만, 셰일가스가 본격적으로 개발되기 전에는 가스가 많이 생산되는 미국 걸프만(Gulf of Mexico) 지역에서 가스수요가 많이 몰려 있는 동북부 지역으로 가스를 이송할 수 있는 시스템으로 구축되어 있었다. 그러나 셰일가스 개발로 인해 동북부 지역에 근접한 Marcellus 지역에서 생산되는 상당한 가스가 동북부 지역의 수요를 충당하고 오히려 남쪽으로 가스가 이송되어야 하는 상황이 발생하게 되었다. 아래 두 그림은 셰일가스 개발 이전의 가스 흐름과 셰일가스 이후의 가스 흐름을 보여주고 있다.

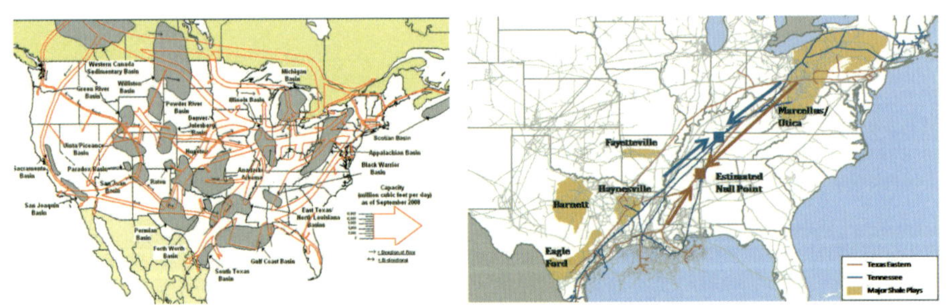

[그림 7-18] 가스흐름의 다이나믹스 변화(EIA & BV.com)

기존의 파이프라인 시스템을 보강하거나 추가로 건설하여야 하는 직접적인 이유는 미국 내 셰일가스 증산과 맞물려서 미국 내 오일생산량 증가로 캐나다에서 수입하는 오일과 가스양이 점차 줄어들게 되었기 때문이다. 그래서 2020년까지 텍사스 외곽 중남부에서 시카고와 동남부 지역, 중서부 지역에서 서부 · 북부로의 운송 확대를 위한 신규 파이프라인 확충 및 기존라인 용도변경이 예상된다. 따라서 새로운 가스 흐름의 역학을 맞추기 위해 신규 파이프라인 건설이 필요하다.

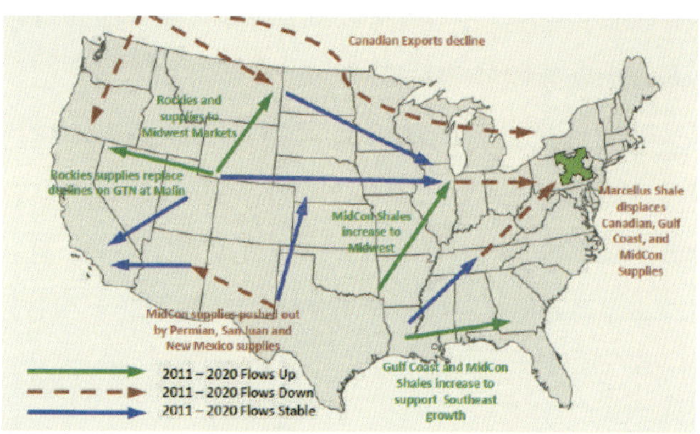

[그림 7-19] 미국 파이프 라인 변화 예상도(Gas and Electric Infrastructure Interdependency Analysis)

이러한 미국 내의 오일과 가스의 파이프라인 건설시장은 IBIS World에 의하면 연평균 4.6% 성장하여 2018년에는 510억 달러에 이를 전망이다.[147] 우리의 플랜트 건설업계가 국내외에서 수행한 유사한 공사실적이 많고 경험이 풍부한 장점을 가지고 있지만, 미국이라는 공사환경의 지역적 특수성이 있으므로 미국 현지 업체와의 협업을 통해 수주하는 것이 바람직할 것이다.

액화설비

미국의 셰일가스 활동에서 전술한 바와 같이 현재 약 10개의 프로젝트가 미국 에너지부로부터 non-FTA국가로의 LNG 수출 허가를 받고 프로젝트 개발에 필요한 활동들을 진행 중이고, 2014년 11월 기준 1개의 수출 프로젝트가 최종적으로 미연방에너규제위원회(FERC: Federal Energy Regulation Commission)의 건설 승인을 받아 현재 건설 중이다. DOE로부터 수출 허가(non-FTA 또는 FTA국가에 관계없이)를 받은 프로젝트들은 미연방 에너지규제위원회의 건설허가를 받아야 하는데 환경보호청의 환경영향평가가 상당히 중요한 관건이다. 그러나 상당한 프로젝트들이 FERC의 건설 승인을 받으면 최종 투자 결정(Final Investment Decision)을 내릴 준비를 하고 있다. 아직 진행 중이므로 몇 개의 수출 프로젝트들이 최종적으로 미연방에너규제위원회의 건설 승인을 받을 수 있을지는 아직 불확실하다.

셰일가스의 수출을 위한 액화 설비들은 주로 기존의 LNG 수입 터미널을 개조하는 프로젝트들이 대부분이다. 새로운 프로젝트는 항만 시설과 LNG 저장 시설 등을 새로 만들어야 하므로 건설단가 측면에서 기존의 수입기지 개조 프로젝트 보다는 불리한 점이 많다. 허가 과정에서 중요한 요소인 환경 영향 평가 역시 이미 수입기지를 건설하는 인허가 과정에서 이미 상당한 부분들의 검토가 이루어졌으므로 액화기지로의 변경에 따른 환경영향평가를 받으면 되기 때문에 훨씬 손쉬운 점이 있다. 인허가를 받기 쉽고 건설 단가가 저렴하다는 점들보다 더 중요한 사항은 액화기지 건설이 경제적으로 가능하다는 점 때문에 LNG 구매자가 더 많다. 어느 프로젝트든지 구매자가 확보되지 않으면 모든 여건을 다 갖춰도 최종적인 투가 의사 결정이 이루어지기 곤란하고, 프로젝트 자체가 성사되기 어렵다.

북미의 경우 Accenture의 분석 보고서에 따르면 2012~2020년까지의 시장 규모는 약 1,250억 달러에 이를 것으로 보인다. LNG 설비 건설의 특성상 특수한 관계가 아니면 경험 없는 회사가 입찰에 참여하거나 공사에 주 계약자로 참여하는 것은 어렵다. 아직은 국내 플랜트 업체에서 액화 설비의 주 계약자로 나설 수 있는 경험 있는 회사가 없으므로 국내 기업의 참여는 한정적일 수밖에 없다.

LNG 수입기지

셰일가스로 인해 지역적인 가스시장들이 세계화되고 그동안 오일 가격에 연동되던 가격체계가 오일 가격과 어느 정도 유리(Decoupling)되면서 궁극적으로는 가스 거래가 활발해지고, 역내 가스거래뿐 아니라 다른 지역으로의 가스 수출도 활발하게 될 것으로 보인다. 미국의 가스 수출은 파이프라인을 이용해 멕시코로 수출하는 물량을 제외하면 거의 LNG 형식으로 수출 될 것이다.

따라서 국내외를 막론하고 LNG 수입기지 건설이 활발하게 진행될 것으로 보인다. 한국의 경우 도매용 가스수입을 독점하고 있는 가스공사는 저장시설 확충을 위해 2010년 착공한 삼척 LNG 저장탱크(총 12기, 240만m^3)와 더불어 2018년 인천기지 증설(40만m^3)하여 저장용량을 추가 확보할 계획이다.[135] 이와는 별도로 한국가스공사의 제5 LNG 인수기지의 건설도 계획 중에 있어 LNG 관련 대규모 설비건설 수요는 지속해서 이어질 전망이므로 초저온 기자재, 초저온 발브류, 스테인리스 파이프, 탱크 및 배관 보냉재 등의 수요가 증가할 뿐 아니라 근본적으로 플랜트 EPC기회가 늘어날 것으로 보인다.

전력설비

지속적인 가스 수요의 증가에도 불구하고 셰일가스의 개발은 가스 가격을 낮은 수준으로 유지하고 있기 때문에 에너지 공급원으로써 천연가스의 장점이 크게 주목받고 있다. 따라서 발전부문의 원료로 사용되는 가스 비중은 높아질 것으로 예상한다. 세계 전력생산용 연료 중 천연가스 비중은 2009년 22%에서 2035년 24%로 증가하는 반면에 석탄 비중은 40%에서 37%로 감소할 것으로 추정된다. 온실가스 규제가 강화되면서 친환경적인 가스는 석탄을 대체하여 유럽과 북미를 포함한 선진지역의 발전부문에서 비중이 높아질 전망이다. 또한 일본 후쿠시마 원전사고 이후 세계 각국이 원전을 포기하면서 원자력 발전부문에서도 대체원료로 가스소비가 늘어날 것으로 기대된다.[143]

IEA의 예측에 의하면 2035년까지 증설되는 가스 발전용량은 1,392GW이며 지역별로 북미 19%(미국 15%), 중동 11%, 중남미 6%를 차지할 것으로 전망하고 있다. 특히 중남미에서는 2035년까지 총 78GW가 증설될 것으로 예상되는데 브라질의 비중이 높을 것(46GW)으로 보인다. 가스복합화력발전 EPC는 기술적 진입 장벽이 낮으며 일본, 유럽, 한국기업의 경쟁력 수준에 큰 차이가 없어 가격 경쟁력이 중요한 요인이다. 우리 기업의 해외 플랜트 수주 중 발전 플랜트 비중은 18%, 가스복합화력 비중은 6%로 우리 기업이 상당한 경쟁력을 확보하고 있다. 그러나 단순 시공에서 벗어나 엔지니어링, 구매, 금융, 시공까지 아우르는 선진국형 모델인 투자개발형 사업 모델로의 변화로 수익성 제고가 필요할 것으로 본다.

국내의 경우 발전원가만 고려하면 셰일가스 도입 이후에도 가스발전이 원전 · 석탄발전 등의 기저발전을 대체하기는 어려워 LNG 발전설비 확대는 미미할 것으로 보이며, 정부의 제6차 전력수급기본계획에서도 2027년까지 발전설비 총투자비에서 LNG 발전설비 투자비는 13.5조 원으로 총 투자비 70조 원의 19.4%에 불과한 실정이다.[135]

화학산업

우리나라 플랜트회사는 나프타를 기반으로 한 석유화학 플랜트 부문에 비교우위를 가지고 있어 중동의 석유화학 관련 프로젝트를 주로 수주하였다. 그러나 가스화학은 셰일가스의 대량생산으로 저렴한 가스로부터 추출되는 에탄을 기반으로 하여 석유화학보다 제조원가를 낮출 수 있을 것으로 예상한다. 이러한 가격경쟁력의 우위로 인해 가스화학 플랜트 발주가 셰일가스 개발 국가를 중심으로 늘어날 것으로 전망된다.[143] 미국석유화학 투자 계획(Chemical Week)에 따르면 에탄 중심 석유화학 산업 확대에 따라 2012년 약 70억 달러에 머물던 석유화학 투자가 2015년에는 130억 달러에 이를 것으로 전망하고 있다.[44]

발주 예상 플랜트 용량 및 계획들에 대한 상세 사항은 전술한 〈7.3항 화학산업의 영향〉을 참조하기 바란다.

5. 철강, 기계, 자동차 및 LNG 벙커링

셰일가스 개발과 관련해서 상류, 중류, 하류 전 부문에 걸쳐 활발하게 기계류, 배관류, 장비류와 탱크류 뿐만 아니라 장비들의 이송을 위한 운송장비들의 수요가 늘고 있다. 또한 궁극적으로는 천연가스 가격의 하향 안정화로 인해서 수송 부문에서 액체연료를 대체하는 수요가 있을 것으로 보이므로 자동차 산업에서 천연가스 이용에 대한 사항을 정리했다. 해양 수송에서도 수송비의 가장 많은 부분을 차지하는 연료의 안정적이고 경제적인 측면과 갈수록 거세지는 환경적인 사항을 충족시키기 위한 방편으로 LNG 벙커링이 전 세계적으로 관심을 갖고 추진 중이다. 따라서 본 장에서는 셰일가스의 관련 산업의 영향성을 철강, 기계, 자동차 그리고 해양운송 연료(LNG Bunkering) 등으로 나누어 기술한다.

1. 철강 산업

셰일가스 증산과 더불어 가스 가격이 저렴해지면서 철강 생산 공정에 큰 변화가 일고 있다. 그동안 철광석에서 철강을 얻기 위해서는 제선 과정과 제강 과정을 거쳐서 최종적으로 각종 판재나 선재를 생산하는 것이 일반적이었다. 특히 유연탄을 원료로 코크스를 만들어서 철광석을 고로에서 녹이기 위해 사용해 왔으나, 코크스제조용 유연탄 가격 대비 천연가스의 가격이 저렴해지면서 천연가스를 이용해서 제선 및 제강 작업을 할 수 있는 공법들이 개발되었다.

이 중에서 요즘 주목을 받고 있는 기술이 '직접환원제철법'이다. 셰일가스의 주성분인 메탄(CH_4)은 경제적인 수소(H_2) 공급원으로서 철광석의 환원 속도가 석탄 대비 빨라 생산성 향상은 물론 CO_2 배출이 석탄의 절반 수준이라서 제조업종 중 최대 CO_2 배출산업인 철강 산업의 탄소 규제에 따른 부담을 완화할 수 있는 장점이 있다.[164] 이는 철광석을 고체상태에서 환원가스(CO, H_2)를 사용하여 환원시켜 철원을 제조하는 기술로, 생산된 직접환원철은 불순물이 적어 고급 고철의 대용으로 사용한다. 직접환원철은 크게 DRI(Direct Reduction Iron), HBI(Hot Briquetted Iron), Iron Carbide의 세 가지로 구분되는데, 이 중 가장 많이 사용되는 DRI는 천연가스를 변성하여 환원가스화 하거나 석탄을 직접 투입하여 철광석을 환원하여 제조한다.[148]

직접환원철은 철 스크랩(고철)이 부족하고 천연가스가 풍부한 지역에서 철원을 공급하기 위한 목적으로 개발되었다. 전 세계적으로 전기로 설비증설과 함께 판재 제품 중심으로 제품 고급화가 이루어지면서 고급 고철의 안정적 확보 문제가 이슈화되었으며, 이를 해결할 방법으로 고급 철 스크랩의 대체 철원으로 직접환원철이 부상하면서 최근 활발한 기술개발이 이루어지고 있다.[135] 직접환원철 플랜트는 고로 공정 대비 초기 투자비가 적고, 생산설비 건설 기간이 상대적으로 짧아 철강수요가 급증하고 천연가스 및 석탄 등 자원 등을 보유한 신흥자원국 중심으로 설비 신설이 증가하는 추세이다.

미국의 평균 철강 생산원가는 약 $600/톤 정도이지만, Nucor사는 Trinidad Tobago에 건설 중인 DRI 공장에서 천연가스($2/MMBtu)를 활용하여 $55~60/톤의 원가절감을 추구하고 있다. 그리고 US 스틸은 $15/톤('12년)의 원가절감을 예상하고 있어,[131, 135] 미 철강업계 내 원료 대체(석탄에서 가스로) 효과로 제품 가격경쟁력이 상승하는 점은 국내 철강업계에 부정적이라고 할 수 있다. 그러나 포스코, 현대 하이스코 등도 DRI를 생산하고 있고, 2012년 6월부터 동부제철이 전기로에 DRI 투입을 시작하였으며, 향후 철 스크랩, 선철, DRI의 최적

배합비를 찾아 원가를 낮출 수 있다.[135] 그러나 장기적으로 미국 철강산업 내 셰일가스 활용 및 중국시장 셰일가스 개발이 본격화될 경우 국내 철강업계에 위협이 될 수 있다.

에너지경제연구소의 조사에 의하면 향후 10년간 중국 OCTG(Oil Country Tublar Goods) 수요 증가분의 43%가 Offshore, 셰일가스 등 가혹환경에 적합한 하이 엔드(High-End) 제품일 것으로 전망하나, 자국 내 공급과잉 상황임에도 불구하고 아직 하이 엔드 제품 수요 대부분은 수입에 의존할 것으로 본다.[44] 또한 중국정부는 기술력 제고를 위해 중국 강관업체에 대한 해외기업의 경영권 확보 허용을 고려하고 있으므로, 중국에서 OCTG 제품이 본격적으로 수출하기 시작하면 우리의 최대 수출 시장인 미국으로의 강관수출 감소 및 세계시장에서 경쟁격화가 전망된다.

가스 생산정에 소요되는 파이프는 오일 생산정에 소요되는 것보다 일반적으로 높은 등급의 파이프가 필요하고, 셰일오일 보다는 셰일가스정에서 생산 허용치가 훨씬 적은 고급 강종(Premium Grade)이 필요하다. IEA의 예측에 의하면 2012~35년 까지 미국 내의 수송배관에 약 $2조 달러가 소요될 것으로 추정하고 LNG 수출 설비 건설에 약 7,650억 달러가 소요될 것으로 추정하고 있다[30]. 또한 Oil & Gas Journal에서 2014년 1월에 조사한 바로는 전 세계적으로 175,500km(109,066 mi) 수송배관 건설을 계획하고 있거나 건설 중이며 북미에서만 2014~2022년까지 약 37,000km(23,000mi)에 이르며 약 $220억 달러가 소요될 것으로 예상하고 있다.[149]

셰일가스 개발에 적용되는 수평정은 전통가스개발 시에 적용되는 수직정 보다 약 4~10배의 유정용 강관(OCTG)을 사용하게 되고, 고강도 내마모 고급강재와 고급 연결구(Premium Connection)의 수요가 증가하게 된다. 미국의 셰일가스 채굴 저장, 수송용 강제 수요가 2009년 이후 매년 증가하여 2010년에 4.1백만 톤 이었던 것이 2013년에는 7백만 톤을 약간 넘겼다.[150] 미국 내 강재 수요 증가에 대응하기 위해 상당한 물량을 외국에서 수입하고 있지만, 미국 자체의 철강업체들이 신규 설비를 증설하고 있다.

[표 7-10] 미국 내 유정용 강관 설비 신, 증설 현황 (단위 : 천 톤)

회사명	2012	2013	2014	2015~	소계
Boomerang	160				160
Evraz	100	50			150
Lakeside	192				192
Tenaris				650	650
US Steel	260				260
V&M		300	200		500
Tianjin			200	350	550
Others	100	50	50	50	250
계	812	400	450	1,050	2,712

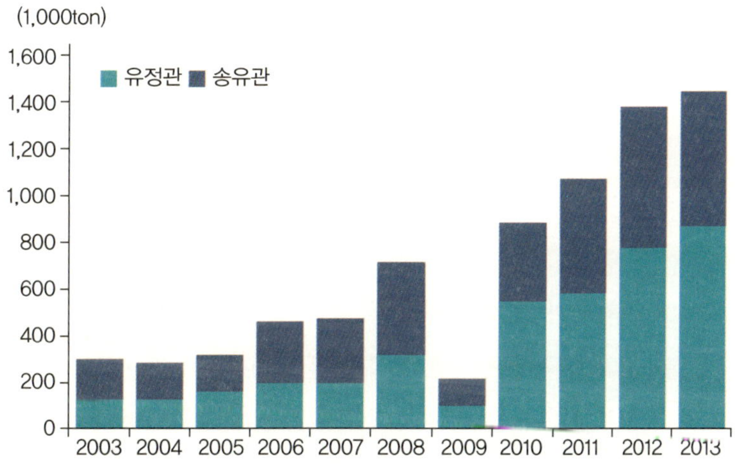

[그림 7-20] 에너지강재(OCTG) 대미 수출 추이(한국철강협회)

2013년 미국의 유정용강관(OCTG) 시장은 공급부족으로 수요의 1/2 정도를 수입에 의존하고 있으며, 국내 강관업계는 고강도, 고내식성, 극저온용 첨단 강재를 개발하고 수출 확대에 노력하여 강관제품 수출 비중이 2000년대 초 20%대 초반에서 2012년에는 40%까지 확대되었다.[135] 특히 미국으로의 에너지 강재 수출량은 지난 10년간(2003~2013년) 연평균 약 20% 증가하여 미국시장 점유율도 2008년 11%에서 2011년에 27.6%로 상승하였다.[131] 따라서 향후 셰일가스 등 비전통 에너지 개발 수요가 지속될 경우 채굴, 저장, 수송용 강재 수요가 확대되면서 국내 강관업체의 수혜가 예상된다.[131] 유정용 강관은 국내 생산의 98% 이상을 수출하는 품목이고 북미 시장은 유정용 강관을 비롯한 철강제품의 주력수출 시장인 바 한국산 유정용 강관에 대한 반덤핑 관세 확정(2014.8.22, 최대 15.75%)으로 대미수출에 영향을 받을 것이다.

2. 기계산업

북미에서 시작된 셰일가스 개발 및 생산이 급증함에 따라 가스의 생산, 저장, 소비 등 Value Chain에 관련된 우리나라 산업의 수출이 늘어날 것으로 전망되고, 가스 중심으로 세계 에너지산업이 재편되면서 우리나라 기계산업은 중장기적으로 긍정적인 영향을 받을 것으로 기대된다. 상류 부문과 하류 부문 간에 다양한 장비와 관련 기자재를 공급할 수 있는 기계산업은 단기적으로 채굴기계 산업의 수출을 증대시킬 기회가 될 것으로 예상하고, 생산설비에 필요한 감속기, 가스압축기, 굴착기 등 기계산업의 수요가 증대될 것으로 전망된다. 특히 셰일가스 생산에 필요한 베어링/기어 및 동력전달장치, 건설기계와 부품, 공작기계와 셰일가스의 수송·저장에 필요한 펌프와 압축기 및 밸브, 피팅류(관 이음쇠 제조업체) 업체들의 수혜가 예상된다.[143]

셰일가스의 개발 생산량이 가파르게 증가함에 따라 2012년 상반기 캐터필라, 존디어, 테렉스, 아틀라스콥코 등의 미국 건설기계 업체 실적이 개선되었고, 이에 따라 대미(對美) 건설기계 부품 수출액이 크게 증가하는 등 국내 기계산업의 수출에 긍정적인 영향을 미치고 있는 것 등이 좋은 예이다. 대미 건설기계 부품 수출은 2010년 1월 700만 달러에서 2012년 10월 2,000만 달러로 증가하였으며, 수출에서의 비중도 3.5%에서 13.1%로 상승하였다.[151] 건설기계 부품뿐 아니라 건설기계 수출도 셰일가스 개발과 함께 미국의 건설경기가 회복세를 보이며 2012년에는 전년 대비 4,131%가 증가한 12억 달러를 달성했다.[143] 이는 2012년 3월 15일 발효된 한·미 FTA의 효과도 일부 반영된 것으로 추정된다.[152]

다음은 산업 연구원과 기계연구원에서 조사 발표한 셰일가스 개발과 관련한 국내 기계류의 수출 증가 사항을 정리하였다.[131, 151] 셰일가스의 개발은 많은 가스정을 지속해서 개발해야 하는 사업 특성상 앞으로도 이러한 추세는 당분간 유지될 것으로 예상한다.

- 셰일가스 생산에 필요한 베어링/기어 및 동력전달장치의 미국 수출은 2011년 이후 2년

연속 증가세를 보이고 있으며, 2012년에는 전년 대비 256.4% 증가한 3억 달러를 기록하였다.

• 공작기계는 셰일가스 개발과 함께 미국의 제조업경기가 회복세를 보이며 2012년 전년 대비 1,763.4% 증가한 5.5억 달러를 달성했다.

• 셰일가스 수송 저장에 필요한 펌프 및 압축기(밸브 및 유사장치 포함)는 2012년 9억 달러라는 사상 최대의 미국 수출 실적을 달성했다.

• 셰일가스 저장용으로 쓰이는 저장 탱크는 2011년 4분기 이후 4분기 연속 수출 1,000만 달러를 돌파하였다(미국 수출 비중은 5% 수준).

• 시추용 펌프 및 가스화력발전 플랜트용 압축기 또한 2012년 들어 3.2억 달러에 달하는 수출 실적을 달성하였다(미국 수출 비중은 약 30% 수준).

• 밸브류 또한 2011년 2분기 이후 지속적으로 5,000만 달러 이상의 대미 수출 실적을 달성했다.

특이한 사항은 관계국가의 법령 개정에 의한 반사 효과가 수요증가로 이어질 수 있다. 미국정부에서 천연가스 파이프라인의 안정성을 높이기 위한 '파이프라인 안전법(Pipeline Safety Law 2012)'의 발효로 자동밸브의 수요가 증가할 것으로 전망된다. 또한 셰일가스의 매장 지역이 다양하고 채굴량이 가파르게 증가하는 만큼 셰일가스는 국내 기계산업에 대해 위에 기술한 것처럼 다양한 업종에 걸쳐서 긍정적인 영향을 미칠 것으로 판단되며, 중국의 셰일가스 개발과 생산이 늘어나면서 기술의 비교우위를 가진 한국의 채굴기계 산업의 수출 증가도 기대된다.[131]

3. 자동차 산업

세계적으로 액체연료의 가장 많은 부분을 차지하고 있는 것은 수송부문, 특히 자동차의 연료로 가장 많이 사용되고 있다. 미국의 경우 액체연료 70% 이상이 운송용으로 쓰이고 있다[23]. 그러나 자동차 배기가스의 문제에 따른 환경문제가 제기되고 천연가스의 가격이 액체연료보다 저렴하므로 각국의 수송부문에서 천연가스를 사용하는 추세가 완만한 증가세를 보이고 있으나, 아직은 그 영향은 제한적이다. 자동차의 연료효율 향상과 더불어 앞으로 가스가 수송 부문에서 일정 부분의 액체연료를 대체할 것인지의 문제는 많은 논쟁을 불러 일으키고 있다. 자동차 연료로서의 천연가스는 압축가스(CNG: Compressed Natural Gas)로 사용되거나 액체상의 LNG로 사용된다. 천연가스자동차(NGV: Natural Gas Vehicle)에 대한 현황과 전망을 위주로 자동차 산업에서 셰일가스로 인한 저렴한 가스 가격이 미치는 영향을 분석한다.

국내의 2010년 도로연장(1km)당 자동차 수는 170대로 미국 38대, 프랑스 39대, 일본 63대에 비하여 2배 이상 높으며, 2010년의 국내 여객 수송 분담률에서는 자동차가 74.8%, 지하철 17.0%, 철도 8.0%, 항공 0.1%, 해운 0.1% 순으로 자동차 의존율이 상당히 높은 실정이다[40]. 또한, 자동차 등록 대수에 있어 2013년 말 기준으로 1,940만대를 돌파하는 등 자동차 등록 대수는 꾸준히 증가하고 있다. 이 중에서 LPG 자동차는 2,392,000대, CNG(CNG Hybrid 34대 포함) 차량이 39,742대인 반면 순수한 LNG차량은 14대에 불과하다.[153]

국내의 경우 다른 나라의 천연가스 자동차의 보급형태와는 달리 높은 차량 가격, 충전 인프라 부족 등으로 환경부에서 구매 · 운행비용을 지원하고 있는 CNG 버스를 중심으로 보급되어 있다. LNG 자동차의 도입은 2004년 한국가스공사를 중심으로 논의되었는데, 대형화물자동차와 인천국제공항을 운행하는 버스를 주요 대상으로 하였다. LNG 화물자동차의 경우 도입 초기에는 기술적인 측면을 고려하여 경유와 LNG를 혼합하여 사용 가능한 엔진 개조 방식을 채택하였다. 기존의 경유 화물자동차를 LNG 화물자동차로 개조한 결과 법적 요건을 충족하게 되어 2008년 6월부터 상업운행 중이다.[40] 또한 부산신항에서 기존의 Diesel Yard Tractor 2대를 LNG Yard Tractor로 개조하여 시범 운행 중이며, 2017년까지 국내 주요항만에서 약 1,500대의 LNG Yard Tractor를 운행할 예정이나 충분한 LNG 충전소 설치 및 항만법상 Oil로 구분되어있는 제반 규정을 Gas로 수정하는 등 관련 법 규정의 손질이 필요하다.[154]

한편 천연가스 자동차 시장 전망의 가장 큰 변수라고 할 수 있는 국내 완성차 업체는 아직

관망하는 태도를 유지하고 있으며, 국내의 충전 인프라 구축 상황과 향후 미국, 중국의 천연가스 자동차 시장을 주시하고 있다. 충전 인프라가 미흡한 국내의 여건을 고려할 때 단기적으로 일정한 경로에 의해 운행되는 버스 및 특수목적 차량과 Bio-fuel 차량을 위주로 시장이 전개될 것으로 전망되며, 중장기적으로 범국가적인 차원에서 본격적인 충전 인프라가 확대되기 시작하면 승용 및 화물자동차로 시장이 확대될 것으로 전망된다.[44]

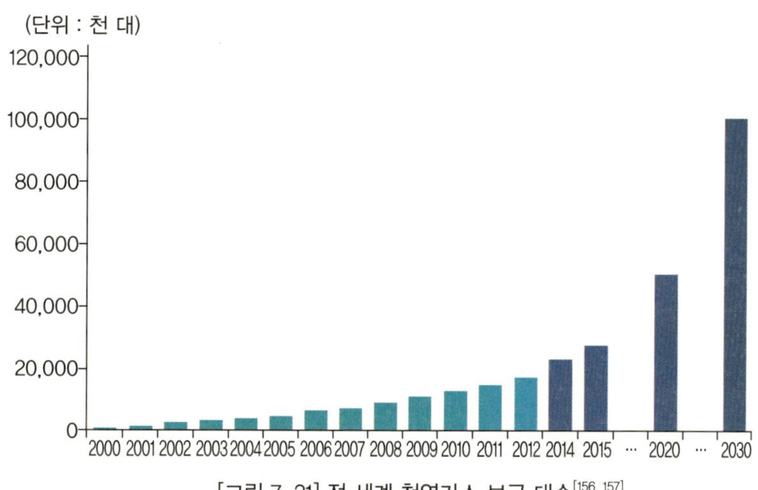

[그림 7-21] 전 세계 천연가스 보급 대수[156, 157]

2013년 기준 전 세계에 등록된 차량은 약 12억 대에 달하지만,[155] 2012년 세계적으로 등록된 천연가스 자동차는 약 1,750만대(전체 차량 대비 1.7%)가 보급되어 있다. 지역별 분포를 살펴보면 아시아 52%, 중남미 36%를 차지하는 데 반해 유럽 11%, 북미 1% 등에 불과하여 주로 개도국 중심으로 보급된 것을 알 수 있다.[2] 또한 [그림 7-21]에서 보는 바와 같이 Global NGV협회와 NGVA 유럽연합에 따르면 2020년까지 약 5,000만 대 이상 보급될 것으로 전망하고 있다.[156, 157] 천연가스 자동차가 많은 국가는 이란(290만 대)과 중국(110만 대)이고, 2013년 기준 미국의 경우 약 25만 대, 유럽의 경우 약 203만 대 정도의 천연가스 자동차가 보급되어 있다.[157] 또한 천연가스 자동차의 인프라인 천연가스 충전소는 22,162개소가 있으며, 이 중에서 LNG 충전소는 약 1,433개소(6.56%)에 이른다.[156] 따라서 천연가스 자동차는 시장진입에는 성공한 것으로 판단되고, 미래의 주요에너지원으로 부상하게 될 셰일가스가 본격적으로 공급됨에 따라 그 성장세는 증가할 것으로 전망된다.

유럽위원회는 대기오염의 심각성에 따라 오염의 원인이 되고 있는 자동차의 저공해화를 위해 '2020 Project'를 시행 중이며, 크게 두 가지 정책으로 구분하고 있다. 하나는 2020년까지 전체 차량의 20%까지 저공해 차량으로 전환 보급하는 것이고, 다른 하나는 'Blue-Corridor Project'를 통한 저공해 천연가스 충전소 네트워크를 구성하는 것이다.[40]

'2020 Project'는 유럽의 14개국이 2020년까지 경유사용 차량의 20%를 대체연료로 전환하도록 정책적 지원과 법적 규제를 가하는 것으로 2005년 2%를 시작으로 2020년까지 23%의 연료를 대체연료로 전환키로 합의한 것이다. 전환예정인 23%의 대체연료로 Bio-fuel, 수소, 천연가스를 선정하였으며 이 가운데 천연가스가 10%를 차지하고, Bio-fuel이 8%, 수소가 5%를 차지하고 있다.[40] Bio-fuel은 대부분 농장용 연료를 활용할 예정이며, 수소의 경우는 아직 개발단계로 활용에는 많은 시간과 비용이 소요 예상되어 결국 유럽의 '2020 project'의 실질적인 수송용 대체연료 대안은 천연가스로 떠오르고 있다.

그러나 가스 공급 스테이션 부족이 자동차용 천연가스 보급 확산을 방해하는 주요 요인으로 인식되고 있다. 따라서 천연가스뿐 아니라 다른 청정연료 공급에 필요한 인프라 설치 기준과 유럽 전역에 공통으로 적용하는 청정연료 공급장치 표준 및 충전스테이션 설치 표준을 정해서 사용할 것을 계획하고 있다. 유럽 NGV협회에서 발표한 자료를 보면 천연가스 자동차와 관련한 시장은 빠른 속도로 증가하여 2020년 유럽 자동차시장의 5% 정도를 공유할 것으로 전망하고 있다.[44]

미국정부의 천연가스 관련 지원정책은 LNG와 CNG를 구분하지 않고 저공해연료인 천연가스에 대한 지원책을 통해 시행하고 있다. 기존의 CNG 보급정책의 하나로 LNG 자동차 및 충전소를 지원하고 있으며, 연방 정부 및 주 정부 모두 천연가스 자동차 보급 확대를 위한 정책을 적극 마련하고 있다. 연방 정부의 경우, 천연가스 자동차가 비용대비 효과적인 대기질 개선방안의 하나로 판단하고 천연가스 차량 보급 확대를 정책적으로 적극적으로 지원하고 있다. 캘리포니아 주 정부의 경우, LNG 충전소 건설비 지원 시 AQMD(Air Quality Management Department)과 캘리포니아 주 정부가 각각 건설비의 50%씩 보조금 형태로 지원

하고 있다.[40]

천연가스를 수송용 연료로 사용할 경우 경유와 휘발유보다 약 20~29% 적은 온실가스를 배출하고, 천연가스 연료로 1마일 주행 시 들어가는 비용이 에너지 등가 기준으로 경유보다 40% 정도 저렴하다.[44] 미국 정부는 수송 부문에서 천연가스 사용을 장려하기 위해 2011년 미국민의 해결책을 위한 새로운 대체 수송방안 'The New Alternative Transportation to Give Americans Solutions of 2011(NATGAS of 2011)'을 내놓았고 이의 주요 내용은 천연가스를 수송 연료로 사용하는 경우나 천연가스 연료 차량을 구매하는 경우, 천연가스 차량 충전 설비의 설치 등에 대하여 세제 혜택을 제공하는 것이다. 이에 따라 천연가스 차량 또는 이중 연료 차량의 구매 시 증가 비용의 최대 80%, 소형차는 $7,500까지, 트럭은 $64,000까지 세액공제를 제공하고 있다.[44]

그러나 아직 미국 내 천연가스압축(CNG)차의 점유율은 매우 낮으며 셰일가스의 개발 이후에도 판매량의 증가가 크지 않았지만, 천연가스는 연료 가격이 저렴하며 환경성도 좋고, 충전 인프라가 확대되며 차량 가격 인하 시 새로운 친환경차 유형으로 자리매김할 것으로 보인다. 2013년 기준 미국 내의 천연가스 차량 보유대수는 25만 대이며 이 중(미국 전체 차량 보급 대수의 0.1%) 약 50%가 상용 차량이다.[44] 미국시장에서는 아직 충전 인프라 부족 및 비싼 차량 가격 등으로 보급 및 매매는 미미한 편이나, IEA의 전망으로는 향후 미국과 인도가 도로교통용으로 가스소비를 주도할 것으로 예상하고 있다.[143] 미국의 천연가스 차량이 점차 증가하여 2040년에 수송용 연료 중 천연가스 차량이 4%를 차지할 것으로 전망하고 있다.[23]

IEA는 세계에서 도로수송용으로 사용되는 천연가스는 2035년에는 현재 소비량보다 6배 이상 증가한 150bcm(108 MTPA)이 될 것으로 전망하고 있고,[143] 2014년 Cedigaz의 보고서에 의하면 전 세계 상용차나 대형 트럭을 주로 한 수송 및 셰일가스 개발을 위한 시추작업과 파쇄수의 예열 등으로 2035년에 LNG 수요는 약 96MTPA에 다를 것으로 전망했다.[158] LNG를 수송용으로 활용하기 위한 다각적인 연구들이 오일 가스 메이저들에 의해서 수행되고 있고, 특히 쉘은 미국과 캐나다에서 소형 LNG 액화 설비를 매트릭스로 배치해서 기존의 오일 스테이션과 함께 LNG fueling 스테이션을 건설하는 계획을 발표한 바 있다. 2013년 5월 GE Oil&Gas가 소형 LNG 액화설비를 전문으로 설계 제작하는 텍사스에 소재한 Salof라는 회사를 인수한 것도 이와는 무관하지 않은 것으로 보인다.

액체연료가 고갈될 것이라는 인식과 지속적인 고유가 정책이 장기적으로는 천연가스 자동차의 시장 확대를 가져올 것으로 전망되고, 이는 신흥 개발도상국을 중심으로 지속해서 증가할 것으로 전망된다.[44] 자동차 업계는 특정 친환경차에 대해 집중적으로 투자하는 데 대한 리스크를 줄이기 위해 전기차, 하이브리드차, 클린디젤차, 천연가스차 등 다양한 친환경차에 대한 분산투자 경향이 많아서 천연가스 차량이 다른 에너지원 차량에 비해 높은 경쟁력을 가질 수 있을지는 불확실하다. 또한 가스 수요 증가가 여타 에너지원에 대한 수요 감소로 이어져 유가의 하향 안정을 가져올 경우, 가솔린, 클린디젤 등 기존 내연기관 기반 차량의 수요가 상당기간 지속할 가능성이 있고, 친환경차 시장 전반의 불확실성을 가중시킬 수 있다.

4. 해양 LNG 벙커링

지속적인 원유 가격의 상승과 해상운송에 대한 환경적 이슈를 해결하기 위한 다각적인 노력이 지속하여 왔다. 이러한 관점에서 가장 실현 가능성 있는 대안의 하나로 LNG를 해상운송의 에너지로 사용하려는 움직임이 지난 몇 년간 본격화되었다. 본 장에서는 안정적인 원료의 확보 및 환경적인 이슈를 해결하는 대안으로서 LNG 벙커링이 나오게 된 배경과 추진 현황 및 전망 등에 관해 기술하고자 한다.

LNG 벙커링 배경

오랫동안 해상 운송에 대한 환경적인 이슈는 주로 평형수의 안정성과 항구에서의 선적과 아울러서 이의 방출에 따른 환경적 이슈가 주였다. 그러나 대기오염이 날로 심해져 가는 현실 속에서 해상 운송과정에서 배출되는 배기가스 규제의 필요성에 대해 많은 국가가 공감하게 되었다. 이에 2008년 10월에 개최된 국제해사기관(IMO: International Marine

Organization)의 산하 해양 환경 보호 위원회(MEPC: Marine Environment Protection Committee)에서 선박의 대기오염 물질들(NOx, SOx, PM)의 배출 가스를 감축하기 위한 규제 합의에 도달했다. 우선 유럽 북해, 발트해, 미국 및 캐나다 200해리 역내의 해역을 배기가스 통제 구역(ECA : Emission Control Area)으로 지정하였고, 향후 아시아 지역을 포함해서 점차 전 세계 지역으로 확대될 것으로 예상하고 있다. 다음 그림에는 현재의 ECA와 현재 고려되고 있는 ECA 지역을 구분하여 명시하였다. 향후 ECA 지역으로 고려되고 있는 곳은 일본과 지중해 연안을 포함해서 멕시코 연안 등이다.

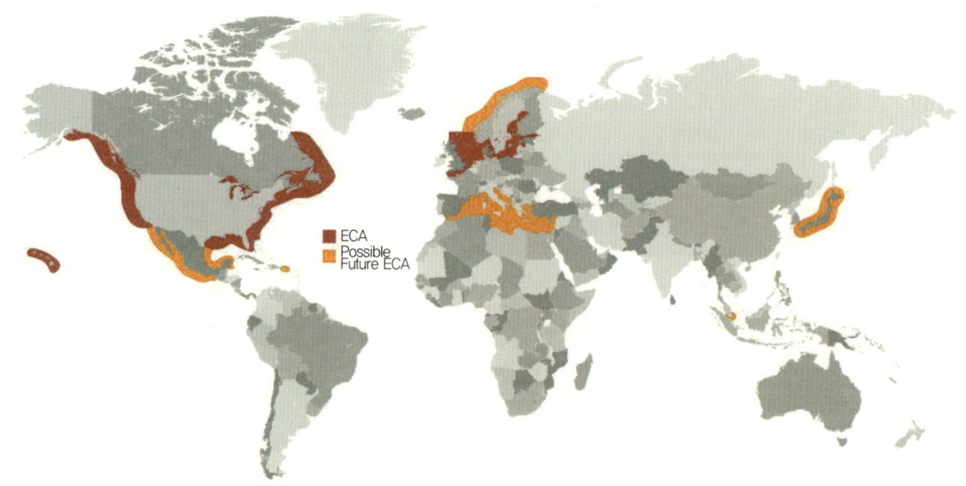

[그림 7-22] ECA Zone Map(Dupont)

국제해사기관(IMO)의 해양환경 보호위원회(MEPC)가 ECA를 지정한 목적은 해양 운송 중에 방출되는 배기가스를 점진적으로 통제하되, 특별히 ECA 지역에 대해선 통제 기준을 더 엄격하게 적용해서 환경을 보호하자는 취지였다. 애초 이의 목적과 단계별 선박 연료의 황 성분 포함 정도에 대한 통제기준은 [그림 7-23]과 같다. 이를 효과적으로 시행함으로써 소기의 목적을 달성하기 위해 Tier I, Tier II, 및 Tier III 단계로 구분해서 시행하는 것으로 하였다. 또한 연소 시 발생하는 질소 산화물(NOx)의 각 단계별 구체적인 배기가스의 방출량을 [표 7-11]에 정리하였다. 산성물질 침전과 같은 지역대기오염을 일으키고 폐질환 등 환경영향을 끼치는 주요 오염물질인 질소 산화물은 연소 중 방출되는 열에 의해 질소와 산소의 반응이 일어나 NOx가 합성되며, NOx 최고 연소온도와 압력에 직접 비례하기 때문에 기준에서 엔진의 회전수에 따라 배출기준이 약간 다르게 적용된다.

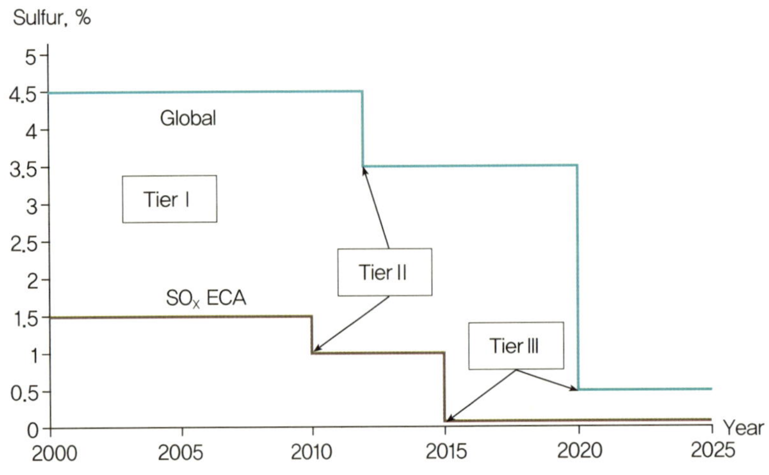

[그림 7-23] ECA 단계별 이행 일정(Original 계획)

[표 7-11] MARPOL Annex VI 질소 산화물 배출 기준[159]

Tier	Effective Date	Nox Limit(g/kWh)		
		N<130	130<=N<2000	N>2000
Tier I**	2000	17	$45 \times N^{-0.2}$	9.8
Tier II	2011	14.4	$44 \times N^{-0.2}$	7.7
Tier III***	2016	3.4	$9 \times N^{-0.2}$	1.96

Notes)
1. "N" 은 엔진의 회전수
2. 130 kW 보다 적은 디젤 기관이나 비상용 선박은 제외
3. 300kW 이상의 선박엔진의 경우 2000 년 1월 이후에 건조한 선박
4. Tier III 는 ECA 지역만 해당됨

MARPOL 부속서 6/제14.4 규칙에 따라, 상기 배출규제해역에서의 황 함유량 규제 기준은 '기항' 개념이 아닌 선박이 배출규제해역 내에서 운항(Operating)하고 있는 동안 적용된다. Tier I 기준은 2000년 1월 1일 이후 설치된 엔진, 혹은 2010년 1월 1일 이전에 설치되었으나 주요 개조작업을 수행한 엔진에 적용한다. Tier II는 2011년 1월 1일 이후에 제조된 선박의 해양디젤엔진이나 그 이후에 주요한 개조가 이루어진 엔진에 적용되는데, 엔진 제조자의 성능 개선으로 엔진 연소효율 향상이나 배출량 감소로 이 기준을 충족할 수 있다.

2013년 5월 13일 열린 제65차 해양환경보호위원회(MEPC 65)에서Tier III를 만족시킬 수 있는 기술력에 대한 다음과 같은 문제점을 고려하여 이 규정의 적용 일시를 2016년에서 2021년까지 연기하는 것을 승인하였다.[160]

• 황 함유량 요건의 준수를 위한 동등 요건인 배기가스 세정장치(Exhaust Gas Cleaning System)와 선택적 촉매환원 장치(Selective Catalytic Reduction System)의 조합사용에 따른 문제점

• 정박 중 SCR 장비의 작동에 필수적인 온도요건의 유지에 따른 문제점

• SCR 장비의 화학반응으로 인하여 발생하는 이산화탄소의 생성과 암모니아 슬립 및 메탄 슬립이 대기환경으로 부정적인 영향을 끼칠 수 있음

• SCR 장비의 설치와 운용에 따른 추가비용

• 한 곳의 제조자만이 배기가스 순환방식(Exhaust Gas Recirculation System)을 사용하는 기관을 지니고 있으므로 이용 가능한 기술력이 부족함

해양환경 보호위원회의 ECA의 합의에 의하면 북해의 발트해는 황산화물만을 규제하지만, 2015년부터는 연료의 황 함유량이 0.1% 미만이어야 한다. ECA 구역 밖에서는 2020년까지는 3.5%의 황 함유량 선박유를 사용할 수 있지만, 그 이후부터는 0.5% 이내의 연료를 사용해야 한다. 2014년 0.1% 미만의 황 함유 선박유는 없어서 Tier III의 임시 유예허가를 받을 수 있지만 곧 모든 선박이 지켜야 한다. 이를 지키기 위해선 아래의 세가지 옵션이 있다.

1) 0.1% 이하의 황 성분이 포함된 연료를 사용

2) 연소 후 나오는 황산화물을 붙잡는 가스세정기(Scrubber)설치

3) LNG를 연료로 사용

일부 선박은 0.1% 황산화물을 포함한 연료를 사용할 수 있도록 선박 엔진을 쉽게 개조할 수 있지만, 개조 비용이 비싸거나 낮은 황 성분 연료 사용으로 개조할 수 없는 선박들도 많다. 보통은 고유황 연료를 쓰다가 ECA에 들어갈 경우 저유황 연료로 전환하는 것이 일반적으로 고려되고 있는 옵션이지만, 연료전환 운전이 쉽지 않다.[161] 다른 방안으로는 연소 후에 나오는 황화물을 제거하는 가스세정기를 설치함으로써 ECA의 배출 기준을 맞추려고 하지만, 가스세정기나 배출가스 중에서 황산화물을 감소시키는 기기들에 대해 위에서 언급

한 기술적인 사항들이 이러한 기술들을 적용하는 데 여전히 걸림돌로 작용하고 있다.

2014년 3월 66차해양환경보호위원회(MEPC 66) 회의에서 최종적으로 황 함유량만을 규정하는 ECA 지역의 Tier III 규정의 적용 일시를 2016년에서 2021년까지 연기하는 것을 승인하였으나, 현행의 NOx ECA 지역을 운항하는 선종에 대한 Tier III 적용일시의 변화는 허용하지 않았다. 향후 지정된 Future ECA에 대하여, Tier III 요건은 ECA 지역 지정의 발표일(협약 개정안의 채택일) 또는 ECA 지역지정을 제안한 당사국으로부터 제시된 날짜 중 늦은 시기 이후에 건조가 이루어지는 선박에게 강제화되는 것으로 결정하였다.[162] 따라서 2016년 1월 이후에 건조되어 미국의 ECA(북미 및 카리브해역)를 운항하는 선박이나 Future ECA 지역 지정의 발표일 또는 ECA 지역지정을 제안한 당사국으로부터 제시된 날짜 중 늦은 시기 이후에 건조되어 해당 ECA를 운항하는 선박은 NOx Tier III를 만족해야 한다.

해상 배출가스 및 2013년 1월부터 신규 건조되는 선박에 적용되는 엔진의 에너지 효율기준 EEDI(Energy Efficiency Design Index)를 동시에 만족할 수 있는 가장 효과적인 방법으로 연소가스의 후처리 시설 설치보다는 액화천연가스(LNG)를 선박 연료로 사용하는 것이 해결책으로 고려되고 있다. LNG가 선박 연료로 사용되면 선박용 디젤 대비, 황산화물(SOx)과 분진을 100%, 질소산화물(NOx)을 80%, 이산화탄소(CO_2) 배출을 23%로 감축할 수 있으므로 선박용 국제 환경기준(EEDI, ECA)을 충족할 수 있다.[163]

북미 천연가스 가격은 북미 셰일가스 생산량 증가로 과거 평균의 절반 이하로 하락했으며 당분간 크게 상승하지 않을 전망이다. 아시아 국가들이 북미 셰일가스 생산량 증가로 가격이 낮아진 북미 천연가스를 수입하면 아시아 천연가스 가격은 현재보다 낮아지므로 LNG 선박 연료의 경제성은 더 높아질 전망이다. 선박유와 LNG 가격은 시세가 변화할 수 있고 지역적으로 가격차가 있으므로 직접적인 비교는 곤란하다. [그림 7-24]는 HIS와 EIA에서 예측한 유럽 및 미국 LNG 벙커링 가격 대비($3~4/MMBtu의 벙커링 비용 추가되었음) 선박유의 장기적인 가격 비교표이다.

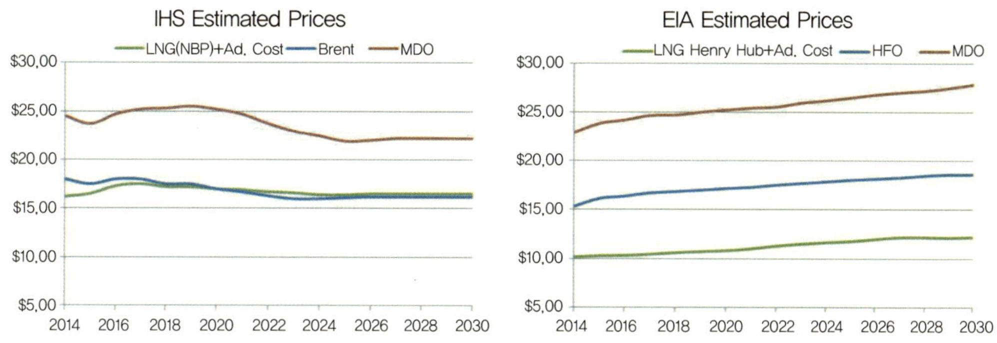

[그림 7-24] 유럽과 미국의 LNG 벙커링 가격 대비 선박유 장기 예측(IHS & EIA)

환경적인 문제에 따른 관련 규정을 준수할 수 있고, 복잡한 연소 후 처리설비를 설치할 필요가 없을뿐더러 경제적으로 유리한 LNG가 선박유를 대체하는 것이 앞으로의 추세라고 볼 수 있다. 또한 LNG는 누출 시 바로 기화되어 대기 중으로 확산되기 때문에 해상 사고 발생 시 직접적인 해양 오염이 없으므로 큰 해상오염을 유발하는 유류제품에 비해 긍정적이다. 이러한 연유로 전 세계적으로 LNG 연료 추진선박과 이에 연료를 공급하는 LNG 벙커링에 대한 관심이 대폭 상승하게 되었다.

벙커링 방법

벙기링은 LNG를 사용하는 선박에 LNG를 안전하게 공급하는 방법으로 LNG 사용선박 종류, 크기, LNG 충전량, 충전장소 등에 의해 결정된다. 기본개념은 LNG를 사용하는 선박이 접안해서 선적 및 하역을 수행하는 동안 필요한 LNG 벙커링을 하는 것이고, 이를 위해 벙커링 인프라는 항구 내 또는 항구 인접한 곳에 위치해야 한다. 그러나 LNG 생산기지나 수입기지는 항구와 가까이 있는 경우도 있지만 대부분은 멀리 떨어져 있기 때문에 LNG 액화기지나 수입기지로부터 LNG를 공급받아서 벙커링 인프라가 있는 지역 저장탱크에 저장하게 된다. 물론 LNG를 이러한 수입기지나 생산기지에서 받은 다음 벙커선에서 직접 벙커링을 할 수 있다.

LNG 벙커링의 인프라가 많이 구축되지 않았지만 다음과 같은 방법들이 가장 일반적으로 사용되고 있다.

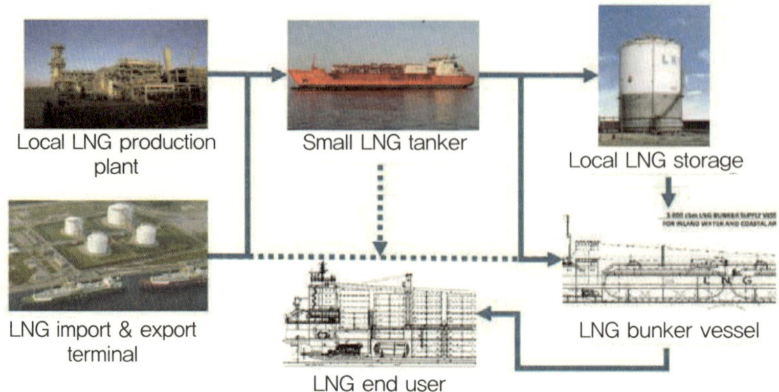

[그림 7-25] 벙커링 개념도(DNVGL)

1) LNG 탱크로리에서 선박으로 충전하는 방식(Tanklorry to Ship)

2) 육상용 고정식 LNG 저장탱크(Station to Ship)에서 배관을 이용해서 선박으로 공급하는 방법

3) LNG 벙커선박에서 LNG 사용선박으로 벙커링하는 방법(Ship to Ship)

4) LNG 터미널에서 선박으로 충전하는 방식(Terminal to Ship) - 이 방법은 인프라가 구축되지 않은 경우 초기 단계에서 주로 사용한다.

1) 탱크로리에서 공급
(Port of Antwerp)

2) 육상 저장탱크로부터 공급
(Harvey LNG)

3) 선박에서 공급
(GdF Suez)

4) 터미널에서 공급
(Singapore Terminal)

[그림 7-26] 각종 LNG 벙커링

벙커링 인프라 현황

선박 연료로 LNG를 사용하는 데 있어서 가장 큰 걸림돌은 LNG를 공급할 수 있는 인프라가 잘 발달하지 않았다는 점이다. 따라서 2013년 유럽연합집행위원회(EU)가 2025년까지 유럽에 LNG 벙커링 기반시설 설치를 위해 유럽항구의 약 10%에 해당하는 139개소에 LNG 벙커링 스테이션 구축을 위한 총 소요 예산의 약 10%인 21억 유로의 재정지원 약속을 발표했다. 현재 세계 LNG 벙커링 기반시설은 ECA로 지정된 유럽 및 발트해 연안의 노르웨이, 스웨덴 및 프랑스 등에서 본격적으로 추진 되고 있다. 2014년 기준 운영 중인 LNG 벙커링 인프라는 5개소(북유럽)가 있으며 한국을 포함한 21개소에 LNG 벙커링 설비 구축이 계획되어 있다. 아래는 Team Marine[154]과 가스신문의 벙커링 비즈니스 전망[164]을 요약 정리한 세계 각국의 벙커링 인프라에 대한 현황들이다.

• 2000년 노르웨이에서 연안여객선 Glutra호가 LNG 추진 선박으로 건조 되면서 LNG 벙커링이 시작되었다.

• Shell은 2012년 11월 노르웨이 LNG 벙커링사인 Gasnor를 인수하여 로테르담 항만에 Vopak사와 공동으로 LNG 벙커링 사업에 대한 기반을 구축 중이다. 또한 셸은 바르질라사(Wartsila)와 미국 연근해에서 운항하는 LNG 추진선과 LNG 벙커링을 공동으로 추진할 계획이며, LNG 벙커링과 중소규모 LNG 액화 플랜트를 연계하여 미래 LNG 벙커링 사업을 선점하기 위한 공격적인 대응을 준비하고 있다.

• 벨기에 안트워프항은 유럽 LNG 벙커링 허브로 구축하기 위한 정책이 추진되고 있으며 스웨덴의 경우 AGA사가 개발한 세계최초의 LNG 벙커선 Seagas호를 이용한 Ship to Ship 방식으로 LNG 벙커링을 하고 있다.

• 러시아의 가즈프롬(Gazprom)은 유럽 내 LNG 벙커링을 추진 중이며, 네덜란드 Gasunie사와 벙커링용 LNG 터미널 프로젝트에 참여하고 있다. 또한, 북해 및 발트해에서의 LNG 벙커링에 대한 공동 개발도 추진하고 있다.

• 프랑스의 GdF Suez는 네덜란드의 Cofely Netherland N.V와 합작회사인 LNG Solution을 설립하여 네덜란드의 LNG 벙커링 시장 진출을 추진 중이며 NYK 및 미쓰비시사와 공동으로 5,000㎥ LNG 벙커링 선박을 건조 중이다.

• 미국의 경우 오대호(Great Lakes)와 걸프 연안에 LNG 벙커링 설비 구축이 이루어지고 있으며 향후 포춘항(Port Fourchon)에도 벙커링 설비 구축을 계획하고 있다. LNG 개발 자회사인 Waller사는 루이지애나주에 LNG 플랜트를 건설 중이며 향후 LNG 벙커 바지로 선박용 LNG를 공급할 계획이다.

• 싱가포르항은 최근 운전을 시작한 싱가포르 LNG 터미널을 지역의 LNG 허브로 육성하면서 LNG 벙커링 사업을 전개할 예정이며, 곧 제2 LNG 인수기지를 건설할 계획이다.

• 중국 CNOOC는 2012년 7월에 LNG 터미널에서 운용하는 LNG 추진 예인선 2척을 발주하였으며, CNPC에서는 500㎥ 용량의 LNG 벙커선 2척을 건조하여 시범 운항 중이고, Chonging에서는 2,000㎥ 용량의 LNG 벙커링 스테이션을 2013년 8월부터 가동 중이다.

• 국내에서는 한국가스공사가 2013년 3월 포항 송도항에서 에코누리호에 LNG 연료의 시험 공급에 성공하면서 LNG 벙커링 인프라 구축이 활발히 진행되고 있다. LNG 탱크로리로 평택 인수기지에서 인천항으로 운송하여 Truck-To-Ship 방식으로 LNG를 에코누리호에 공급한다. 내륙수상 운송에서 LNG 사용을 적극 권장하고 있으며, LNG 벙커링 사업이 활발히 진행되고 있는 중국의 10대 항만들과 교역이 활발한 서해항만이 앞으로 LNG 벙커링의 전초기지가 될 가능성이 높다. 국제 교역량이 많은 "Triangle Ocean Zone"인 한국-일본-중국에 배출규제가 도입될 것으로 예상하는데, 주로 서해권에 기항하는 선박을 대상으로 한 LNG 벙커링 사업이 확대될 가능성이 크다.

벙커링 비즈니스

DNV GL 선급 자료를 보면 2014년 7월 기준으로 전 세계에서 운항 중인 LNG 연료 추진 선박은 주로 Car/Passenger Ferry, OSV(Offshore Supporting Vessel) 및 예인선 등으로 총 50척이며, 건조 중인 선박은 TOTE Shipholdings 및 Crowley Maritime 등의 컨테이너선 14척을 포함하여 총 69척이 있다.[154] 로이드 선급의 예측자료에 따르면 향후 ECA로 인하여 환경규제가 강화될 경우 신규 건조되는 LNG 연료 추진선박의 누적 척수가 2025년에 650척이 될 것으로 예상하고 있으며, LNG 벙커 가격이 25% 내려간다는 긍정적인 가정일 경우 2,000척 가까이 늘어날 것으로 예측하고 있다.[163] DNV GL선급은 2015년까지 3,200척으로 증가할 것으로 낙관적인 전망을 하고 있다. ECA가 점차 확대되고 세일가스 등의 영향으로 천연가스 가격이 하향 안정되고 있으므로 LNG 연료 추진선박의 신조량은 급격히 증가할 것으로 예측된다. [그림 7-27]은 현재까지 계약된 LNG 추진 선박 현황으로 2012년에서 2014년 사이에 급격히 늘어난 것을 볼 수 있다.

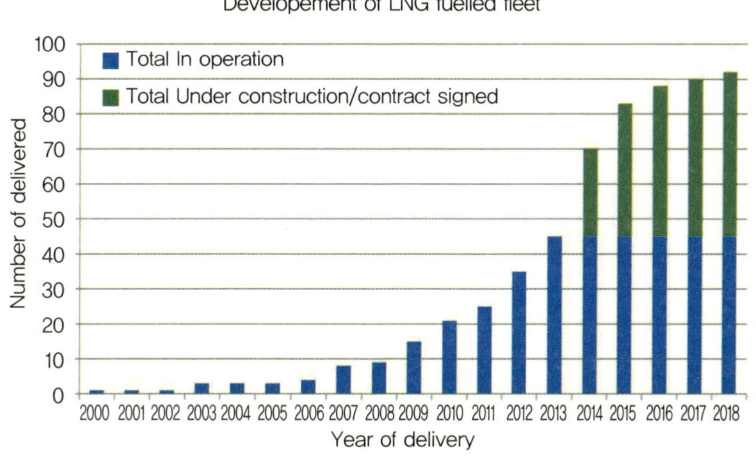

[그림 7-27] LNG 추진 선박 발주 현황(DNVGL, LNGC 및 inland 소형선 제외)

[표 7-12] 항구별 선박유 공급 현황(Lloyd Register)

Port	Throughput(1000 tonnes)	Market Shalre(%)
Singapore	39,011	17
Rotterdam	13,000	6
Fujairah	9,500	4
Antwerp	6,108	3
Hong Kong	5,429	2
Gibraltar	5,047	2
Korea(Busa)	4,559	2
West Africa	4,100	2
Tokyo Bay	3,494	2
Iran	3,135	1
Rest of World	138,530	60
Grand Total	231,913	100

유진투자증권 재인용

세계 선박유 소비량은 연간 2~3억 톤인 것으로 추정되는데([표 7-12] 참조), LNG 벙커링 인프라스트럭쳐가 충분해지면, 선박 연료의 대부분이 LNG로 전환될 가능성이 있는 것으로 판단된다. Lloyd's Register는 우호적인 환경 하에서 세계 LNG 선박 연료 소비량이 2020년에 세계 선박유 소비량의 2.2%인 500만 톤에 달할 것으로 예측하고 있고, DNV도 2020년 세계 LNG 선박 연료 소비량을 Lloyd's Register와 비슷하게 선박유의 1.7~3.0%인 400~700만 톤으로 전망하고 있다.[163]

연간 약 4,000만 톤 가까이 선박유를 공급하는 싱가포르는 앞으로 LNG추진 선박이 늘어날 경우 지정학적인 위치의 이점을 살리는 방편으로 LNG 벙커링을 준비하고 있으며, 이러한 계획의 하나로 제2 LNG 인수기지를 추진 중이다.

중국교통국(Chinese Ministry of Transport)은 LNG 연료 추진선박 확대 계획으로 2015년 선박연료의 2%를 LNG로 전환하고 2020년까지 이를 10%까지 확대하는 계획을 세우고 있으며, 2030년까지 LNG 연료 추진선박의 수가 약 30,000척에 이를 것으로 예상하고 있다. 중국의 LNG 연료의 선박 연료화 추세를 보면 양쯔강을 중심으로 내륙수로를 운항 중인 23만 척 중 현재 26척이 개조되고 있으며 200척의 선박에 대하여 개조를 위한 허가가 진행되고 있는 점을 보면 향후 중국 내에서 LNG 연료 추진선박 전환이 빠르게 일어날 것으로 예상하고 있다.[164]

또한 ENN사는 상하이 근처 주산(Zhoushan) 섬에 LNG 벙커링 기지를 구축 추진 중이며 1차로 년 3백만 톤 규모로 시작하여 2022년 최종적으로 1천만 톤 규모의 기지로 확장할 예정이고 국제적인 LNG 벙커링 허브로 도약할 계획을 세우고 있다. 주산 LNG 벙커링 전용기지는 9억 6천만 US 달러를 들여 우선 160,000m^3 규모의 저장탱크 2기를 2016년 말 완공을 목표로 하고 있다. 일부 기화 후 인근 지역에 천연가스의 공급도 같이 추진할 예정이며 LNG 공급은 LNG 바지선박을 이용할 예정인 것으로 알려졌다.[164] 이와는 별도로 벙커링을 위한 8,000m^3급 LNG 벙커링 선박을 설계할 예정이다.

국내의 선박유 소비량은 연간 450만 톤인데, 우호적인 외부환경 하에서 LNG가 기존 선박유의 30%를 대체한다면, 한국의 선박 연료용 LNG 소비량은 연간 135만 톤일 것으로 전망된다.[164] 이는 2013년 한국 천연가스 총 도입량 4,100만 톤의 3.3%에 달한다.
특히 국내 조선사의 경우 향후 LNG 연료 추진선박의 수주를 위하여 자체 기술로서 LNG 공급시스템과 선박용 대형 천연가스 엔진 개발을 완료한 상태이며 LNG 연료선박으로 쉽게 전환이 가능한 LNG ready 선박개념이 도입되고 있다. 국내 LNG 연료 추진선박 관련 연구는 주로 현대중공업, 대우조선해양, 삼성중공업 및 STX조선해양 등 대형 조선사를 중심으로 이루어지고 있으며 향후 LNG 연료 추진선박의 발주에 대응하기 위한 LNG 연료추진 컨테이너 선박설계를 완료한 상태이다. 2012년부터 미국의 NASSCO 조선소에서 건조중인 3,100TEU PNANMAX급 LNG 연료 추진 컨테이너 선박에 대하여 대우조선 해양의 자회사인 DSEC에서 기술지원을 하고 있다.[164]

LNG 벙커링의 가치사슬을 보면 LNG의 도매에서부터 수요처인 해운사에 이르기까지 플랜트회사와 에너지회사 그리고 조선사와 밀접하게 연계되어 있다. 따라서 LNG 벙커링 시장 확대는 천연가스 수요확대라는 차원이 있지만 LNG 벙커링은 조선사, 에너지사, 기자재 관련 산업, 엔지니어링사 및 건설사 등 주요 관련산업 전반에 파급효과가 크다. 또한 LNG 벙커링 관련 기술개발을 위하여 국토해양부의 프로젝트로 해양부유식 벙커링 터미널기술과 관련 선박 및 기자재 등 관련 기술 국산화를 위한 연구가 진행 중이다. 또 산업통상자원부의 프로젝트로 LNG 벙커링서틀의 설계 핵심기술 개발을 위한 프로젝트가 진행되고 있어 향후 우리나라에서도 LNG 벙커링 관련 기자재의 국산화와 벙커링 관련 비즈니스가 활성화 될 것으로 전망되고 있다.[164]

벙커링 문제점 및 이슈

LNG를 해상 연료로 사용하는 데 있어서 중요한 인프라 준비하고 관련 산업을 육성하기 위해서는 국제적인 관련 기준이나 규정이 있어야 하지만 아직 없다는 것이 LNG 사용을 제약하고 있다. 그러나 국제항만협회(IAPH)가 후원하는 세계 항만 기후변화 협약(WPCI: World Ports Climate Initiative)이 LNG 연료 추진선박 실무협의회(LFVWG: LNG-fueled Vessel Working Group)를 설립해서 LNG 벙커링 안전 이행절차를 개발하고 있고, 기술적인 사항에 대해서는 ISO TC67 WG10에서 작업하고 있다. 국내에서는 산업통상자원부에서 주관하여 2012

년 11월 선박용 LNG 벙커링 근거 조항을 도시가스사업법 시행규칙에 마련해 LNG를 선박용 연료로 공급할 수 있는 근거를 제공했다.

LNG 벙커링 관련 산업이 촉진되기 위해서는 무엇보다도 천연가스 가격이 안정되거나 HFO 가격 대비 저렴할 것이라는 확신이 필요하다. LNG 연료 추진선박은 친환경적이라는 측면도 있지만 실제 선주의 입장으로 볼 때 LNG를 연료로 사용함으로써 선박 운영에 따른 운영비 절감이 가장 중요한 요소이기 때문이다.[154, 164] 셰일가스의 급격한 증산과 관련해서 천연가스 가격은 하향 안정세로 당분간 유지될 수 있지만, 셰일가스 생산 시 부수적으로(일부는 오히려 오일 생산이 많고 가스가 부수적으로 생산되는 경우도 있음) 생산되는 타이트오일 증산이 세계 석유 수요 증가를 앞지르면서 오일 가격 역시 당분간 하향적으로 내려갈 가능성과 이 때문에 선박유의 가격이 하향화되면서 당분간 LNG와 가격 경쟁력을 가지고 갈 가능성이 남아 있어서, 현재와 같은 LNG 벙커링의 증가에 반대영향을 미칠 수 있다. 그러나 장기적으로는 해상 운송에서 연료의 상당 부분이 LNG로 대체될 것으로 전망한다.

LNG 엔진은 타 연료와 혼용이나 병행 사용이 가능하도록 설계 및 제작하므로 기존의 선박유를 사용하는 선박엔진보다 10~15% 정도 비싸다는 것도 단점으로 지적될 수 있다.[161] 기존의 배를 LNG 연료로 사용할 수 있는 조건에 맞도록 개조하는 것은 새로운 배를 건조하는 것만큼 관심을 갖지 못한다. LNG의 비중이 낮아서 기존의 연료 탱크보다 2배 이상의 연료 탱크 공간이 필요하게 되고 이 공간만큼 화물을 적게 실을 수밖에 없어서 화물 축소에 따라 약 2~3%의 매출 손실이 예상된다.[161] 엔진의 보수 측면에서 기존의 엔진의 경우는 경험 있는 승무원이나 보수 부품들을 공유할 수 있다. 하지만 LNG 선박의 경우 새로 트레이닝을 받아야 하고 새로운 엔진이기 때문에 기존의 다른 선박과는 부품의 공유가 어렵다. 그러나 LNG 엔진은 일반적으로 이종 연료(Dual Fuel)보다는 정비 비용이 낮다.

LNG의 주성분은 메탄으로 미국환경 보호청(EPA)에 의하면 온실가스효과가 CO_2보다 약 21배 정도이다. LNG를 연료로 사용하는 선박엔진에서 미연소 가스에 포함된 메탄이 대기 중으로 방출되는 것(Methane Slip)은 환경적으로 바람직하지 않으므로 벙커링이나 항해 중에 이러한 메탄 슬립이 생기지 않도록 더 정교한 기술 개발이 필요하다.

6. 조선 및 해양 산업

셰일가스 생산이 본격화되면 현재 오일 가격에 연동된 가스 가격이 하향안정세로 되어 점진적으로 가스 수요가 늘게 되고, 이를 충족시키기 위해 가스 수출을 위한 LNG 물량이 늘어나면서 국제 천연가스시장의 경직성도 완화될 것으로 예상한다. 반면에 육상 셰일가스 개발이 활성화되면서 해저 유정개발이 셰일가스와의 가격경쟁에 따른 경제적 불확실성이 높아져 해양 사업의 불확실성이 확대될 수 있다. 본 장에서는 셰일가스 개발과 관련 하여 우리나라의 조선 및 해양 관련 산업에 대한 영향과 효과를 정리하였다.

LNG 선박

액화 천연가스는 2013년에 전 세계적으로 약 240MTPA의 LNG가 생산되어(2012년 대비 약 1.1 MTPA 증가) 소비국으로 수송되었다. 2015년부터 미국의 셰일가스가 수출 대열에 동참하면 세계 LNG 가격이 저렴해지고 수입 안정성이 향상되면서 장기적으로 LNG 수요를 더욱 자극하는 선순환 구도가 형성될 것으로 예측된다. [그림 7-28]은 LNG의 지역별 생산과

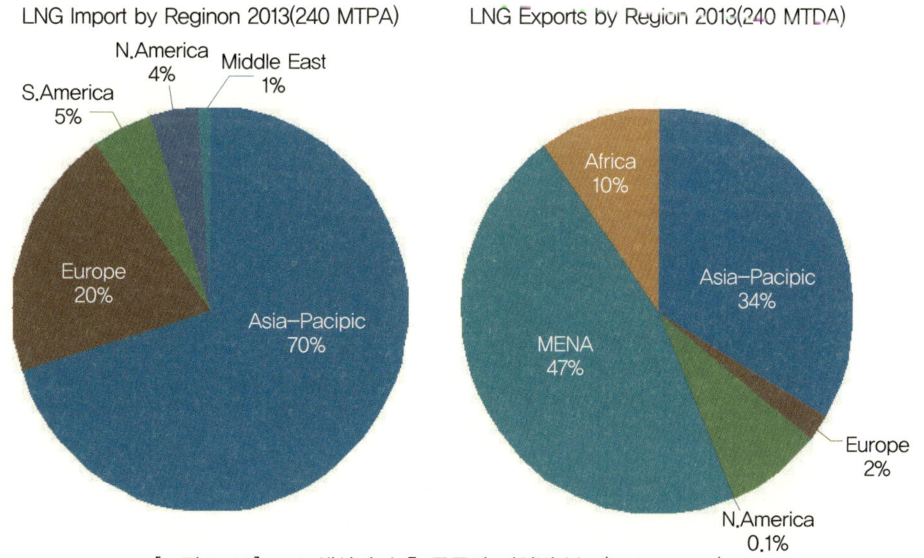

[그림 7-28] LNG 생산과 수출 물동량 지역별 분포(PFC Energy)

수송에 대한 분포이다. 주로 중동과 아시아에서 생산된 LNG는 약 70% 정도가 일본과 한국을 포함한 아시아 국가에서 소비되고 있다.

2000년대 선박 부족을 겪으며 2004년부터 조선 호황기와 맞물려 LNG 선박에 대해 많은 발주가 이루어졌지만, 2007년을 전후해서 LNG액화설비의 지속적인 신규투자가 이루어지지 않아 전 세계 신규 LNG 수송 수요가 많이 증가하지 않았다. 그러나 이시기에 발주된 선박들이 집중적으로 공급된 2008년을 전후하여 선복량 과잉에 의해 2008년에서 2010년까지 극심한 수주불황에 시달렸다. 침체상황은 2011년 후쿠시마 원전사태에 따른 일본의 전력용 가스수입이 급증함에 따라 선복량 과잉사태가 해소되며 예상하지 않았던 수주호황이 일어나면서 2011년부터 시장이 살아나고 있다.

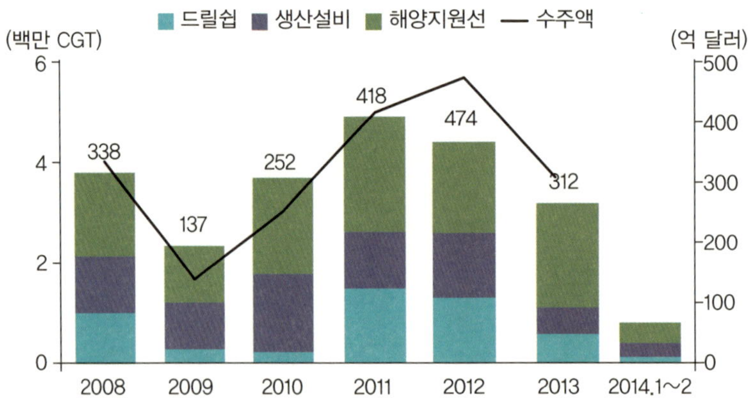

[그림 7-29] LNGC 척수 발주 추이(Drewry Maritime Research, 2014. 5)

향후 LNG 물동량은 2015년까지 낮은 증가율을 보이다가 호주에서 본격적인 CBM 기반의 LNG 액화시설이 가동을 시작하고 미국에서 본격적인 LNG 수출을 시작하게 되면 2016년 이후 높은 증가율을 나타낼 것으로 보인다.[165] 특히 미국의 추가 수출분과 미국의 기존 수요 대체분 등이 타국에 대한 수출로 전환되면서 물동량은 2018년까지 연평균 5.7~6.8% 수준을 기록할 전망이다.[23]

2012년 LNG 선박 수주량은 2011년에 비하여 약간 감소하기는 하였으나, 예년에 비하며 매우 높은 수주 실적을 보였고, 2013년에는 미국의 셰일가스 수송을 위한 선박들의 발주가 본격적으로 시작되면서 지속해서 수주가 활력을 받는 추세가 당분간 이어질 것으로 보인다. 특히 일본 유틸리티 회사들이 일본정부의 적극적인 지원에 힘입어 비록 non-FTA 국가이지만 미국의 셰일가스 기반의 LNG 수입이 확정되면서 상당한 LNG 선박들이 필요할 것이다.

미국 셰일가스 기반의 LNG 수출 예정 물량은 2015년 350만 톤을 시작으로 2017년 1,890만 톤을 수출하게 되고 2014년 11월까지 non-FTA 국가에 수출 허가된 7개 프로젝트의 총량은 8,000만 톤에 이른다([그림 4-6] 참조). 미국과 아시아를 잇는 미주항로의 LNG 해상 물동량 증가는 향후 LNG선 수요를 증가시킬 예정으로 관련 발주가 2013년 말부터 본격화되고 있다. 미국이 2021년 셰일가스 연 8,000만 톤을 수출한다고 가정할 경우 2013년부터 6년간 연 25척의 LNG선 신규 추가 수요 발생이 예상된다. 일부 프로젝트들은 아직 최종 투자의사결정(FID)이 이루어지지 않았지만, 최소 4,000만 톤 수출의 경우에도 연간 12척의 신규 LNG선 수요가 있을 것으로 예상한다. 2014년까지 확정된 일본의 미국 LNG 수입 총량은 14.7백만 톤으로 약 27척의 LNG가 필요할 것으로 보인다. 일본 선주들이 자국 조선사에 LNG 선박을 대거 발주할 것으로 예상하지만, 일본 조선소의 건조 능력을 초과한 선박들이 한국 조선소에서 건조될 것으로 보이면서 앞으로 수주량이 더 늘어날 것이다.

FSRU

2005년 경부터 미국은 LNG 수입국이 될 것으로 전망하고 미국 내에 많은 LNG 터미널을 지어왔지만, 셰일가스가 본격적으로 개발되면서 미국 가스수요의 상당 부분을 셰일가스를 포함한 비전통 가스가 대체함에 따라 오히려 미국은 LNG를 수출하게 되었다. 따라서 미국으로 수출하던 트리니다드토바고 등의 LNG 생산 물량이 현물시장으로 판매될 가능성이 높아지고 있다. 현물 시장이 확대됨에 따라 중남미 국가를 포함한 소규모 수입국들이 증가할 것으로 보인다.

한 국가가 LNG를 수입하여 천연가스를 사용하기 위해서는 LNG선이 정박할 수 있는 해안가에 액화천연가스의 저장과 재기화(Regasfication) 설비를 갖추어야 가능한데, 이러한 재기화설비를 갖춘 LNG 수입기지는 투자비가 높아 최소한의 경제적인 수입물량이 확보되지 않으면 LNG를 도입하는 것이 현실적으로 어려웠다. 그러나 FSRU(Floating Storage Regasfication Unit)가 한국 조선소들에 의하여 개발되어 높은 투자비의 재기화설비 대신 FSRU를 통해 소규모 가스 수입이 가능해지고 있다.[23] 또한 FSRU는 선박 형태의 재기화 설비로 저장과 이동이 가능하므로 지속적인 가스 수입이 아닌 일시적 수요에도 대처할 수 있어 향후 소규모 수입국이 늘어날 수 있다.

FSRU는 2012년 4척, 2014년 11월까지 3척 등 총 9척의 수주를 이루었으며 강력한 기술력과 가격경쟁력을 갖춘 국내 대형조선소가 전량 수주하고 있다. FSRU의 대당 가격은 약 2.5~3억 달러 수준으로 현재는 연 4~5척 규모의 시장이 형성되어 있지만, 향후 셰일가스의 사용과 수출이 본격화될 경우 FSRU의 수요도 점차 증가할 것으로 전망하고 있으며, 수출입은행은 연간 10척 내외의 시장 규모를 형성할 것으로 추정하고 있다.[23] 국내 조선소들이 절대적으로 높은 수주 경쟁력을 가지고 있어 수혜가 예상된다.

LPG 선

셰일가스 생산 시 가스 전처리공장에서 천연가스액체(NGL)를 추출하게 되는데, 셰일가스 생산이 늘게 되면 NGL 생산이 늘어서 부수적으로 프로판이나 부탄 등의 생산이 늘게 된

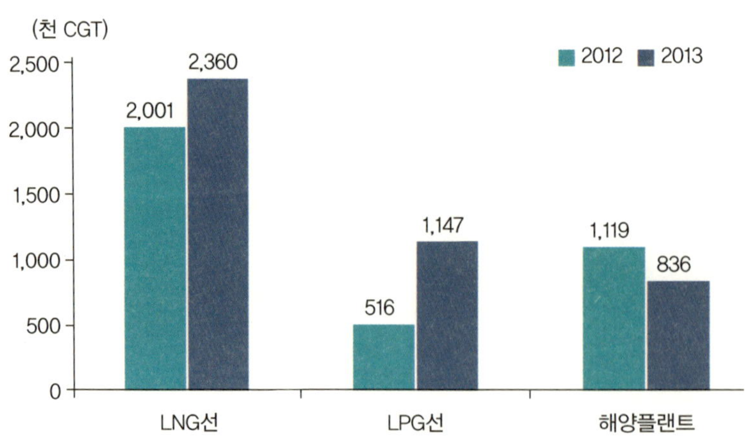

[그림 7-30] 국내 조선소 수주 추이(산업은행 재인용)

다. 전 세계에서 가장 많은 LPG를 생산하는 사우디의 가격은 톤당 약 600달러(2014년 11월 기준)이나, 셰일가스의 생산 확대에 따라 부산물인 LPG 생산의 증가추세에 따라 미국 Mont Belvien 가격은 톤당 약 400달러로 낮다.[166] 미국에서 LPG 생산이 늘면서 미국산 LPG 가격이 지속해서 낮을 경우 중동산 LPG 가격 인하로 이어질 수 있어 LPG 거래가 지금보다 더 활발해지고, 상당한 미국의 LPG 물량이 아시아 국가로 수출이 예상되므로 LPG 선박의 추가 수요가 늘게 된다.

케미컬 탱커

에탄가스 기반 에틸렌 생산단가가 극동지역의 나프타 기반 에틸렌 가격보다 가격 경쟁력이 있는 것으로 보아 신증설의 주요 타깃의 대부분은 중국 등 아시아시장 수출을 목적으로 추진할 것으로 보인다(〈화학 산업의 영향〉 참조). 그동안 미국은 주로 중남미나 유럽에 수출을 해왔지만, 상당한 물량이 중국을 포함한 아시아 국가로 향할 가능성이 높다. 그리고 미국 화학회사들은 단순한 방향족 기초 화학제품뿐 아니라 다양한 고급 화학제품의 가격 경쟁력을 가지고 양산할 계획으로 공장 신증설을 추진하고 있다. 결국 한국 · 일본에서 중국으로 들어가는 역내 근거리 거래의 일부가 미국에서 선적하는 거래로 넘어가게 되어 수송 거리의 원거리화가 진행되면서 화학제품 운반선(케미컬 탱커)의 선복수급이 원활하지 못해 신규 발주 수요가 늘어날 것으로 전망된다.[44]

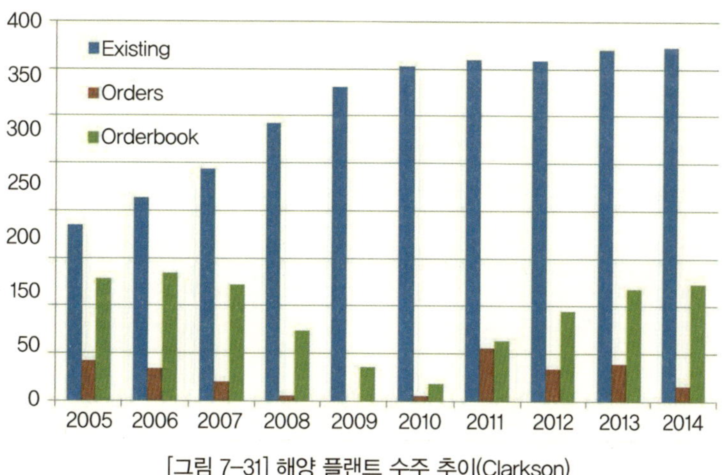

[그림 7-31] 해양 플랜트 수주 추이(Clarkson)

FLNG와 해양 플랜트

북미 셰일가스 개발과 생산 확대로 인해 미국의 천연가스 가격이 안정 하향세를 유지할 가능성이 커지면서 극동지역을 중심으로 한 LNG 수입가격 역시 낮아질 것으로 예측되므로 미국의 셰일가스 기반의 LNG보다 대규모 자본이 투입되는 해양 LNG 프로젝트는 위축될 수 밖에 없고, 가격 경쟁력이 높지 않은 해양 프로젝트들의([그림 4-10], [그림7-31] 참조) 개발이 지연될 것으로 보인다. 따라서 육상에서 해상으로 진화된 LNG 플랜트인 FLNG(Floating LNG)의 수요는 점차 줄어들 것으로 보인다. 기존의 방식보다는 가격 경쟁력이 있는 새로운 프로세스 개발로 육상 플랜트와 동일한 수준의 위험도와 안정성을 확보하면서도 가격 경쟁력을 확보할 필요가 있다.

국내의 해양 플랜트 수주 추이를 보면([그림 7-31]) 2011년 정점을 지나서 점차 줄어들면서 2012년 474억 달러였던 수주액이 2013년에는 약 312억 달러로 줄어들었고, 2014년에는 더 낮아질 것으로 전망된다. 가장 큰 감소는 해양 지원선과 드릴쉽의 감소가 가장 크고 생산설비 역시 큰 폭으로 하락하고 있다.

셰일가스 생산 시 부수적으로 나오는 수반가스와 셰일오일 증산량이 매년 늘어나는 석유 소비량(일일 약 75만 ~1백만 배럴 정도) 증가분을 앞지르면서 유가의 하락을 촉발 시킨 것으로 보이고(〈7.2장〉 참조), 이 때문에 당분간 낮은 유가로 인해 대형 해양 프로젝트들의 발주 시점이 늦춰지고 있거나 취소되는 경향이 있다[167]. 또한 오일 가격의 불확실성으로 인해 투자도 줄어들고 있지만, 셰일가스로 인한 대형 메이저들의 Offshore 자산에 대한 재배치(Asset reshuffling)가 마무리될 때 까지는 해양 시추를 비롯한 해양 생산 시설 및 구조물들의 발주가 많이 줄어들 것으로 보인다.

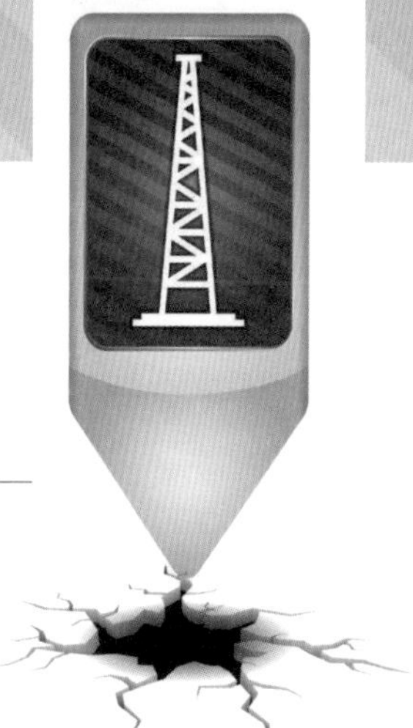

부록

1. 가스용어
2. 석유자원량 분류체계
3. 가스의 분류
4. Conversion Tables
5. 실제 사용되는 수압파쇄 유체 화학물질 MSDS

부록

1. 가스용어

Basic 용어

LNG : Liquefied Natural Gas

NG : Natural Gas

PNG : Pipelined Natural Gas

CNG : Compressed Natural Gas

NGL : Natural Gas Liquid(Ethane, Propane, Butane)

CTL : Coal-to-Liquid

GTL : Gas-to-Liquid

LPG : Liquefied Petroleum Gas

SNG : Synthetic Natural Gas

Glossary

Acid Gas(산성가스) : 유화수소 또는 탄산가스를 포함한 가스를 말하며 스위트가스(Sweet Gas)와 반대되는 가스이다. 산성가스는 부식성이 강하여 파이프나 플랜트 시설물에 손상을 주므로 처리 과정 초기에 이를 제거해야 한다. 이 가스를 유출하기 위한 용해제로서 탄산칼륨을 사용하며 유화수소를 뽑아낸 다음 이로부터 유황을 생산하기도 한다. 탈황처리는 매우 중요한 과정으로서 산성가스정(Sour Gas Well)에서 생산되는 가스 5,000만 ft^3에서 약 1톤의 유황을 생산할 수 있다.

Acquifer(대수층) : 물로 포화되어 있는 지하의 투수성 암석대로서 본래는 석유를 지표로 밀어 올리는 석유와 가스 저류암의 수대를 말한다.

Associated Gas(수반 가스) : 원시 유층압력 온도상태 하에서 유리가스 상태로 존재하는 가스로서 용해가스라고도 하며, 원유를 유정 밖으로 압출하는 데 사용된다. 부수가스는 일반적으로 생산 초기 단계에 유정의 저류암층 내에 존재하는데 지표에 도달하면 수증기는 제거되고, 가스는 습윤 부분과 건조 부분으로 분리해 운반한다. 이 가스는 그 양에 따라 재주입용으로 사용되거나 원동기를 돌리는 연료로 사용된다.

Basin(퇴적 분지) : 1) 퇴적물이 축적된 지역. 2) 퇴적물의 축적으로 침강된 지역. 3) 구조지역으로서 퇴적물로 충진된 움푹 내려 앉은 지역.

Compaction(치밀화 작용) : 상부에 쌓인 퇴적물의 하중으로 인해 퇴적물 입자들 사이의 틈이 줄어들어 전 체적을 감소시키는 작용 암석화 과정 중 하나에 속한다. 즉 공극률을 감소시키는 작용을 말한다. 다짐작용, 압밀작용은 동의어

Formation Water(지층수) : 지층이 퇴적할 때 당시의 해수 또는 물이 퇴적물의 공극 내에 갇힌 것을 말하며, 굴진 시에 지층 내에 침입한 굴착이수 등과 구분하기 위해서 쓰이는 수가 많다.

Gas/Condensate Ratio : 가스 콘덴세이트 저류층에 대해서는, 콘덴세이트에 대한 가스의 비율은 scf/bbl로 나타내고, 그 역비율(콘덴세이트-가스 비율, CGR)도 역시 사용되며, bbl/mscf로 나타낸다.

Hydrocarbon(탄화수소) : 탄소와 수소가 결합하여 구성된 기체, 액체, 고체 의 유기화합물

Impermeable Rock(불투수성 암) : 유체가 내부 공극을 통하여 흐르기 어려운 암석. 견고하거나 비다공성 암석은 완전한 불투수성 암석이지만 다공질 암석이라 할지라도 공극이 상호 연결되지 않을 때에는 불투수성이 된다. 불투수성 암석은 석유/가스 저류층의 덮개암(Caprock)을 형성하며 탄화수소가 지표로 빠져나가는 것을 방지한다.

Non-Associated Gas(비수반 가스) : 생산 중인 저류층 내의 가스와 혼합되지 않는 건성가스

(Dry Gas)로서 수반가스 또는 용해가스와는 반대된다.

Permeability(투수율) : 다공매질의 유체전도율 즉 액체 또는 가스가 상호 연결된 매질의 공극을 통과하는 정도를 말한다.

Pore(공극) : 단단한 암석 입자 사이의 공극. 공극은 물이나 가스 석유등에 의해 침적암에 생긴다. 1차 공극은 침적암이 처음으로 침적될 때 생기며 2차 공극은 표면에서 일어난다. 공극 형태는 기하학적(Geometry), 기원(Origin), 위치(Location)에 따라 표현된다. 매크로공극(Macropores)은 크기가 0.5㎛ 이상의 공극이며 마이크로공극(micropores)과 반대개념이다. 암석에서 공극이 차지하는 비율을 공극률이라 한다.

Porosity(공극률) : 저류암층의 전 체적에 대한 공극 체적의 비를 %로 나타낸 것을 말하며 다음식으로 표시한다. 〈공극를 = 공극 체적 ÷ 전 체적 × 100(%)〉 암석의 전 체적에 대한 전체공극 체적의 비를 절대공극률(Absolute Porosity)이라고 하는데 실제 저류암의 공극를 계산에는 상호연결된 공극 체적을 고려한 유효공극률(Eeffective Porosity)을 적용한다. 〈절대공극를 = 전체공극 체적÷전 체적×100(%)〉〈유효공극를 = 연결공극 체적÷전 체적×100(%)〉

Reservoir(저류층) : 사암, 탄산염암 기타 다공질 암석의 공극에 석유 또는 가스가 집적되어 관암이나 구조적 층서적 트랩(Structural or Stratigraphical Trap)에 의하여 유출이 차단된 지질적 구조를 말한다. 저류층은 한 개 또는 여러 개의 오일 풀(Oil Pool)로 이루어진다.

Reserves/Production Ratio : 확인 매장량을 그해의 원유생산량으로 나눈 것으로서 동일 생산 수준 하에서 생산지속년수를 말한다. 매장량의 또는 생산량의 변동에 따라 달라진다.

Reservoir Pressure(저류압) : 석유 또는 가스 저류층 내의 유체 압력. 일반적으로 정수압과 거의 같으므로 심도에 따라 다르다. 그러나 저류압은 여러 가지 요인에 의하여 영향을 받기 때문에 정상보다 훨씬 높거나 낮을 수도 있다. 최초압력은 석유/가스가 유정 밖으로 유출하는데 부분적으로만 영향을 주므로 석유/가스 유출에는 압출 방식이 가장 중요한 요소가 된다.

Residue Gas(잔류가스) : 1) 천연가스로부터 액화천연가스가 제거된 후에 남겨진 천연가스. 가스처리 과정을 거친 천연가스이며 상업적으로 판매될 수 있다.(Tail Gas) 2) 일반적 가스 생산 이후에 지층암석에 남겨진 천연가스.

Seal(덮개암) : 석유나 가스 저류층의 상부에 불투수성 장벽을 형성하는 불투수층. 일반적으로 세일이나 증발잔류암(Evaporates), 점토암(Argillaceous), 석회암(Chalk), 영구동토층(Permafrost) 등이 실(Seal)을 대표한다. 덮개암의 투수도는 10^{-4}md보다 작다.(Cap, Cover or Roof Rock)

Solution Gas(용해가스) : 용해가스(Dissolved Gas) 수반가스(Association Gas) 가스캡 가스(Gas-Cap Gas)의 다른 말. 유정 내의 원유에 포화되어 있는 천연가스이다.

Source Rock(근원암) : 석유가 이동하기 전에 집적된 암석. 근원암은 대개 사암, 이암, 혈암, 석회암, 석탄과 같은 미립의 퇴적암석으로 화석물질을 함유하고 있으며 적당한 조건을 주면 탄화수소 집적지로 변할 수 있다.

Tons Oil Equivalent : 상이한 에너지원의 열량을 원유 1톤의 열량을 기준으로 하여 평가하는 단위. 보통 toe로 표기한다.

Trap : 석유나 가스가 집적되어 외부로 이동하지 않도록 상층부가 불투수성 암석으로 덮여 있는 지질구조를 말한다. 트랩은 구조트랩(Structural Trap) 층위트랩(Stratigraphic Trap) 및 조합트랩(Combination Trap)의 3가지로 분류된다.

Water Saturation(수포화도) : 석유나 가스를 함유한 암석에서는 석유, 가스 모두가 전기적 절대체이기 때문에 이외 비저항은 공극률과 공극 중에 함유된 유체의 비저항 및 수포화도에 좌우된다. 수포화도란 암석의 공극 체적을 1로 할 경우 공극 내에 함유된 지층수의 양을 비로 표시한 것으로 다음과 같은 관계식이 실험적으로 유도된다. 따라서 〈1 - Sw = Sh〉는 탄화수소의 포화도(Hydrocarbon Saturation)가 된다.

Wet Gas(습성가스) : 중탄화수소 내에 분해된 가스. 1,000ft^3의 천연가스로부터 300갤런 이상의 프로판 부탄 기타 액체탄화수소를 분리 축출할 수 있을 때 이 천연가스를 습식가스라고 한다. 습식가스는 액화석유가스(LPG: Liquified Petroleum Gas)의 중요한 원료이다.

Wet Oil(습성원유) : 침전물(Sttling)을 제거하지 않은 원유로 건성원유와 반대된다.

2. 석유자원량 분류체계

전 세계적으로 합의되어 보편적으로 통용되고 있는 2007년도 석유자원관리체계(PRMS: Petroleum Resources Management System, SPE/WPC/AAPG/SPEE, 2007)를 기본으로 한 석유자원(원

유와 천연가스) 국문표준 매장량 분류체계를 소개한다. 본 분류체계는 국내 산업계에서 적용상의 오용과 이에 따른 사회적 혼란을 최소화하고자 하고자 2009년 지식경제부와 한국지구시스템공학회가 공동으로 수행한 '석유매장량 정의 및 분류체계의 국내 표준화 결과'와 성원모 외 '석유개발공학'을 토대로 인용 정리하였다.

1. 석유 매장량의 정의 및 분류

1. 석유 매장량의 정의

석유 매장량은 확인된 탄화수소 집적구조에서 개발 사업(프로젝트)에 의해 특정 시점의 상업적 회수가 가능할 것으로 기대되는 석유 자원량 상업성이 확보되지 않고, 기술적으로 '회수가능'하고, 시장 환경 및 사업 측면에서 '상업적'이며, 사업개시 시점에서 '생산되지 않고 저류층에 잔존'하는 4가지 조건을 반드시 모두 만족한 석유의 양을 말한다.

[표 1] 매장량의 세부분류

구분	일반적 정의	지침
확인(Proved) 매장량	지질학적 및 공학적 자료의 평가 결과, 현재의 경제적 조건, 운영방법, 국가의 법체계 하에서 상업적으로 회수 가능할 것이 합리적으로 확실시되는 평가량	•확인매장량으로 간주하는 저류층 영역 ① 시추로 윤곽이 파악되고 유체경계면들(Fluid Contacts)에 의해 정의될 수 있는 영역 ② 시추는 되지 않았으나, 확인된 저류층의 연장(연속)으로 판단할 수 있는 합리적 근거와 상업적 생산이 가능하다는 지질학적, 공학적 자료가 있는 확인된 저류층의 인접지역 •유체경계면 자료가 없을 때에는, 기타 명확한 지질학적, 공학적 또는 생산 이력 자료가 제시되지 못할 경우, 시추를 통해 파악된 최저탄화수소확인지점(LKH: Lowest Known Hydrocarbon)에 의해 확인됨. 여기서 명확한 자료로는 유체압력구배 분석치, 탄성파 지시자 등이 포함됨. 탄성파 자료만으로는 유체 간 경계를 파악할 수 없음 •결정론적 방법을 사용할 경우, 평가량의 높은 신뢰 수준을 뒷받침할 합리적 확실성이 있음. 확률론적 방법을 사용할 경우, 실제 회수량이 평가량과 같거나 더 높을 확률이 적어도 90% 이상임
추정(Probable) 매장량	지질학적 및 공학적 자료의 평가 결과, 회수 가능성이 확인매장량보다는 낮으나, 가능매장량보다는 높은 추가 평가량	•추정매장량 영역은, 확인된 저류층의 인접지역이지만, 가용정보의 확실성이 떨어지고 저류층의 연속성을 인정할 만한 신뢰기준에 미치지 못하는 영역 •실제 남은 회수량이 확인매장량과 추정매장량의 합(2P)보다 높을 확률과 낮을 확률이 서로 같음 확률론적 방법으로는, 실제 회수량이 2P보다 크거나 같을 확률이 50% 이상임
가능(Possible) 매장량	지질학적 및 공학적 자료의 평가 결과, 회수 가능성이 추정매장량보다 낮은 추가 평가량	•가능매장량 영역은, 추정매장량 영역의 인접지역이지만 가용정보의 불확실성이 큼 •총 회수량이 매장량의 최대 평가량인 확인매장량, 추정매장량, 가능매장량의 합(3P)보다 높을 확률이 낮음 확률론적 방법으로는, 실제 회수량이 3P보다 크거나 같을 확률이 10% 이상임

일반적으로 상업성 판단 기준은 다음과 같다.

① 개발을 위한 합리적인 시간계획표를 뒷받침하는 증거

② 세부적인 투자 및 운영기준을 만족하는 개발계획의 미래 경제성에 대한 합리적인 평가

③ 개발을 보장하기 위해 요구되는 생산량의 기대매출(최소) 또는 모든 생산량에 대한 시장이 존재할 것이라는 합리적인 기대.

④ 필요한 생산과 수송설비가 사용할 수 있거나 가능해질 수 있다는 증거, 평가 시점에서 법적, 계약상의 환경과 기타 사회 · 경제적 제반 사항이 생산산업을 실제 수행하는데 결정적 제한이 안 된다는 증거

⑤ 현재의 허가기간(Duration of Licence)이 만료하는 경우, 개발권자(License Holder)가 현 허가권을 갱신하는 권한을 가지고 있고 허가권을 갱신해왔던 이력을 명확하게 증명하기 전에는 회수 가능한 것으로 평가할 수 없음

매장량은 확실성에 따라 확인(Proved), 추정(Probable), 가능(Possible) 매장량으로 세부 분류한다.

매장량은 산정 시 활용하는 1P, 2P, 3P에 대한 정의는 다음과 같다.

① 1P : 확인매장량과 동일. 매장량의 최소 평가량

② 2P : 확인매장량과 추정매장량의 합. 매장량의 최적 평가량

③ 3P : 확인매장량, 추정매장량, 가능매장량의 합. 매장량의 최대 평가량

개발 여부에 따른 매장량 상태(Reseatus)를 분류하며, 개발계획 하에서 유정(Well) 및 관련 시설의 운영 상태와 향후 자본투자를 기준으로 '개발(Developed)', '미개발(Undeveloped)' 매장량으로 구분한다.(다음 페이지 [표 2])

통상 개발과 미개발의 분류는 확인매장량에 대해서만 적용했으나 프로젝트 운영에 있어 개발과 생산 상태가 매우 중요하므로 위의 기준 개발/미개발 개념을 매장량의 모든 범위(확인, 추정, 가능)에 적용할 수 있다.

일반적으로 PDP(Proved Developed Producing), PDNP(Proved Developed Non-Producing),

[표 2] 개발여부에 따른 매장량 상태의 세부분류

구분	일반적 정의	지침
개발 (Developed) 매장량	기존의 유정(well) 및 시설을 이용하여 회수 가능할 것으로 기대되는 양	•매장량은 생산에 필요한 시설과 장비가 모두 갖추어진 이후이거나, 또는 개발생산을 위한 추가 비용이 신규 유정을 시추하는 비용보다 적은 규모에서 이루어질 때 '개발'된 것으로 간주함 •필요한 유정과 시설이 완비되어 있지 않을 경우, 해당 매장량은 '미개발' 범주로 평가됨 •개발매장량은 생산이나 미생산으로 세부 분류함
개발생산 (Developed Producing)	평가 시점에서, 개정(open)상태이며, 생산 중인 완결구간에서 회수 가능할 것으로 기대되는 양	•회수개선에 의한 매장량(Improved Recovery Reserves)은 실제 회수개선작업이 진행 중일 경우에만 '생산'으로 간주함
개발미생산 (Developed Nonproducing) 매장량	평가 시점에서, 폐정(Shutin)이나 완결 또는 재완결이 필요한 유정에서(Behind-pipe) 향후 회수 가능할 것으로 기대되는 양	•폐정매장량(Shut-in Reserves) 해당 경우 ① 평가 시점에서 완결구간이 열려 있지만(Open), 아직 생산 개시가 안 된 경우 ② 시장 여건이나 파이프라인 연결 작업 등 때문에 일시 폐정된 경우 ③ 기계적 문제 때문에 생산을 못 하고 있는 경우 •미완결성 매장량(Behind-pipe Reserves) 해당 경우 •모든 경우, 신규 유정 시추비보다 저렴한 비용으로 생산 개시 또는 재개가 이루어질 수 있음
미개발 (Undeveloped) 매장량	향후 추가비용이 소유되는 시설을 통해 회수 가능할 것으로 기대되는 양	•미개발매장량 해당 경우 ① 미 시추지역에서 신규 유정을 시추해야 하는 경우 ② 기존 유정을 이미 알려진 다른 저류층으로 심부 추가 시추해야 하는 경우 ③ 증산을 위해 기존 생산정간 시추(Infill Well)를 해야 하는 경우 ④ 신규 시추공 비용 이상의 추가 비용이 소요되는 경우 - 기존 유정의 재완결 - 생산 또는 수송 시설 설치 등

PDU(Proved Undeveloped)는 개발과 미개발의 개념을 확인매장량에 대해서만 적용했을 때 사용하는 용어이다.

2. 발견잠재원량

발견잠재자원량(Contingent Resources)은 특정 시점에서 시추를 통해 확인된 탄화수소 집적구조로부터 잠재적으로 회수 가능하다고 평가되나, 적용된 사업이 하나 이상의 요인에 의해 상업적 개발이 도달하기에는 아직 충분히 성숙하지 않은 것으로 고려하는 석유의 양이다(상업성이 확보되지 않는 경우에는 '매장량'이라는 용어를 사용할 수 없음).

생산할 수 있지만 판매시장을 확보하지 못한 사업, 현 기술로 상업성이 확보되지 못한 사업, 탄화수소 집적구제에 대한 평가가 상업성을 명확히 판단하기에 불충분한 사업 등으로, 평가의 확실성에 따라 1C, 2C, 3C 범주로 나누며, 경제상황과 사업성숙도에 따라 세분화한다.

발견잠재자원량의 세부분류는 다음과 같다.

① 1C : 발견잠재자원량의 최소 평가량

② 2C : 발견잠재자원량의 최적 평가량

③ 3C : 발견잠재자원량의 최대 평가량

3. 탐사자원량

탐사자원량(Prospective Resources)은 발견되지 않은 탄화수소 집적구조로부터 잠재적으로 회수 가능할 것으로 기대되는 석유의 양으로 발견한 가능성과 개발의 가능성을 모두 포함하고 있다. 발견 및 개발을 가정하였을 경우, 회수 가능한 양에 대한 평가의 확실성에 의해 나누어지며 사업성숙도에 따라 세분화한다.

탐사자원량의 세부분류는 다음과 같다.

① 최소(Low Estimate)

프로젝트에 의해 실제로 회수될 것으로 기대되는 양에 대한 보수적 평가량으로 확률론적 방법에서 실세 회수될 것으로 기대되는 양이 평가량 이상일 확률이 적어도 90%(P90)이다.

② 최적(Best Estimate)

프로젝트에 의해 실제로 회수될 것으로 기대되는 양의 최적 평가량으로, 확률론적 방법에서 실제 회수될 것으로 기대되는 양이 평가량 이상일 확률이 적어도 50%(P50)이다.

③ 최대(High Estimate)

프로젝트에 의해 실제로 회수될 것으로 기대되는 양에 대한 낙관적 평가량으로, 확률론적 방법에서 실제 회수될 것으로 기대되는 양이 평가량 이상일 확률이 적어도 10%(P10)이다.

2. 사업성숙도에 따른 분류

1. 상업성 확보 단계

사업성숙도에 따른 분류 중 발견되었고 상업성 확보 단계는 다음과 같다.

① 생산 중(Approved for Development) : 생산사업

현재 석유를 생산하고 시장에 석유를 판매하여 수입을 얻고 있다.

② 개발타당(Justified for Development) : 개발사업

개발에 필요한 모든 승인이 이루어졌고 자본금이 명확하며, 개발 프로젝트가 진행 중이며, 규제 인가나 판매 계약이 미결제와 같은 잠재요인의 영향을 받아서는 안 된다. 예상 자본 지출은 사업주체의 현재 또는 다음 해 보고의 승인 예산에 포함되어야 한다.

③ 개발타당(Justified for Development) : 개발사업

평가보고 시점에서 합리적으로 예측된 상업 조건에 근거하여 개발사업의 타당성이 인정되고, 필요한 모든 승인/계약이 이루어질 것이라는 합리적인 기대가 있으며(보고 시점은 향후 가격, 비용 등에 대한 가정과 프로젝트의 구체적인 상황에 대한 사업주체의 보고에 근거를 둠), 상업적 평가를 뒷받침할 만한 충분히 구체적인 개발 계획이 있어야 하며, 프로젝트의 수행 전에 필요한 규제 승인 또는 판매 계약이 곧 진행될 것이라는 합리적인 예측이 있어야 한다. 일정한 기간 내에 진행되는 개발을 방해할 수 있는 알려진 잠재 요인은 없어야 한다.

2. 발견 후 상업성 미확보 단계

발견되었으나 상업성 미확보 단계는 다음과 같다.

① 개발대기/개발미결(Development Pending) : 탐사사업

발견된 탄화수소 집적구조에 대해 예측 가능한 기간 내에 상업적 개발의 타당성을 인정받기 위해서 사업 수행이 진행 중이며, 상업화 가능성을 확인하고 적합한 개발 계획을 선택하기 위해 추가 자료(시추, 탄성파 자료 등)의 획득과 평가가 현재 진행되고 있다. 치명적인 잠재요인이 확인되고 적당한 기간 내에 문제가 해결될 것으로 기대된다.

② 개발보류(Development Unqualified or On Hole) : 탐사사업

상업적 개발의 잠재적 가능성을 확인하기 위해 추가적인 평가 활동이 요구되며, 상업적 개발에 대한 잠재성이 있는 것으로 판단되나 상당한 외부 잠재요인이 제거될 때까지 추가적인 평가 활동이 보류된 상태, 예측 가능한 기간 내에 치명적인 잠재요인이 제거될 것이라는 합리적인 기대가 없는 경우 '개발불가/개발난망'으로 프로젝트가 재분류될 수 있다.

③ 개발불가/개발난망(Development Not Viable) : 탐사사업

생산 잠재력의 한계 때문에 현재 개발하거나 추가로 자료를 획득할 계획이 없는 발견된 탄화수소 집적구조이다.

3. 미발견 단계

미발견 단계는 다음과 같다.

① 유망구조(Prospect) : 탐사사업

탄성파 자료 등에 의해 지질구조가 규명되어 있고 시추위치가 정의되어 있는 유망 탄화수소 집적구조와 관련된 프로젝트로, 발견 여부에 대한 평가 및 발견을 가정했을 때 상업적 개발사업의 잠재적 회수량의 범위를 평가한다.

② 잠재구조(Lead) : 탐사사업

탄화수소 집적구조에 대해 거의 규명되어 있지 않으며, 유망구조로 분류되기 위해 추가 자료의 획득과 평가가 요구되는 잠재 탄화수소 집적구조와 관련된 프로젝트로, 추가 자료의 획득과 잠재구조에서 유망구조로의 성숙도를 확인하기 위한 평가 작업에 치중한다. 발견 여부에 대한 평가 및 발견을 가정했을 때의 잠재적 회수량의 범위를 평가한다.

③ 플레이(Play) : 탐사사업

잠재적인 유망구조의 전망성과 관련된 사업으로, 특정한 잠재구조와 유망구조를 정의하기 위해 추가 자류의 획득, 평가가 필요. 발견 여부에 대한 상세한 평가 및 발견을 가정했을 때 가상의 개발계획에서의 잠재적 회수량의 범위를 평가한다.

'등급 외'는 사업 성숙도 분류에서 플레이 등급에도 이르지 못하는 사업으로 조사 단계의 사업을 말한다.

3. 사업별 석유 자원량 분류

1. 탐사사업

광구에서 석유자원의 부존을 확인하기 위해 수행되는 지질조사, 지구물리탐사, 지화학탐사, 탐사시추, 평가시추, 사업타당성 조사 등의 사업(상업적 생산에 도달되지 못한 경우에 동일 광구 내에서 자원량 확보를 위한 탐사작업을 포함)을 말한다.

탐사시추 이전은 시추를 통한 석유 발견이 이루어지지 못한 상태이므로 석유 자원량은 '탐사자원량'으로 평가한다. 사업성수도에 따라 '등급 외', '플레이', '잠재구조' 단계에 해당한다. 탐사자원량은 불확실성의 정도에 따라 '최소', '최적', '최대'로 평가되며, 평가방법으로는 유추법과 확률론적 방법을 사용할 수 있으나 저류층 입력 변수에 대한 정확한 예측이 불가능하므로 결정론적 방법에 의한 석유 자원량 평가는 타당하지 않다. 일반적으로 탐사자원량의 대푯값으로 확률론적 방법의 평균값(mean)이 사용될 수 있고 P10, P50, P90 값을 함께 적는다.

탐사시추 이후의 경우는 시추로 석유가 발견되지 못하였을 경우에도 '탐사자원량'으로 표현하며, 사업성숙도에 따라 '유망구조'에 해당한다. 시추를 통해 석유가 발견되었을 경우 '발견잠재자원량'으로 표현하며, 사업성숙도에 따라 '개발대기/개발미결', '개발보류', '개발불가/개발난망' 단계에 해당한다. 발견잠재자원량으로 평가할 경우에는 불활식성 정도에 따라 1C, 2C, 3C로 평가한다. 평가시추를 포함한 공학적 분석을 통해 사업성숙도 분류와 상업성이 입증된 경우에만 개발 또는 생산사업으로 인정할 수 있으며, 평가방법으로는 용정법(결정론적, 확률론적)이 대표적이다. 발견잠재자원량의 대푯값으로 2C 값을 사용할 수 있고, 1C 값을 함께 적는다.

2. 개발사업

석유는 부존이 확인된 광구 또는 개발단계에 있는 광구의 권리 취득 및 지분을 매입하거나, 상업적 생산을 위한 생산시설과 부대시설 건설 등의 모든 사업을 말하며, 사업성숙도에 따라 '개발승인', '개발타당' 단계에 해당한다.

불확실성 정도에 따라 '확인', '추정', '가능' 매장량으로 분류할 수 있으며, 평가방법으로는 용적법(결정론적, 확률론적), 저류층 시뮬레이션법을 적용할 수 있다. 대푯값으로 2P(확인+추정_ 값을 사용할 수 있고, 1P(확인) 값을 함께 적는다.

3. 생산사업

운영권자 또는 비 운영권자로서 경제적 생산단계에 있는 광구의 권리취득 및 지분매입, 생산설비 건설, 추가 매장량 확보를 위한 시추 등의 사업을 말하며, 사업성 속도 측변에서 '생산 중'에 해당하는 단계이다. 누적생산량과 함께 불확실성 정도에 따라 '확인', '추정',

'가능' 매장량으로 분류할 수 있음. 평가방법으로는 용적법(결정론적, 확률론적), 저류층 시뮬레이션법, 감퇴곡선법, 물질수지법을 적용할 수 있다. 대푯값으로 2P(확인+추정) 값을 사용할 수 있고, 1P(확인) 값을 함께 적는다. 경제적 생산 측면에서 포기압력(Abandonment Pressure)에 대한 고려가 필요하다.

4. 석유 자원량의 합산 기준

하나의 광구에 포함된 여러 유전의 매장량을 합산하거나, 한 회사가 보유하고 있는 전체 석유 자원량을 평가하는 경우, 동일 부류(등급)끼리 각각 합산하여 계산하는 것을 원칙으로 한다.

3. 가스의 분류

1. 물리화학적 특성에 따른 일반적인 분류방법

가스의 분류		가스의 종류
상태에 의한 분류	압축 가스	산소, 수소, 메탄, 질소, 알곤 등
	액화가스	프로판, 부탄, 암모니아, 이산화탄소, 액화산소, 액화질소 등
	용해 가스	아세틸렌
연소성에 의한 분류	가연성 가스	수소, 암모니아, 프로판, 부탄, 아세틸렌 등
	조연성 가스	산소, 공기, 염소, 등
	불연성 가스	질소, 이산화탄소, 알곤, 헬륨 등
독성에 의한 분류	독성 가스	염소, 일산화탄소, 아황산가스, 암모니아, 산화에틸렌 등
	비독성 가스	질소, 산소, 부탄, 메탄 등

2. 압축가스

수소, 질소, 메탄 등과 같이 임계온도(기체가 액체로 되기 위한 최고온도)가 상온(14.5~15.5℃)보다 낮아 상온에서 압축시켜도 액화되지 않고, 단지 기체 상태로 압축된 가스를 말한다.

3. 액화 가스

프로판, 부탄, 탄산가스 등과 같이 임계온도가 상온보다 높아 상온에서 압축시키면 비교적 쉽게 액화되는 가스로 액체상태로 용기에 충전하는 가스입니다. 액화가스 중 액화산소, 액화질소 등은 초저온에서 액화한 후에 단열조치를 하여 초저온 상태로 저장한다.

4. 용해가스

아세틸렌과 같이 압축하거나 액화시키면 스스로 분해 폭발을 일으키는 가스이기 때문에 용기에 다공물질(스펀지나 숯과 같이 고체 내부에 많은 공간을 가진 물질)과 가스를 잘 녹이는 용(아세톤, 디메틸포름 아미드 등)를 넣어 용해 시켜 충전하는 가스이다.

5. 가연성 가스

공기 또는 산소 등과 혼합하여 점화 시에 급격한 산화 반응으로 열과 빛을 수반하여 연소(폭발)를 일으키는 가스이다. 가연성 가스가 연소하려면 공기와 점화원 즉, 불씨가 있어야 하며, 공기와 혼합 시에도 어느 농도의 범위가 되어야만 연소한다. 연소할 수 있는 농도(연소범위 또는 폭발범위)는 가스마다 다르다. 아세틸렌, 암모니아, 수소, 황화수소, 사이안화수소, 일산화탄소, 메탄, 염화메탄, 에탄, 에틸렌, 산화에틸렌, 프로판, 프로필렌, 부탄, 뷰타다이엔, 뷰틸렌, 벤젠 등이 있다.

[표 3] 가스 종류별 연소 범위

가스	연소범위	가스	연소범위
수소	4~75	아세틸렌	2.5~81
일산화탄소	12.5~74	프로판	2.1~9.5
메탄	5~15	부탄	1.8~8.4
에탄	3~12.5	암모니아	15~28
에틸렌	2.7~36	시안화수소	6~41

4. Conversion Tables

Gas Basic Unit

Bcf : Billion cubic feet

Btu : British thermal unit

Mcf : 1,000 cubic feet

MMcf : 1,000,000 cubic feet

Tcf : Trillion cubic feet

Bcm : Billion cubic meter

MTPA : Million Tons Per Annum

Useful Rule of Thumbs

1MTPA = 0.135 MMcfd = 1.38 Bcm

1 Bcfd = 7.5 MTPA

1 kW-h = 3.412 MMBtu

LNG : 50~52MMBtu/ton

LPG : 3.55 MMBtu/bbl

Crude oil : 5.85~6.0 MMBtu/bbl

Coal : 20-26 MMBtu/ton

5. 실제 사용되는 수압파쇄 유체 화학물질 MSDS

Chemicals Used in the Hydraulic Fracturing Process in Pennsylvania Prepared by the Department of Environmental Protection Bureau of Oil and Gas Management Compiled form material Safety Data Sheets (MSDS) obtained from industry

Chemical	Product Name
2,2-Dibroma-3-Nitrilopropianamide	Bio Clear 1000/Bio Clear 2000/Bio Clear 200/ BioRid20L/EC6116A
2-methyl-4-isothiazolin-3-ine	X-Cide 207
5-chloro-2-methyl-4-isothiazolin-3-one	X-Cide 207
Acetic Acid	Ed₩e-1A Acidizing Composition,Packer Inhibitor
Acetic Anhydride	Fe-1A Acidizing Composition
Acetylene	GT&S Inc./Airco
Alcohon Elhoxylated C12-16	NE-200
Alky Benzene sulfonic acid	Tetrolite AW0007/FR-46
Ammonia(aqueous)	FAW-5
Ammonium Bifluoride	ABF 37%
Ammonium Persulfate	AP Break

Chemicals Used in the Hydraulic Fracturing Process in Pennsylvania Prepared by the Department of Environmental Protection Bureau of Oil and Gas Management Compiled form material Safety Data Sheets (MSDS) obtained from industry

Chemical	Product Name
Ammonium Bisykfite	Techni-Hib 605/Fe OXCLEAR./Packer Inhibitor
Ammonium chloride	Salt Inhibitor
ammonium Salt(alkyloplyether suifate)	Terolite AW007
Amprphous silca	TerraProp Plus/Bituminous Coal Fly Ash ASTM C618
Benzoic Acid	Benzoic Acid
Boric Oxide	BC-140/Unilink 8.5
Calcium Chloride	Dowflake
Calcium Oxide	Bifuminous Coal Fly Ahs ASTM C618
Carboxymethylhydroxypropyl guar blend	Unigel CMPHG
Chiline Chloride	Clay Treat-2C
Citric Acid	Ferrtrol 300L/IC-100:
Complex polyamine salt	Clay Master-5C
Crystaline Silica : Cristobalite	
Crystalline Silica : Quartz	Silica Sand/AtlasPRC/Best Sand/Bituminous Caal Fly Ash ASTMC618
Cupric chloride dehydrate	Ferrtrol 280:
Cured resin	LiteProp 125
Cyclohexanes	CS-2
Dazomet	ICI-3240
Diethyene Glycol	Scaletrol 720/Scaletrol 7208
d-Limonene	MA-844W
Enzyme	GBL-8X
EO-C7-9-iso-.C8 rich-alcohols	NE-940/NE-90
EO-C9-11-ison-.C10-rich-alcohols	NE-940/NE-90
Elthozylated Alcohol	FRW-14/SAS-2/Flomax 50/WFR-3B
Ethyl Acetate	Castle Thrust
Tthyl Alcohol	FAW-5/Castle Shop Solv/Dalas Morris
Ethylbenzene	NDL-100/PARANNOX/Uniflo II
Ethylene Glycol	ENVIROHIB 2001/ICA-2/LEB 10X/Schaletrol 720/ Sceletrol 7280/CC 300/Clachek A/Clachek LP/Lronsta II B/NCK-100/BC 140/NCL- 100/Flomax 50/ NCL/ Scalehib 100/Unihib)/Unilink 8.5
formaldehyde	ENVIROHIB 2001
Fromic Acid	ENVIROHIB 2001
Gluconic Acid	Interstate ICA-2
Glutaraldehyde	Alpha 114/Alpha 123/ICI-150

Chemicals Used in the Hydraulic Fracturing Process in Pennsylvania Prepared by the Department of Environmental Protection Bureau of Oil and Gas Management Compiled form material Safety Data Sheets (MSDS) obtained from industry

Chemical	Product Name
Glycerol	Bio Sealers
Glycol Ethers	ENVIROHIB 2001/AMPHOAM 75/PARANOX/Uniflo II / Unifoam/WE-342LN
Guar Gum	PROGUM 19 GUAR PRODUCT/Unigel 19XL/ Benchmark Polymer 3400/WGA-15/Unigel 5F
Hydrochloric Acid	Hydrochloric Acide(HCL)/TETRAClean 542/Muriatic Acid
Hydrochloric Acid 3%-35%	Hydrochloric Acid 3%-35%
Isorprolyl Alcohol	NFS-102/WFT-9511/LT-32/AR-1/Flomax 50/NDL-100/ Unibac/Uniflo II /Uniflo /Unihib O/WNE-342LN
Methanol	ASF 30 Blend/NE-200/Activateo Superset-W/CI-14/ FAW-5/GasFlo/Inflo-250W/KT-32/NE-940/XLW-32/ Terrolite AW0007/FMW25 Foamer/40HTL Corrosion Inhibitor/NE-90.Packer Inhibitor
methyl salicylate	Clearbreak 400/Super Surt/Castle Shop Solv
Methyl Slicylate	Bio Sealers
n-butanol	AirFoam 311
Nitrilotrialcetamide	Salt Inhibitor
Phenolic Resin	Atlas PRC
Polyethylene Glycol	NE-940/EC6116A/Ne-90
Polyethylene Glycol Mixture	Bio Clear 2000/Bio Clear 200
polyoxyethylene sulfate	FMW25 Foamer
Polysaccharide Blend	GW-3LDF
Potassium Carbonate	BF-7L
Potassium Chloride	Dowflake
Potassium Hydroxide	B-9, pH Increase Buffer/BXL-2
Propargyl Alcohol	CI-14/HAI-OS Acid Inhibitor
Propylene Glycol	SAS-2/WFR-3B
Silica	S-8C, Sand, 100 mesh/Montmorillnonite clay
Sodium Bicarbonate	K-34
Sodium Bromide	BioRid 20L
Sodium Hydroxide	Caustic Soda/ICI-3240/BioRid B-71
Sodium Persulphate	High Perm SW-LB
Sodium Xylene Sulfonate	FAC-2/GAC-3W
Sulfuric Acid	Sulfuric Acie
Surfactants	AFS-30/GasFlo/Inflo-250W
Talc	Adomite Aqua
Tetrakis(hydroxymethyl)phosphonym sulfate	Magnacide 575 Microbioicde

Chemicals Used in the Hydraulic Fracturing Process in Pennsylvania Prepared by the Department of Environmental Protection Bureau of Oil and Gas Management Compiled form material Safety Data Sheets (MSDS) obtained from industry

Chemical	Product Name
Terramethyl ammonium chloride	Clay Treat-3C
Trimethyloctadecylammoniym Chloride	FAC-1W/FAC-3W
	6/10/2010

셰일가스 혁명
국내 산업계와 기업대응전략

인덱스

참고문헌

[1] 가스사용의 역사, 부산광역시, http ://www.busan.go.kr/SubPage.do?pageid=sub0501050201.

[2] 사단법인 한국도시가스협회, 도시가스 산업, 도시가스역사, http ://www.citygas.or.kr/industry/history/index.jsp.

[3] 가스연맹, 가스 사용 역사, http ://www.kgu.or.kr/gas_info/gas_history.html

[4] 생활속에 스며든기체, http ://blog.naver.com/PostView.nhn?blogId=koshamedia&logNo=120173150957&redirect=Dlog&widgetTypeCall=true.

[5] 한국가스신문, 국내가스연소기기 90년 역사와 전망, 30 April 2001.

[6] 투데이에너지, 산업용 가스시장 현황과 가능성, 2 Jan. 2013.

[7] 사단법인 한국산업특수가스협회, 산업특수가스 분류

[8] 한국도시가스협회, 정보자료실, 통계자료, 25 Feb. 2014.

[9] 이대봉 : "도시가스사업의 발전", 2005.

[10] 가스공사 홈페이지, 경영정보, 사업 소개, 천연가스공급, 판매, 2014.

[11] 국토교통부, 승용차 등록 현황, 16 Jan 2014.

[12] 이훈철, 서울뉴스, "수송분담율", 21 November 2012.

[13] 한국석유공사 홈페이지 자료, http ://www.knoc.co.kr/sub03/sub03_6_3_1.jsp.

[14] 석유의 생성, 네이버 지식 백과.

[15] Betsy Harvey Kraft : "Oil and Natural Gas", Franklin Watt, New York, 1982.

[16] 원유의 생성, http ://m.blog.daum.net/offshore-process/7#.

[17] Hunt, JM and Hennet, R. JC : "Organic Geochemistry", Generation of gas and oil from coal and other terrestrial organic matter, Elsevier, 1991.

[18] Wentworth, C. K. : "A Scale of Grade and Class Terms for Clastic Sediments", The Journal of Geology, 1922.

[19] World Energy Council, Survey of Energy Resources 2007 : Natural Bitumen - Definitions.

[20] 이민찬, 아시아 경제, SK건설, "캐나다서 2조6천억원 오일샌드 플랜트 단독수주", 25 August 2014.

[21] Heavy Crude Oil, http ://en.wikipedia.org/wiki/Heavy_crude_oil#cite_note-WEC2007-3.

[22] US EIA : "Technically Recoverable Shale Oil and Shale Gas Resources : An Assessment of 137 Shale Formations in 41 Countries Outside the United States", June 2013.

[23] 성동원외, 한국수출입은행 : "셰일가스가 주요 산업에 미치는 파급효과 및 대응전략", May 2013.

[24] U.S. : "Geological Survey Gas Hydrates Project", May 2014.

[25] 산업통사자원부 블로그, 얼어붙은 땅 속 보물 미래에너지원 '가스하이드레이트, http ://blog.daum.net/mocie/15613278.

[26] The Science Times, 미래 친환경 청정에너지 가스하이드레이트, Oct. 5, 2014.

[27] Hill, R. J., Jarvie, D.M., Zumberge, J. Henry, M., Pollastro, R.M. : "Oil and gas geochemistry and petroleum systems of the Fort Worth Basin", AAPG Bulletin, v. 91, no. p. 445-473, 4 April 2007.

[28] Martini, A. M., Walter, L. M. and McIntosh, J. C. : "Identification of microbial and thermogenic gas components

from Upper Devonian black shale cores, Illinois and Michigan basins", AAPG Bulletin, v. 92, no. 3, p. 327-339, March 2008.

[29] 한국경제 매거진, [셰일 가스 열풍]다시 찾아온 '황금광 시대'…지구촌 '들썩들썩', http ://magazine.hankyung.com/apps/news?popup=0&nid=01&c1=1001&nkey=2012033000852000431&mode=sub_view, April 4, 2012.

[30] DOE/EIA : "International Energy Outlook 2013", July 2013.

[31] ExxonMobil Natural Gas, Global Demand, http ://aboutnaturalgas.com/content/key-benefits/global-demand/

[32] BP, "Statistical Review of World Energy 2013".

[33] Germany Bundesanstalt fur Geowissenschaften und Rohstoffe(BGR), World Coal Resources, cited by World Coal Association, September 2014.

[34] IEA, Golden Rules for a Golden Age of Natural Gas, http ://www.iea.org/media/training/presentations/Day_2_Session_2x_Uncoventional_Gas_USA.pdf, 2012.

[35] 강주명 : 석유공학 개론, 서울대학교출판문화원, 서울, p.30-34, 2009

[36] Energy Information Administration, Annual Energy Outlook 2014.

[37] 이권형, 에너지경제 연구원 : "셰일가스 개발동향과 국내정책의 추진 방향", Energy Focus, 가을호 2012.

[38] 윤여중, LGERI 리포트 : "셰일가스 혁명이 천연가스 가격 안정화 이룬다", LG Business Insight, 2 June 2010.

[39] Wall Street Journal, "Cheap Natural Gas Unplugs U.S. Nuclear-Power Revival", 15 March 2012.

[40] 주현수 외, 환경부 : "셰일가스 도입에 따른 환경 영향 및 대응방안 마련 연구", 환경부보고서, April 2013.

[41] 김승우, 최지호 : "Oil & Gas Special Report", 삼성증권, 27 June 2013.

[42] EIA : "Country Analysis : Canada", 30 September 2014.

[43] 구영덕, 김영인, 박관순 : "셰일가스 개발정보의 글로벌 동향분석", 자원환경지질, 제47권 2호, 934-204, 2014.

[44] 김기중 외, 에너지경제연구원 : "셰일가스 개발 전망,관련산업 파급효과 및 정책방향", November 2012.

[45] Wall Street Journal, "China's Per Capita Energy Consumption Near International Average" 27 May 2012.

[46] 이권형 외, 대외경제 정책연구소 : "주요국의 셰일가스 개발 동향과 시사점", Vol. 12 No. 11, 28 June 2012.

[47] 이강, 중국삼성경제연구원 : "중국의 셰일가스 개발" 제13-6호, 2 July 2013.

[48] 국제경제국, 외교 통상부 : "글로벌 셰일가스 개발 동향 - 주요국의 셰일가스 개발 현황과 전망", 글로벌 에너지 협력센터, September 2012.

[49] Platts, "China Targets 6.5 Bcm Shale Gas Output by 2015 under Five-Year Plan", 16 March 2012.

[50] 서정규, 가스신문,"중, 셰일가스 매장량 절반만 생산하면 100년 사용량 충" 26 May 2014.

[51] 대외경제정책연구원, KIEP오늘의 세계경제 : "주요국의 셰일가스 개발 동향과 시사점",. Vol. 12, No.11, 28 June 2012.

[52] 한국수출입은행, 해외경제연구소, "셰일가스 개발 동향 및 시사점", Vol. 2012-R-07, 2 October 2012.

[53] 에너지경제연구원, "세계 에너지시장 인사이트" 제13-16호, 26 April 2013.

[54] Want ChinaTimes, "Sinopec completes acquisition of US shale gas blocks," 28 April 2012.

[55] Reig, P., Luo, T., and Proctor, J.N. : "Global Shale Gas Development; Water Availability and Business Risks," World Resources Institute 2014.

[56] EIA, "Country Analysis : Australia", 28 August 2014.

[57] 심지송, 에너지경제연구원 : "2012-2016년 멕시코 에너지 전략 보고서", 주간 세계에너지시장 제 12-16호, 27April 2012.

[58] EIA, "Country Analysis : Argentina," 2011.

[59] Platts, "Eurogas Consumption in 2013" 18 March 2014.
[60] Brookings : "The Impact of Shale Gas on European Energy Security", February 2012.
[61] 임지수, LGERI 리포트 : "셰일가스 '미국의 잔치' 넘어, 세계 에너지 대안될까", LG Business Insight, 18 July 2012.
[62] 김정아, 에너지경제연구원 : "유럽 3개국의 셰일가스 산업 위험평가", 제 14-10호 21 March 2014.
[63] EIA, "Country Analysis : Poland", 30 May 2013.
[64] Reuters : "Poland's Shale Gas Play Takes on Russian Power", 9 February 2012.
[65] Channel News Asia : "Canada, Poland Partner to Develop Shale Gas", 15 May 2012.
[66] Oil & Gas Eurasia, "Europe's Shale Gas Revolution : Why Russia is Shrugging its Shoulders", March 2012.
[67] Joe Carroll, Bloomberg, "Exxon Shale Failure in Poland May Lengthen Gazprom's Shadow", 1 February 2012.
[68] EIA, "Country Analysis : Ukraine", 30 May 2013.
[69] Oil & Gas Technology : "Shell and Chevron Take Over Ukraine Shale Gas Fields", 14 May 2012.
[70] Reuters, Eni reaches shale gas deal in Ukraine, 5 June 2012.
[71] EIA, "Country Analysis : France", 30 May 2013.
[72] EIA, "Country Analysis : United Kingdom", 2 July 2014.
[73] EIA, "Country Analysis : Russia", 26 November 2013.
[74] EIA, International Energy Statistics, http ://www.eia.gov/cfapps/ipdbproject/IEDIndex3.cfm#.
[75] EIA, Today in Energy, 23 July 2014.
[76] Gazprom, "Gazprom to Keep Focus on Worldwide Shale Gas Development", 29 November 2012.
[77] Rice University, James A Baker III Institute, Center for Energy Studies, http ://bakerinstitute.org/center-for-energy-studies/
[78] The Diplomat, "China and Russia Sign Massive Natural Gas Deal", 21 May 2014.
[79] Oilprice, "Japan and Russia to Build Natural Gas Pipeline?", 13 May 2012.
[80] 이윤식 : "남북러 가스관 사업의 효과, 쟁점, 과제", 통일 연구원, 2011.
[81] EIA : "Country Analysis : Japan", 31 July 2014.
[82] Reuters, "China, Japan LNG imports hit record, may boost spot", 21 July 2011.
[83] Reuters, "Japan's 2013 LNG imports hit record high on nuclear woes", 27 January 2014.
[84] Watkins, E. : "Marubeni buys 35% stake in Eagle Ford shale oil, gas project", Oil and Gas Journal, 9 January 2012.
[85] Bloomberg : "Mitsubishi, Penn West Sign $237 Million Canada Shale Gas Project Agreement", 24 August 2010.
[86] Reuters : "Encana finds Shale gas partner in Mitsubishi", 17 February 2012.
[87] Bloomberg, "Itochu Writes Down Samson Investment as U.S. Shale Bet Sours", 2 April 2014.
[88] Humber, Y. and Suzuki, I., Bloomberg : "Sumitomo to Stick With Commodities in Face of $2 Billion," 4 November 2014.
[89] FT.com, Oil& Gas : "Shale gas lures Mitsui & Co to Pennsylvania", 16 February 2010.
[90] The TEX Report, Osaka Gas to Recognize Impairment Loss of Yen29 Bln in Q3-FY2013, 6 January 2014.
[91] EIA, "Country Analysis : South Korea", 1 April 2014.
[92] 조강욱, 아시아경제, : "대우인터내셔날 대륙붕 남부 광구 가스전 개발 추진", 20 October 2014.

[93] Speight J.D. : Shale Gas Production Process, Elsevier, New York, p. 69-146, 2013.

[94] King G.E. : "Hydraulic Fracturing 101 : What every Representative, Environmentalist, Regulator, Reporter, Investor, University Researcher, Neighbor and Engineer Should Know about Estimating Frac Risk and Improving Frac Performance in Unconventional Gas and Oil Wells", SPE Paper 152596, presented at the SPE Hydraulic Fracturing Technology Conference, Woodlands, TX, 6-8 Feb. 2012.

[95] Gale, J.F.W., Reed, R.M., and Holder, J. : "Natural Fracturers in the Barnett Shale Production Performance Using asn Integrated Hydraulic Fracture Treatments", American Association Petroleum ad Geology Bulletin, 91 p. 603-622, 2007.

[96] Grieser, B. et al, Surface Reactive Fluid's Effect on Shale, SPE Paper No. 106815, Proceeding of SPE Production and Operation Symposium, 31 March -3 April, Oklahoma City, OK, 2007.

[97] Matthew E. M., Deep Shale Natural Gas and Water Use, Part II : Abundant, Affordable and Still Water Efficient, Water/Energy Sustainability Symposium at 2010 GWPC Annual Forum, Pittsburgh, PA. 2010.

[98] Vivek Bakshi et al, Shale Gas : A Practitioner's Guide to Shale Gas and Other Unconventional Resources, Globe Law and Business, London, p. 77-92, 2012.

[99] Blauch, et al, Marcellus Shale Post-Frac Flowback Waters- Where is All the Salt Coming From and What are the Implications, SPE paper No. 125740, Proceeding of the SPE Regional Meeting, 23-25 September, Charleston, WV, 2009.

[100] Otton, J.K., and Mercier, T. : "Produced water brine and stream salinity, USGS, 2012.

[101] 나경원, 김경웅, 박희원, 셰일가스 개발 환경 개론, 씨아이알, 서울, 2013.

[102] Penn State, Marcellus Shale Wastewater Issues in Pennsylvania—Current and Emerging Treatment and Disposal Technologies, March 2011.

[103] 국토해양지식정보센터, 셰일가스 개발관련 수처리 산업의 현황과 미래, 1-2013

[104] Alleman, D. : "Treatment of Shale Gas Produced Water for Discharge" Presented at Technical Workshop for Hydraulic Fracturing Study, Water Resources Management, 29-30 March 2011.

[105] An Integrated Framework for Treatment and Management of Produced water 1st Edition, Colorado School of Mines, November 2009.

[106] Jacques, C., Lux Research Report : "Frack Water Market to Grow Nine-fold to $9 Billion in 2020, boosting new technologies", http ://www.luxresearchinc.com/news-and-events/press-releases/read/frack-water-market-grow-nine-fold-9-billion-2020-boosting-new, 1 May 2012.

[107] Cipolla, C.L., Lolon, E.P., Erdle, J.C., Rubin, B. : "Reservoir Modeling in Shale-Gas Reservoirs", SPE Paper 125530, SPE Reservoir Evaluation Engineering, Vol 13 no. 4, p. 638-653, 2010.

[108] Ezisi, L.B., William, M., Watson, M.C., Heinze, L. : "Assessment of Probabilistic Parameters for Barnett Shale Recoverable Volumes", SPE Paper 162915, Proceeding of the SPE Hydrocarbon, Economics, and Evaluation Symposium, Calgary, Canada, 24-25 September 2012.

[109] Baihly, et al, Using Microseismic Monitoring and Advanced Stimulation Technology to Understand Fracture Geometry and Eliminate Sceenout Problems in the Bossier Sand of East Texas, SPE paper No. 102493, Proceeding of the SPE Annual Conference and Exhibition, 24-27 September, San Antonio, TX, 2006.

[110] Daniels, et al, Contacting More of the Barnett Shale Through an Integration of Real-Time Microseismic Monitoring, Petrophysics and Hydraulic Fracture Design, SPE paper No. 110562, proceeding of the SPE Annual Technical Conference and Exhibition, Anaheim, CA, 2007.

[111] Warpinski, N.R., Mayerhofer, M.J., Vincent, M.C., Cipolla, C.L., Lolon, E.P. : "Stimulating Unconventional Reservoirs : Maximizing Network Growth While Optimizing Fracture Conductivity," SPE paper 114173, SPE Unconventional Reservoir Conference, Keystone, CO, 10–12 February 2008.
[112] Halliburton, Oil & Gas Facilities, Produced and Flowback Water Recyclying and Resue, Feb. 2014.
[113] Vulgamore, et al, Applying Hydraulic Fracture Diagnostics to Optimize Stimulations in the Woodford Shale, SPE paper No. 110029, Proceeding of the SPE Annual Technical Conference and Exhibition, 11–14 November, Anaheim, CA, 2007.
[114] EPA, Natural Gas Extraction – Hydraulic Fracturing, http ://www2.epa.gov/hydraulicfracturing.
[115] The Council of Canadian Academies : "Environmental Impacts of Shale Gas Extraction in Canada", Science Advice in the Public Interest, 2014.
[116] Rahm, B.G., Riha, S.J., Yoxtheimer, ○., Boyer, E., Davis, K. and Belmecheri, S. : "Environmental water and air quality issues associated with shale gas development in the Northeast", Science Advice in the Public Interest, http ://www.marcellus.psu.edu/research/pdf/ChangingEnvironment.pdf.
[117] Caulton D.R., et. Al : "Toward a better understanding and quantification of methane emission from shale development, PNAS.org/cgi/doi/10.1073/pnas.1316546111.
[118] EPA, Climate Change Indicator in the USA, http ://epa.gov/climatechange/science/indicators/ghg/index.html
[119] Howarth, R.W., Santoro, R., Ingraffea, A. : "Methane and the green house gas footprint of natural gas from shale formations, Letter, Climate Change, DOI 10.1007, 13 March 2011.
[120] Breen, et. al. : "Natural Gases in Ground Water near Tioga Junction, Tioga County, North-Central Pennsylvania – Occurrence and Use of Isotopes to Determine Origins", USGS Scientific Investigations Report 2207–5085, http ://pubs.usgs.gov/sir/2007/5085/.2008.
[121] 이태호, 한국과학기술정보연구원 : "가스천공의 지하수 오염", ReSEAT 프로그램, http ://www.reseat.re.kr.
[122] Tollefson, J. : "Gas drilling taints groundwater", Nature, 498, p.415～416, 2013.
[123] Fisher, K. : "Data Confirm Safety of Well Fracturing," American Oil & Gas Reporter, 10 July 2010.
[124] Williams, J., : "Evaluation of Well Logs for Determining the Presence of Freshwater, Saltwater, and Gas above the Marcellus Shale in Chemung, Tioga, and Broome Counties", New York, USGS Scientific Investigations Report 2010–5224, 2010.
[125] Griffith, J.E., Sabin, F.L., Harness, D.F. : "Investigation of Ultrasonic and Sonic Bond Tools for Detection of Gas Channels in Cements," SPE 24576, SPE Annual Technology Conference and Exhibition, Washington D.C., 4–7 October 1992.
[126] Blount, C. G., Copulos, A.E., Myers, G. D. : "A Cement Channel-Detection Technique Using the Pulsed-Netron Log," SPE Formation Evaluation Vol. 4 No. 6, p. 485–492, December 1991.
[127] Spencer, D. : "Energy Management Brief : Is it time for Federal Regulation of Shale Gas Production?", Energy Management and Innovation Center, University of Texas, at Austin, 2014.
[128] Collins, E. A. : "Permitting Shale Gas Development", Legal Studies Research Paper Series No 2013–30, University of Pittsburgh, September 2013.
[129] IHS, National Economic Consulting Report : "America's New Energy Future : The Unconventional Oil & Gas Revolution and the U.S. Economy", 2014.
[130] DOE/EIA : "International Energy Outlook 2012", June 2012.
[131] 신윤성, 산업연구원(KIET) : "셰일가스가 에너지시장과 산업에 미치는 영향", 산업경제분석, January 2013.

[132]Kay, D. : "The Economic Impact of Marcellus Shale Gas Drilling : What Have We Learned? What are the Limitations?," Working paper series, 4 April 2011.
[133]이성주, 한국에너지기술평가원 : "독일 탈원전 선언 이후 에너지 정책 추진 현황", KETEP Issue Paper, 2013-03호, April 2013.
[134]안용현, 조선 비즈 : "에너지안보,스모그 해결-셰일가스에 사활건 중국", 22 September 2014.
[135]안혜영, 하나금융경영연구소 : "셰일가스와 오일샌드 개발이 국내 산업에 미치는 영향", 24 April 2013.
[136]Joode, J.de : "Unconventional gas : A game changer with implications for energy transitions?" IIR conference, unconventional gas, 4 October 2011.
[137]Oil & Gas Journal : "Worldwide Reserves, Oil Production Post Modest Rise", 2 December 2013.
[138]EIA, Annual Energy Outlook 2014, 17 May 2014.
[139]EIA, Annual Energy Outlook 2013, 15 April 2013.
[140]KB금융지주 경영연구소, KB daily지식비타민 : 셰일오일 생산 현황 및 국제 유가 영향", 13-32호, 27 March 2013.
[141]Business Day : "Chevron's Escravos GTL Project Finally Gets Off Ground", 3 September 2014.
[142]박상용, Korea Investor Services, Inc. : "셰일가스, 단기보다는 중장기에 물량공세 전망-아직 기회는 있다", 23 September 2013.
[143]신윤성, 박광순, 산업연구원 : "셰일가스 개발붐이 우리나라 산업에 미치는 영향", e-KIET 산업경제정보 제540호, 2012.
[144]호경업, 비즈조선 : "셰일가스 무섭게 퍼올리는 중국 - 한국 산업계 비상", 12 September 2014.
[145]최지환, NH농협 : "다운 사이클에서 차별화 전략으로 대응한다", 2013소재/산업재 전략, 2013.
[146]Accenture : "셰일가스 및 연관 산업 전망/분석과 사업화 전략", December 2013.
[147]문성윤, KOTRA : "미국, 오일&가스 인프라 관련 장비 수요", Globalwindow.org, 12 May 2013.
[148]이종민, 포스코경영연구소 : "직접환원철(DRI), 전기로 증설과 함께 꾸준한 성장", 철의 이야기, 10 July 2013.
[149]Oil & Gas Journal : "2014 Worldwide Construction Report : Oil & gas Pipeline" January 2014.
[150]Prekel, R., Vivian, P. : "OCTG Market Analysis", The American Oil & gas Reporter, 8 November 2014.
[151]한국기계연구원 : "글로벌 셰일가그 개발 확대가 국내 기계산업에 미치는 영향" 기계기술정책 Vol. 6 No. 12, November 2012.
[152]기계기술정책 : "한 · 미 FTA 발효에 따른 기계 부품 對미 수출 촉진 방안", 기계기술정책 Vol.6 No.6, 4 June 2012.
[153]E-나라지표, 자동차 등록 현황, www.index.go.kr/potal/main/EachDtlPageDetail
[154]심윤국, Team Marine Weekly Reports, 2013-2014.
[155]Statista : "Number of Cars sold Worldwide, http ://www.statista.com/statistics/200002/international-car-sales-since-1990/
[156]Global Natural Gas Vehicle, http ://www.iangv.org/?s=number+of+NGV
[157]Natural Gas Vehicle Association Europe, http ://www.ngvaeurope.eu/ngv-statistics-june-2013-update
[158]Cedigaz : "LNG in Transportation 2015-2035" October 2014.
[159]조한나, 한국환경정책 평가원 : "바이오가스 개발의 환경영향평가 가이드라인 마련을 위한 기초 연구", 2013.
[160]Korean Register of Shipping, Technical Information : "제 65차 해양환경보호위원회(MEPC 65) 주요결과", 24 June 2013 및
[161]Harrison, P. : "LNG Bunkering : Commercial Consideration and Opportunities", LNG Bunkering Summit,

Vancouver, Canada, 4 June 2014.

[162]Korean Register of Shipping, Technical Information : "제66차 해양환경보호위원회(MEPC 66) 주요결과", 29 May 2014.

[163]주익찬, 유진투자증권 : "LNG 벙커링", 2013년 하반기 이슈전망, 20 May 2013.

[164]오영삼, 가스신문 : "셰일가스 등 저렴한 연료로 오일 대비 효과 커져", LNG 벙커링 비즈니스 전망과 대응전략, 8 October 2014.

[165]서정규 외, 에너지 경제 연구원 : "셰일가스 개발 전망, 관련산업 파급 효과 및 정책 방향, 지식경제부, November 2012.

[166]Argus Media, www.argusmedia.com.

[167]지식경제부, "셰일가스 선제적 대응을 의한 종합전략 발표", 보도자료, 2012.